AKTUELLE PROBLEME
DER PHYSIKALISCHEN CHEMIE

AKTUELLE PROBLEME DER PHYSIKALISCHEN CHEMIE

dargestellt nach Vorträgen im Chemischen Kolloquium
der Humbold-Universität Berlin
von den Professoren:

A. EUCKEN †, G. BRIEGLEB, K. HAUFFE, F. SAUERWALD, F. SAUTER,
K. SCHÄFER und E. WICKE

Herausgegeben von
PROF. DR. ERICH THILO
Professor mit Lehrstuhl für anorganische Chemie
an der Humboldt-Universität zu Berlin

1953

AKADEMIE-VERLAG · BERLIN

Erschienen im Akademie-Verlag GmbH., Berlin NW 7, Schiffbauerdamm 19
Lizenz-Nr. 202 · 100/9/52
Satz und Druck: Druckerei Fortschritt, Erfurt, Zweigbetrieb
Bestell- und Verlags-Nr. 5078
Printed in Germany

VORWORT DES HERAUSGEBRS

Auf Grund von Besprechungen im Jahre 1949 zwischen Herrn Professor Dr. Arnold Eucken (Göttingen) und dem Herausgeber wurde nach einem von Prof. Eucken aufgestellten Plan im Sommersemester 1950 das Gesamtgebiet der Physikalischen Chemie in Form von Gastvorlesungen vor den Studenten der Berliner Humboldt-Universität entwickelt. An dieser Vorlesungsreihe beteiligten sich außer Herrn Prof. EUCKEN, der die allgemeine Einleitung übernahm, die Herren Professoren BRIEGLEB (Würzburg), GÜNTHER (Karlsruhe), HAUFFE (Greifswald), SAUERWALD (Halle), SAUTER (Göttingen), SCHÄFER (Heidelberg) und WICKE (Göttingen). Mit dieser Vorlesungsreihe wurde nicht nur den Berliner Studenten das Lehrgebiet der Physikalischen Chemie von den jeweils berufensten deutschen Vertretern der einzelnen Kapitel dieses Wissenschaftszweiges vermittelt, sondern gleichzeitig die Einigkeit der deutschen Wissenschaftler in Ost und West vor aller Öffentlichkeit zur klaren Anschauung gebracht. Anschließend an die jeweilige Vorlesungsreihe hatten die Herren Kollegen die große Freundlichkeit, über die neuesten Ergebnisse ihrer eigenen Forschungen in Form von Vorträgen im wissenschaftlichen Kolloquium des Chemischen Instituts der Humboldt-Universität zu berichten.

Um die durch die Vorlesungen und Vorträge dokumentierte Gemeinsamkeit der deutschen Wissenschaftler auch für die Dauer zum Ausdruck zu bringen, wurde mit Herrn Prof. Eucken zunächst verabredet, die Vorlesungen in Buchform herauszubringen.

Durch den plötzlichen Tod von Prof. Eucken am 16. Juni 1950 ließ sich dieses Vorhaben nicht mehr durchführen. Dafür wurde aber beschlossen, die Kolloquiumsvorträge in Form eines kleinen Sammelwerkes herauszugeben. Dies geschieht mit dem vorliegenden Buch über „Aktuelle Probleme der Physikalischen Chemie", das hiermit der Öffentlichkeit übergeben wird.

Dieses Bändchen möge nicht nur ein Bild von den neuesten Forschungsergebnissen der deutschen physikalischen Chemiker geben, sondern ganz im Sinne von Prof. Eucken als dauerndes äußeres Zeichen dafür angesehen werden, daß es für die deutsche Wissenschaft keine Grenze zwischen „Ost und West" gibt.

Mit großer Trauer erfüllt es mich als Herausgeber, daß es mir nun nicht mehr möglich ist, Herrn Prof. Eucken zu danken. Er war es, der sich den Vorschlag der Gastvorlesungen in Berlin sofort zu eigen machte und keine Mühe scheute, alle Schwierigkeiten zu beseitigen, die diesem Unternehmen im Wege standen. Es war dies eine der letzten von vielen Taten in seinem Leben, die aus seinem hohen Verantwortungsgefühl dem Hochschullehrerberuf gegenüber entsprungen sind. Die Berliner Chemiker werden sich dessen immer in verehrender Dankbarkeit erinnern.

Aber danken möchte ich meinen Herren Kollegen, die sich an dieser schönen, von Prof. Eucken disponierten Aufgabe durch die Tat beteiligt haben. Herrn Prof. Dr. Wicke danke ich besonders, daß er gemeinsam mit Herrn Eigen das hinterlassene Manuskript des Vortrages von Herrn Prof. Eucken zum Druck fertiggestellt hat.

Erich Thilo.

Inhaltsverzeichnis

Über die molekulare Assoziation in schwerem Wasser

Von A. EUCKEN †*)

*) Zusammengestellt von M. EIGEN und E. WICKE.

INHALT

I. Einleitung

Einige neuere Messungen der Schallgeschwindigkeit, Dichte und spezifischen Wärme des flüssigen D_2O in Abhängigkeit von der Temperatur (s. u.) regten uns an, auch die Assoziationsverhältnisse im schweren Wasser — besonders hinsichtlich der Unterschiede zum leichten Wasser — näher zu untersuchen. In früheren Arbeiten [1], [2], [3]) konnte bereits das abnormale thermisch-kalorische Verhalten des leichten Wassers auf Grund der Annahme von Assoziationsgleichgewichten zwischen einfachen H_2O-Molekeln und höheren Aggregaten (Zweier-, Vierer- und Achter-Assoziaten) unter Anwendung der VAN 'T HOFFschen Ansätze quantitativ beschrieben werden, vergleiche Seite 8.

Wegen der gleichartigen Beschaffenheit der Elektronenhüllen der H_2O- und D_2O-Molekeln könnte man zunächst zu der Annahme geführt werden, daß die — bekanntlich auf intermolekularen Kraftwirkungen beruhenden — thermischen und kalorischen Eigenschaften der beiden isotopen Verbindungen keine Unterschiede aufweisen. Das ist jedoch im allgemeinen nicht der Fall, solange sich noch irgend welche Quanteneffekte bemerkbar machen. Auf Grund der verschiedenen Massen ergibt sich nämlich unmittelbar eine Differenz der molekularen Eigenfrequenzen und damit der Nullpunktsenergien. Die folgenden Ausführungen sollen zeigen, daß sich sämtliche Unterschiede im thermisch-kalorischen Verhalten des leichten und schweren Wassers auf diesen (bzw. einen hierdurch bedingten sekundären) Effekt zurückführen lassen[4]).

II. Experimentelles

1. Die *Dichte* des schweren Wassers wurde schon vor einiger Zeit von K. WIRTZ[5]) (zwischen 4 und 50° C) und später von T. L. CHANG und L. H. TUNG[6]) (zwischen 4 und 100° C) mit großer Präzision gemessen (siehe Tabelle 1, S. 7).

---

1) A. EUCKEN, „Göttinger Nachrichten" (Math. Phys. Kl.) 1946, 38.
2) A. EUCKEN, „Zeitschrift für Elektrochemie" [*52*] (1948) 255.
3) A. EUCKEN, „Zeitschrift für Elektrochemie" [*53*] (1949) 102.
4) A. EUCKEN, „Göttinger Nachrichten" (1949), 1 (Math. Phys. Kl.).
5) K. WIRTZ, „Naturwissenschaften" [*22*] (1942).
6) T. L CHANG und L. H. TUNG, „Chinese Journal Phys." Vol. 7, Nr. 4, PP 230—240 (1949).

2. Die *Schallgeschwindigkeit* (U) im leichten und schweren Wasser (zwischen 4 und 100° C) bestimmte kürzlich P. P. HEUSINGER[7]) auf ca. 1 ‰ genau. Das Verfahren beruht auf einer (optischen) Messung der Wellenlänge (λ) an stehenden Ultraschallwellen (Methode der sekundären Interferenzen), wobei die Schallfrequenz (ν) durch die Eigenschwingung des Quarzes gegeben ist ($U = \lambda\nu$). Die Ergebnisse dieser Messungen sind in Tabelle 1, Spalte 6, aufgeführt.

3. Zu einer Ermittlung weiterer thermisch-kalorischer Größen (wie isotherme Kompressibilität, thermische Ausdehnung, Differenz der Molwärmen $C_p—C_v$ usw.) war auch die Kenntnis der Molwärme C_p des schweren Wassers in Abhängigkeit von der Temperatur erforderlich. Darüber hinaus bietet die Molwärme — wie aus dem folgenden ersichtlich — einen besonders guten Zugang zum Studium der Assoziationsverhältnisse. Da entsprechende Messungen, besonders bei höheren Temperaturen, bisher nicht vorlagen, wurden diese von uns mit Hilfe eines neuen Kalorimeters (in einem Temperaturbereich von 20 bis 140° C) durchgeführt[8]), [9]). Das Verfahren, das auch im Bereich hoher Temperaturen eine Genauigkeit von 0,1% besitzt, möge hier noch einmal kurz beschrieben werden, insbesondere, da es in seiner Anwendung auf die Messung spez. Wärmen von Flüssigkeiten einige neue Gesichtspunkte enthält.

In Abbildung 1 ist das benutzte Kalorimeter im Schnitt (halbschematisch) dargestellt. Einzelheiten der Konstruktion sind aus der Bildunterschrift ersichtlich. Gegenüber älteren Konstruktionen erscheinen jedoch folgende Punkte besonders erwähnenswert:

1. Das gesamte Kalorimetergefäß (Kal) besteht in allen Teilen, die mit der zu untersuchenden Flüssigkeit in Berührung kommen, aus Hartglas und kann nach Einfüllung der Versuchssubstanz unter Vakuum abgeschmolzen werden. Die Messungen können so unter sauberen und einwandfrei definierten Bedingungen (unter dem Sättigungsdruck der Flüssigkeit) bis zu Temperaturen, bei denen der Dampfdruck etwa 6 bis 8 Atm. beträgt (bei H_2O und D_2O ca. 150° C), durchgeführt werden.

2. Die durch die Verwendung von Glas als Gefäßmaterial bedingte etwas größere thermische Trägheit (gegenüber Metallen) spielt infolge der relativ großen Dimensionen des Kalorimeters ($V_{Kal} = 270\ cm^3$, große Wärmekapazität der Füllung) bei entsprechend langsamem Aufheizen keine wesentliche Rolle. Die Heizleistung kann so groß gewählt werden, daß jegliche Störungen in der

[7]) P. P. HEUSINGER, „Naturwissenschaften" [*36*] (1949).

[8]) A. EUCKEN und M. EIGEN, „Zeitschrift für Elektrochemie" [*55*] (1951) Nr. 5. Daselbst befindet sich auch eine ausführlichere Darstellung einiger hier nur berührter Fragen.

[9]) M. EIGEN und E. WICKE, „Zeitschrift für Elektrochemie" [*55*] (1951) Nr. 5.

Wärmezufuhr bzw. Wärmeübergänge zwischen A und Kal vernachlässigbar klein bleiben.

3. Wärmeverluste bei höheren Temperaturen werden durch die sogenannte adiabatische Arbeitsweise[10], [11]) nahezu vollständig vermieden. Ermöglicht

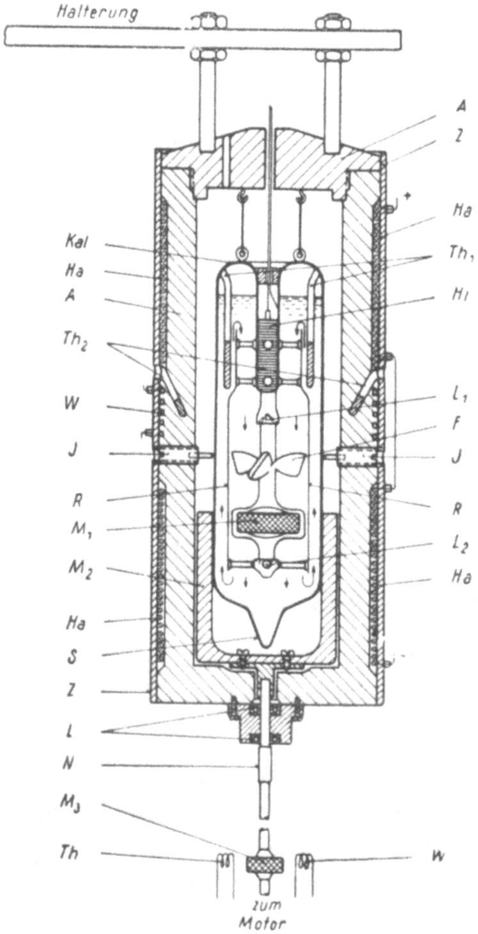

Kal = Kalorimetergefäß
Hi = Heizpatrone
L_1 und L_2 = Spitzenlagerung für das Rührwerk
F = Flügelschraube
M_1 = Magnet
R = Führungsrohr für Konvektionsströmung
Th_1 = Röhren zur Aufnahme der Lötstellen einer Thermosäule
S = Abschmelzstelle
A = Adiabat.-Mantel (Block aus Reinaluminium)
Z = Zylinder (Aluminium)
Ha = Heizwicklung
Th_2 = Bohrungen für Gegenlötstellen der Thermosäule
W = Widerstandsthermometer (Platin)
J = Justierschrauben
M_2 = Magnet
L = Kugellager
N = Rohrstück aus Neusilber

Der äußere thermische Schutzmantel (Aluminium/Glaswollefüllung) ist hier nicht mitgezeichnet.

Abb. 1

wird diese Arbeitsweise einmal durch einen schnellen Temperaturausgleich im Kalorimetergefäß (magnetische Rührvorrichtung), zum anderen dadurch, daß man den adiabatischen Mantel (A) mittels einer Heizvorrichtung den Tempera-

[10]) Näheres siehe auch bei A. EUCKEN und E. SCHRÖDER, „Zeitschrift für physikalische Chemie", Bd. 41 (1938) 307 und

[11]) E. WICKE, „Zeitschrift für physikalische Chemie" [*193*] (1944) 417.

turänderungen im Kalorimetergefäß nahezu trägheitslos nachführen kann. Die Temperaturmessung war auf ca. $^1/_{1000}{}^0$ genau. Temperaturdifferenzen zwischen A und Kal überstiegen selten 0,002°. Auf Grund dieser Arbeitsweise war es möglich, im Verlauf einer Messung (Dauer 3 bis 4 Stunden, ca. 150 bis 200 Meßpunkte) die wahre spez. Wärme im gesamten Temperaturintervall zu ermitteln. Wegen der hohen Anforderungen an die Meßgenauigkeit mußten

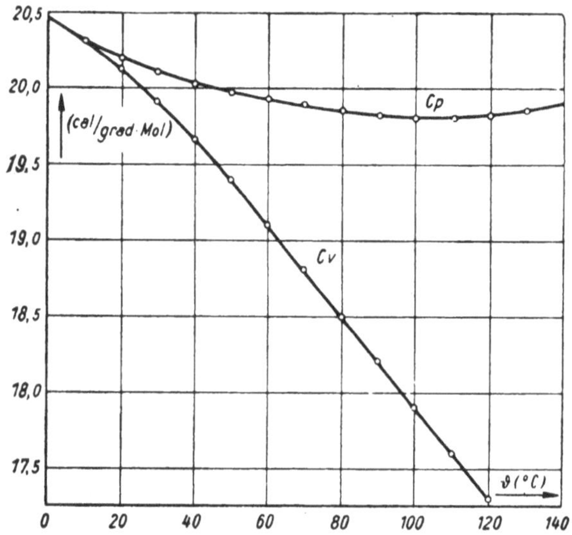

Abb. 2
Spezifische Wärmen Cp und Cv des schweren Wassers.

die aufgenommenen Q(T)-Kurven (zugeführte Wärmemenge Q in Abhängigkeit von der erreichten Temperatur) nach Anbringung einer Reihe durch Eichmessungen bestimmter Korrekturen (wie Rührwärme, Wärmeverluste, Verdampfungswärme, Umrechnung der gemessenen „Molwärme unter konstanter Sättigung“ auf C_p usw [12]) — diese Einflüsse lagen in der Größenordnung weniger Promille —) numerisch ausgewertet werden. Die Wärmekapazität bzw. spez. Wärme erhielt man dann durch Differenzieren der genannten Meßkurven nach T (Auswertung auf ca. 0,1‰ genau). Die Wärmekapazität des Leergefäßes wurde einmal errechnet, zum anderen durch eine Eichmessung mit H_2O bestimmt. Der absolute Fehler in den gemessenen Molwärmen C_p des D_2O kann auf 1‰ geschätzt werden. Er ist hauptsächlich durch die in die Eichmessungen eingehende Molwärme des H_2O bestimmt, während der Relativfehler gegenüber dieser bedeutend kleiner ist (etwa 0,1‰).

Die Ergebnisse der Messungen sind als Molwärme C_p in Abhängigkeit von der Temperatur in Tabelle 1, Spalte 2, wiedergegeben. Die Umrechnung auf die Molwärme bei konstantem Volumen C_v erfolgte mit Hilfe der bekannten thermodynamischen Beziehungen[12]) unter Verwendung der angegebenen Werte der Schallgeschwindigkeit und der aus den Dichtewerten durch Ausgleichsrechnung ermittelten Ausdehnungskoeffizienten. In Tabelle 1 sind sämtliche experimentell ermittelten Größen zusammengestellt.

Tabelle 1 100% D_2O, M = 20,026, p = 1 Atm.

T^0K	C_p [cal/gr. mol]	$C_p - C_v$ [cal/gr. mol]	C_v [cal/gr. mol]	v cm^3/g	U (m/sec)	$\alpha \cdot 10^5$ (1/grad)	$\chi \cdot 10^5$ (1/atm.) $\chi = \frac{1}{V}\left(\frac{\partial V}{\partial p}\right)_T$
283	(20,3)	0,00	(20,3)	$0{,}9042_2$	1348,6	− 2,2	+4,86
293	20,21	0,05	20,16	$0{,}9047_3$	1383,1	+12,8	+4,65
313	20,05	0,36	19,69	$0{,}9091_7$	1430,7	+34,8	+4,44
333	19,96	0,81	19,15	$0{,}9169_7$	1453,2	+50,9	+4,44
353	19,85	1,34	18,51	$0{,}9274_7$	1457,6	+64,6	+4,59
373	19,79	1,86	17,93	$0{,}9403_9$	1446,6	+77,0	+4,86
393	19,81	(2,5)	(17,31)	—	—	—	—
398	19,83	(2,7)	(17,13)	—	—	—	—

III. Molwärme und Assoziationsstruktur

Im folgenden sei zunächst der Einfluß der Assoziation auf die Molwärme C_v betrachtet. Zu diesem Zweck muß man die C_v-Werte in ihre Anteile (Translation und Rotation: C_{Tr+R}, innere Schwingungen: Cs, Rest: Assoziationsanteil C_A) zerlegen. Die Abschätzung der Anteile C_{Tr+R} und C_s erfolgte nach den gleichen Gesichtspunkten wie beim leichten Wasser[2]). Zu beachten ist hierbei jedoch, daß bei der aus stark anharmonischen Schwingungen bestehenden Translations- und Rotationsbewegung der D_2O-Molekeln infolge der größeren Masse bzw. des größeren Trägheitsmoments dieser Anteil eine entsprechende Erhöhung gegenüber den Werten des leichten Wassers erfährt, die sich jedoch nur in der Größenordnung weniger Zehntel cal/grad. mol bewegen kann. Auch der Schwingungsanteil Cs, der sich mittels der hier anzuwendenden PLANCK-EINSTEIN-Funktion berechnen läßt, ist beim D_2O um

---

[12]) Diese lauten: $C_p - C_v = TVo^2 \alpha^2 U_\cdot^2 M/V^2$

$$K = C_p/C_v = 1 + TVo^2 \alpha^2 U_\cdot^2 M/(V_\cdot^2 C_p)$$

$$\alpha = \frac{1}{V_0} (\partial V/\partial T)\, p = \text{Ausdehnungskoeffizient},$$

U = Schallgeschwindigkeit,
V = Molvolumen, M = Molmasse.

ca. 0,2 cal/grad. mol größer als beim H_2O. (Hier ist lediglich die δ_u-Schwingung bereits angeregt, deren Frequenz beim D_2O mit 1203 cm^{-1} tiefer liegt als beim H_2O —1656 cm^{-1}.) Die Abschätzung beider Anteile kann als auf einige Zehntel cal/grad. mol genau angesehen werden; Tabelle 2 gibt die entsprechenden Werte wieder. Spalte 5 enthält den restlichen Anteil C_A, der der Asssoziation zuzuschreiben ist. Dieser ist bei Zimmertemperatur um etwa 2 cal/grad. mol, über 100° C um etwa 1 cal/grad. mol größer als beim H_2O.

Der Assoziationsanteil C_A läßt sich nun auch unabhängig hiervon unter Zugrundelegung der für das leichte Wasser bereits entwickelten Vorstellungen

Tabelle 2

T° K	$C_{v_{beob}}$ cal/gr. mol	C_{Tr+R} cal/gr. mol	C_s cal/gr. mol	C_A cal/gr. mol
283	20,3	9,7	0,1	10,5
303	19,9	9,6	0,2	10,1
323	19,4	9,5	0,3	9,6
343	18,8	9,4	0,3	9,1
363	18,2	9,3	0,4	8,5
383	17,7	9,3	0,4	8,0
403	(17,4)	9,2	0,5	(7,7)

berechnen. Hiernach sei wieder ein Gleichgewicht zwischen einfachen Molekeln und Zweier-, Vierer- und Achter-Assoziaten angenommen. Für die Assoziationskonstante $K_n \equiv \gamma_1 / \gamma_n^{1/n}$ [13]) gelten dann die VAN 'T HOFFschen Beziehungen, die beim D_2O folgende Gestalt annehmen:

$$\log_{10} K_2 = -\frac{2530}{4,573\ T} + 1,278 \tag{1}$$

$$\log_{10} K_4 = -\frac{2950}{4,573\ T} + 1,656 \tag{2}$$

$$\log_{10} K_8 = -\frac{3480}{4,573\ T} + 2,003 \tag{3}$$

Die Dissoziationswärmen ($W_2 = 2530$, $W_4 = 2950$, $W_8 = 3500$ cal/mol) sind gegenüber den entsprechenden Werten beim H_2O ($W_2 = 2350$, $W_4 = 2750$, $W_8 = 3200$ cal/mol) um ca. 8,5% erhöht. Gleiches gilt für die Reaktionsentropien. Diese Erhöhung läßt sich aus einem Vergleich mit sonstigen durch Molekularkräfte bedingten kalorischen Größen (wie Schmelzwärme, Verdampfungswärme usw.) folgern. Jedoch muß man diese Größen auf den Schmelz- bzw. Verdampfungsvorgang der Einermolekeln beziehen, da die normal gemessenen Werte noch einen relativ großen Dissoziationsanteil

[13]) γ_n = Molenbruch eines n-fachen Assoziats.

$\left(\sum_n \gamma'_n \cdot W_n\right)$ enthalten $\left[\text{bzgl. } \gamma'_n \text{ s.u.}\right]$. So beträgt zum Beispiel die normale Schmelzwärme L_S des leichten Eises 1433 cal/mol, die des schweren Eises 1500 cal/mol, was einem Unterschied von 4,7% entspricht. Um diese Werte mit den Dissoziationswärmen vergleichen zu können, muß man zunächst die Schmelzwärme $L_{S_1} = L_S + \sum_n \gamma'_n W_n$ bilden, die aufzuwenden ist, um eine aus Einermolekeln entstehende Flüssigkeit zu erzeugen[14]). Beide Größen, L_{S_1} und W_n, ergeben beim D_2O nur dann gegenüber H_2O die gleiche [prozentuale] Erhöhung, wenn man für W_n eine Erhöhung um 8,5% annimmt. Ähnliche

Tabelle 3 Analytische Molenbrüche γ' der Aggregate im D_2O

T °K	γ'_1	γ'_2	γ'_4	γ'_8	C_A cal/grad. mol
273	0,039	0,337	0,245	0,380	
					10,3
293	0,071	0,434	0,268	0,231	
					9,9
313	0,109	0,486	0,276	0,130	
					9,2
333	0,154	0,544	0,248	0,059	
					8,8
353	0,202	0,570	0,201	0,030	
					8,5
373	0,254	0,569	0,165	0,012	
					8,0
393	0,308	0,555	0,131	0,005	
					7,7
413	0,363	0,531	0,103	0,002	

Überlegungen gelten für die Verdampfungswärme der Einermolekeln $L_{V_1} = L_V - \sum_n \gamma'_n W_n$, für die auch die PICTET-TROUTONsche Regel recht gut erfüllt ist. Wie an anderer Stelle[14]) ausführlich dargelegt wird, läßt sich der Unterschied von 8,5% recht gut durch die Differenz der Nullpunktsenergien erklären.

Mit Hilfe der Gleichungen (1) bis (3) und unter Beachtung der Definition $\sum_n \gamma_n = 1$ wurden nun die wahren Molenbrüche der Assoziate ermittelt und diese mittels $\gamma'_n = n \cdot \gamma_n / \sum_n n \cdot \gamma_n$ in die analytischen Molenbrüche γ'_n — das sind die Häufigkeiten der Wassermolekeln in den entsprechenden Assoziaten, bezogen auf 1 Mol Wasser — umgerechnet (siehe Tabelle 3). Der Assoziations-

[14]) Diese Größe erst gibt Auskunft über die im Molekelgitter des Eises wirksamen Kräfte, die in analoger Weise auch bei der Dissoziation eines Assoziats zu überwinden sind.

anteil der spez. Wärme ergab sich dann aus $C_A = \sum_n W_n d\gamma'_n/dT$. Die in Spalte 6 der Tabelle 3 wiedergegebenen berechneten Werte für C_A zeigen innerhalb der Fehlergrenzen (deren Abschätzung auf einige Zehntel cal/grad. mol genau ist) recht gute Übereinstimmung mit den empirischen Werten der Tabelle 2. Eingehende Überlegungen zeigen auch, daß weitere Einflüsse (wie Temperaturabhängigkeit der Dissoziationswärme, Lockerung der H-Brückenbindung durch Transversalschwingung des Brückenatoms, siehe folgenden Abschnitt usw.) in ihrer Größenordnung so klein sind, daß sie auf den berechneten Molwärmeanteil bzw. auf den diesem zugrunde liegenden physikalischen Sachverhalt keinen nennenswerten Einfluß ausüben. Die Ansätze (1) bis (3) zur Ermittlung der Molenbrüche γ_n und deren Interpretation als Häufigkeiten bestimmter Molekelaggregate dürften daher mehr als formeller Natur sein, wobei natürlich γ_2 und γ_4 mehr den Charakter von Mittelwerten besitzen, indem auch Dreier- und Fünferaggregate auftreten können, während unter den höheren Aggregaten die Achtermolekeln sich durch eine besonders große Stabilität auszeichnen und γ'_8 wirklich die Häufigkeit einer Wassermolekel in einem weiträumigen Achterassoziat darstellt.

IV. Einfluß der Assoziation auf die thermische Zustandsgleichung

Für eine genauere Berechnung der thermischen Ausdehnung und der Kompressibilität aus der früher (2) und (3) mitgeteilten Zustandsgleichung des Wassers[15]) ist die bisherige Voraussetzung der Gültigkeit der Gesetze idealer Mischungen nicht mehr ausreichend. Man muß hier vielmehr mit den partiellen Zustandsgrößen rechnen. Das Molvolumen V setzt sich zusammen aus den partiellen Volumina $^*V_{1-4}$ und Δ^*V_8 (Volumenüberschuß der weiträumigen Achteraggregate), die ihrerseits als Funktion des Mischungsverhältnisses und damit des Molenbruches γ'_8 anzusetzen sind [vergleiche [3])]. Es gilt somit

$$V = {}^*V_{1-4}\,(p, T, \gamma'_8) + \Delta^*V_8\,(p, T, \gamma'_8) \cdot \gamma'_8. \tag{5}$$

Unter Benutzung des thermodynamischen Zusammenhangs

$$(\partial^*V_{1-4}/\partial\,\gamma'_8) = -\,(\partial\,\Delta^*V_8/\partial\,\gamma'_8) \cdot \gamma'_8 \tag{6}$$

erhält man aus (5) für die Kompressibilität und den Ausdehnungskoeffizienten

$$(\partial\,V/\partial\,p)_T = (\partial^*\,V_{1-4}/\partial\,p)_{T,\,\gamma} + \Delta^*\,V_8\,(\partial\,\gamma'_8/\partial\,p)_T + (\partial\,\Delta^*V_8/\partial\,p)_{T,\,\gamma,} \cdot \gamma'_8 \tag{7}$$

bzw.

$$(\partial\,V/\partial\,T)_p = (\partial^*\,V_{1-4}/\partial\,T)_{p,\,\gamma} + \Delta^*\,V_8\,(\partial\,\gamma'_8/\partial\,T)_p + (\partial\,\Delta^*V_8/\partial\,T)_{p,\,\gamma} \cdot \gamma'_8. \tag{8}$$

Man verwendet für $^*V_{1-4}$ die bereits mitgeteilte Zustandsgleichung des Wassers[3]), die für kleine Drucke folgende Form besitzt:

---

[15]) Diese hat zunächst die allgemeine Form: $2/V = A + \sqrt{A^2 + Bp}$ (4)

$$(M/{}^*V_{1-4})^{2,25} = 1,0667 - 1,53 \cdot 10^{-3} + (B/4\,A) \cdot p + [3,9 \cdot 10^{12} \cdot T^{-6} - 1,37\,(B/4A)\,p] \cdot \gamma'_8$$

$$\text{mit } B/4A = (0,3815 - 0,000375\,\vartheta) \cdot 10^{-3}/4\ [1.5062 - 1,595 \cdot 10^{-3}\,T]\ ^{16)} \qquad (9)$$

Das in γ'_8 quadratische Glied, für dessen Koeffizienten sich ein Ausdruck der angegebenen Form als zweckmäßig erwies, folgt aus (6), während die vorhergehenden Glieder aus einer Reihenentwicklung für kleine Drucke hervorgehen. Für Δ^*V_8 gilt[3])

$$\Delta^*V_8 = 1,50 + 0,0073\,\vartheta - 0,00007\,p + [7,80 \cdot 10^{12} \cdot T^{-6} - 2,74\,p\,(B/4\,A)] \cdot 7,16 \cdot \gamma'_8 \cdot (T/273)^{0,8} \qquad (10)$$

$(\partial\gamma'_8/dT)_p$ erhält man aus dem bereits oben angegebenen Ansatz für K_8, während $(\partial\gamma'_8/\partial p)_T$ aus der thermodynamischen Beziehung:

$$\ln\,(Kp/Ko)_8 = \Delta^*V_8 \cdot p/RT \text{ folgt.} \qquad (11)$$

Auf eine Wiedergabe der relativ umfangreichen und komplizierten Rechnungen möge hier verzichtet werden. Immerhin sei bemerkt, daß neben diesen vielleicht etwas unhandlich erscheinenden Ansätzen auch zahlreiche andere ausprobiert wurden. Diese vermochten jedoch das gesamte Beobachtungs-

Tabelle 4 Kompressibilität und Ausdehnungskoeffizient des H_2O und D_2O bei 1 Atm.

(° C)	$\left(\frac{dV}{dp}\right)_T \cdot 10^5$ beobachtet	$\left(\frac{dV}{dp}\right)_T \cdot 10^5$ berechnet cm_3/Atm. mol	$\left(\frac{dV}{dT}\right)_p \cdot 10^5$ beobachtet	$\left(\frac{dV}{dT}\right)_p \cdot 10^5$ berechnet cm_3/grad. mol
H_2O 0	89,4	89,0	−115	−111
10	84,5	84,2	+160	+140
20	80,9	81,5	+373	+340
40	78,9	79,2	+703	+702
60	79,8	79,7	+956	+980
80	83,8	83,7	+1190	+1180
100	90,3	89,9	+1420	+1410
D_2O 0	(94,5)	93,5	(−390)	−376
10	88,0	88,6	−40	−56
20	84,3	84,8	+233	+184
40	81,5	80,7	+630	+624
60	81,4	81,1	+921	+914
80	85,2	84,8	+1170	+1154
100	91,5	90,5	+1395	+1404

[16]) Die Ausdrücke für A und B wurden aus den BRIDGEMANschen Messungen der Temperatur und Druckabhängigkeit des Molvolumens[2]) gewonnen. Bei hohen Drucken ist $\Delta^*V_8 = 0$. Hier gilt die Zustandsgleichung in der Form (4). Die experimentelle Ermittlung der Kompressibilität bei 1 Atm. kann natürlich mit genügender Genauigkeit nur aus den Werten der Schallgeschwindigkeit, Dichte und Cp/Cv erfolgen. Die Meßwerte des Molvolumens in ihrer Druckabhängigkeit sind hier zu unempfindlich.

material nicht einheitlich wiederzugeben. Den hier angegebenen Korrekturgliedern liegt jeweils ein physikalischer Sachverhalt zugrunde, so daß diese Ansätze sicherlich mehr als empirische Interpolationsformeln darstellen. Die Ergebnisse der numerischen Auswertung von Gl. (7) und (8) für H_2O und D_2O finden sich in Tabelle 4, sie zeigen im ganzen eine durchaus befriedigende Übereinstimmung mit den gemessenen Werten. Berechnungen mit den einfacheren, für ideale Mischungen gültigen Ansätzen vermögen dagegen zum Beispiel den Anstieg der Kompressibilität bei tiefen Temperaturen nicht wiederzugeben.

Bei der Berechnung der Werte des D_2O wurde noch der Einfluß eines weiteren Effektes berücksichtigt, auf den bereits früher[4]) hingewiesen worden war und der als sekundärer Einfluß der Differenz der Eigenfrequenzen des Brücken-H-Atoms zu betrachten ist. Durch die Transversalschwingung des Brückenatoms wird die Bindung benachbarter Molekeln etwas gelockert und ihr mittlerer Abstand vergrößert. Bei höheren Temperaturen ist die Schwingung des D_2O stärker angeregt und somit diese Lockerung stärker ausgeprägt als beim H_2O, während für $T = O$ die Nullpunktsamplitude des H_2O größer ist. In der genannten Arbeit[4]) wurde für die sich hierdurch ergebende Differenz in den Molvoluminaanteilen des D_2O und H_2O ein Ansatz gemacht, der die experimentellen Werte des Molvolumens recht gut darzustellen gestattet, und zwar wurde die Doppeldifferenz ($\Delta V_{D_2O} - \Delta V_{H_2O}$) proportional gesetzt: 1. der Häufigkeit exp. ($-\Theta s/T$) des Auftretens der betreffenden Schwingung, 2. der relativen Zahl der O-H-O-Bindungen (ΣB), bezogen auf ein Mol H_2O, und 3. dem jeweiligen Molvolumen selbst. ΔV_{D_2O} bzw. ΔV_{H_2O} ist der durch diesen Effekt bedingte zusätzliche Anteil des Molvolumens. Es gilt dann:

$$\Delta V_{D_2O} - \Delta V_{H_2O} = 0{,}77\,[(\exp.(-\Theta s/T)\cdot\Sigma B)_{D_2O} - (\exp.(-\Theta s/T)\cdot\Sigma B)_{H_2O}]\cdot V;$$

Θs = charakteristische Temperatur der δ_u-Schwingung.

Bei Verwendung eines anderen Proportionalitätsfaktors ließe sich auch die Torsionsschwingung für diesen Effekt heranziehen. Der Temperaturverlauf wäre in beiden Fällen der gleiche. Differenzieren nach p bzw. T ergibt die zusätzliche Kompressibilität bzw. den zusätzlichen Ausdehnungskoeffizienten. Der Absolutwert dieser Größen beim H_2O ist vernachlässigbar klein.

Schließlich sei noch bemerkt, daß sich die obige Gleichung für $\Delta V_{D_2O} - \Delta V_{H_2O}$ auch auf Eis anwenden läßt und die dort auftretende Volumenvergrößerung des schweren Isotops quantitativ mit einem gegenüber dem flüssigen Wasser etwas vergrößerten Θs-Wert zu berechnen gestattet, während hier andere Erklärungsmöglichkeiten schwerlich in Frage kommen.

Abschließend kann festgestellt werden, daß sich das Assoziationsverhalten des schweren Wassers quantitativ mit den beim leichten Wasser bereits experimentell bestätigten Ansätzen beschreiben läßt. Sämtliche Unterschiede in den thermischen und kalorischen Eigenschaften, die in den eingangs mitgeteilten Messungen hervortreten, lassen sich zurückführen auf den durch die Verschiedenheit der Massen bedingten Unterschied in den molekularen Eigenfrequenzen. Die Übereinstimmung der berechneten und gemessenen Werte darf wohl als eine weitere Stütze für die physikalische Realität der hinsichtlich der molekularen Struktur des Wassers entwickelten Grundvorstellungen angesehen werden.

Über den zweiten Virialkoeffizienten

Von F. SAUTER

INHALT

I. Einleitung

Nach KAMERLINGH ONNES ist es oft zweckmäßig, den Zusammenhang zwischen dem Druck p, dem Molvolumen V und der Temperatur T eines realen Gases in Form einer der beiden Reihenentwicklungen

$$pV = RT + Bp + Cp^2 + \dots \tag{1a}$$

bzw.

$$pV = RT + \frac{B_V}{V} + \frac{C_V}{V^2} + \dots \tag{1b}$$

darzustellen, mit experimentell bestimmbaren, temperaturabhängigen Koeffizienten B, C, . . . bzw. B_V, C_V, ... Der Koeffizient B, der ebenso wie der mit ihm durch $B_V = BRT$ verknüpfte Koeffizient B_V in erster Linie die Abweichungen im thermischen Verhalten des realen Gases von dem eines idealen Gases beschreibt, wird in nicht recht glücklicher Weise als zweiter Virialkoeffizient bezeichnet. Diese Bezeichnung ist historisch dadurch bedingt, daß die erste theoretische Ableitung der Temperaturabhängigkeit des Koeffizienten B durch eine Verbindung des BOLTZMANNschen e-Satzes und des Gleichverteilungssatzes mit dem Virialsatz der Mechanik gelang. Während aber die ersten beiden Sätze in dieser, bzw. in einer entsprechenden anderen Form der statistischen Mechanik oder der kinetischen Gastheorie einen wesentlichen Bestandteil dieser Ableitung darstellen, erweist sich die Verwendung des Virialsatzes nur als eine von vielen Möglichkeiten zur Gewinnung der thermischen Zustandsgleichung für reale Gase.

Zwei von diesen Möglichkeiten sollen im folgenden ausführlicher besprochen werden, zumal sie in der hier gebrachten Form zum Teil neue Gesichtspunkte und Überlegungen enthalten. Gleichzeitig soll gezeigt werden, wie man bei diesen zunächst im Rahmen der klassischen Physik durchzuführenden Betrachtungen allenfalls erforderliche Quantenkorrekturen berücksichtigen kann. Und schließlich sollen die so gewonnenen B-Formeln diskutiert und kurz mit experimentellen Ergebnissen verglichen werden.

II. Elementare Berechnung des B-Koeffizienten

Als erste Methode zur Berechnung des B-Koeffizienten (ohne Benutzung des Virialsatzes) soll ein Verfahren angegeben werden, welches unter Vermeidung diffiziler statistischer oder kinetischer Betrachtungen an eine von BOLTZMANN entwickelte Vorstellung anknüpft und, hinausgehend über die in der Literatur enthaltenen, fast stets im Qualitativen endenden sogenannten

elementaren Begründungen der van-der-Waals-Korrekturen, in durchaus elementarer Weise bis zu einer quantitativ gültigen Schlußformel führt[1]).
Da der an einer Begrenzungsfläche des betrachteten Gasraums wirkende und dort meßbare Gasdruck nach Bernoulli durch $p = n_W \overline{mu^2}$ gegeben wird,

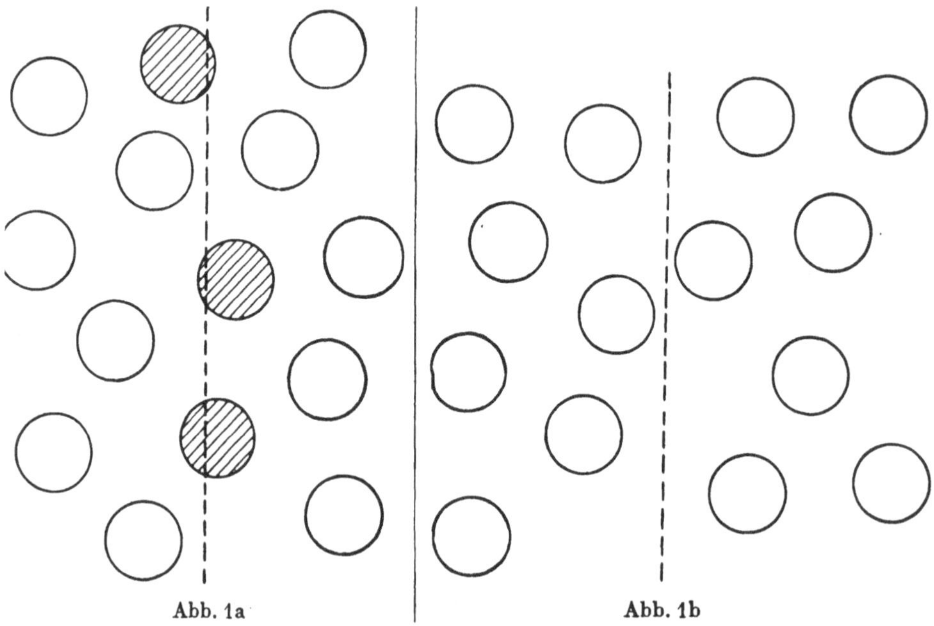

Abb. 1a Abb. 1b

wobei n_W die dort bestehende Teilchendichte, m die Teilchenmasse und u die Normalkomponente der Teilchengeschwindigkeit bedeutet, und da andererseits nach dem Gleichverteilungssatz $\overline{mu^2} = kT$ gilt, kommt man insgesamt zur Druckformel

$$p = n_W kT. \tag{2}$$

Diese für ein ideales Gas wohlbekannte Beziehung muß aber auch für ein reales Gas gelten, da weder die Bernoullische Ableitung noch der Gleichverteilungssatz durch die Existenz von van der Waalsschen Kräften beeinflußt werden. Zu einem Unterschied in der Zustandsgleichung zwischen einem idealen und einem realen Gas kommt man somit nur durch die Annahme, daß bei letzterem die Gasdichte unmittelbar an der Gefäßwand (n_W) von der im Gasinnern (n_i) mehr oder minder stark abweicht. Die Aufgabe besteht daher in der rechnerischen Ermittlung dieses Dichteunterschiedes.
Anschaulich ist dieser Unterschied unmittelbar verständlich, sofern zwischen den einzelnen Gasteilchen Anziehungskräfte wirksam sind. Während sich

[1]) Vergleiche hierzu auch F. Sauter, „Annalen der Physik" (6) 6 (1949) 59.

nämlich diese Kräfte im Gasinnern aus Symmetriegründen im Mittel gegenseitig aufheben, bleibt in der Randzone eine resultierende Kraft übrig, welche die dort befindlichen Gasteilchen ins Innere zu ziehen sucht und dadurch die Randdichte verringert. Umgekehrt bewirken Abstoßungskräfte eine Erhöhung der Randdichte. Zu einer solchen Erhöhung kommt es aber auch beim Fehlen von Kräften endlicher Reichweite allein durch die Ausdehnung der Gasteilchen, indem nach BOLTZMANN dem einzelnen Gasteilchen am Rande etwas mehr Platz zur Verfügung steht als im Innern. Man denke, um sich dies klarzumachen, im Gasinnern eine ebene Fläche gelegt und vergleiche nun den Einfluß dieser Fläche auf die Lagemöglichkeiten der zur Gänze links von ihr befindlichen Teilchen, wenn man einmal zuläßt, daß die weiter rechts liegenden Teilchen die Wand durchdringen können (vergleiche Abb. 1a), und wenn man zum anderen Male diese Fläche als völlig undurchdringlich ansieht (vergleiche Abb. 1b). Formal kann man diesen Fall von Gasteilchen endlicher Größe ohne sonstige Wechselwirkung aber auch aus der Vorstellung gewinnen, daß zwischen den Teilchen eine sehr starke Abstoßungskraft wirksam wird, sobald sie sich einander bis auf einen bestimmten Minimalabstand annähern. Im folgenden soll daher der Kürze halber der Fall endlich großer Gasteilchen ohne sonstige Kraftwirkung aufeinander stets nur in diesem letzteren Sinn zusammen mit dem Fall der Existenz weiterreichender VAN-DER-WAALS-Kräfte behandelt werden.

Um nun den Dichteunterschied im Gasinnern und unmittelbar an der Wand zu ermitteln, sei an den BOLTZMANNschen e-Satz erinnert, nach welchem die Teilchendichte an irgendeiner Stelle proportional ist der Exponentialfunktion mit der negativen, dort bestehenden potentiellen Energie, noch geteilt durch kT, als Exponenten. Nun kommt es aber bloß auf die mittlere Teilchendichte an, wobei die Mittelung über Bereiche zu erstrecken ist, die selbst noch viele Teilchen enthalten. Da die VAN-DER-WAALS-Kräfte zwischen zwei Teilchen, beschrieben durch deren potentielle Energie $\Phi(r)$ als Funktion des Abstandes r der beiden Teilchen, im allgemeinen mit zunehmendem Abstand sehr rasch abfallen, wird sich bei nicht zu dichten Gasen ein herausgegriffenes Teilchen vorwiegend im feldfreien Raum befinden, wo die Exponentialfunktion den Wert 1 besitzt. Nur in der Nähe eines jeden der n-Teilchen in der Volumeinheit weicht die Exponentialfunktion um den Betrag $\exp(-\Phi/kT) - 1$ von der Einheit ab, so daß der gesuchte Mittelwert im Gasinnern proportional $1 + n_i \int (\exp(-\Phi/kT) - 1)\, d\tau$ wird; dabei ist das Volumintegral zunächst nur über die Wirkungssphäre eines einzelnen Gasteilchens zu nehmen, kann aber praktisch über den ganzen unendlichen Raum erstreckt werden.

Zu einem analogen Ausdruck, nur mit $n_w/2$ anstatt n_i, kommt man bei der Durchführung der analogen Mittelwertbildung unmittelbar an der Wand. Denn hier fallen wegen der Wand die Hälfte der Teilchen mitsamt ihren Wirkungssphären aus. Damit kommt man zur Dichteformel

$$n_i/n_w = \left\{1+n_i \int (\exp(-\Phi/kT)-1)\,d\tau\right\} / \left\{1+(n_w/2)\int (\exp(-\Phi/kT)-1)\,d\tau\right\}.$$

Vernachlässigt man noch in den meist sehr kleinen Korrekturgliedern mit den Integralen den Unterschied zwischen n_i und n_w, und setzt außerdem n_i gleich der mittleren Gasdichte n, so kommt man zur Näherungsformel

$$n_w = n\left\{1+(n/2)\int (1-\exp(-\Phi/kT))\,d\tau\right\}.$$

Diese wiederum führt in Verbindung mit der Druckformel (2) zu einer Darstellung der thermischen Zustandsgleichung, welche nach (1) einem Wert des zweiten Virialkoeffizienten

$$B = (L/2)\int (1-\exp(-\Phi/kT)\,d\tau \qquad (3)$$

entspricht; dabei ist $L = nV$ gleich der Loschmidtschen Zahl. Die Diskussion dieser Formel, die in gleicher Weise auch nach den übrigen Methoden (Virialsatz, statistische Mechanik usw.) gewonnen werden kann, möge auf später verschoben werden. Hier sei nur noch erwähnt, daß bei der hier gegebenen Ableitung die Fälle vernachlässigt wurden, bei denen das herausgegriffene Teilchen gleichzeitig in die Wirkungssphäre von zwei oder mehreren anderen Teilchen gerät; die Berücksichtigung dieser Fälle würde dann zu den höheren Korrekturgliedern in der Reihenentwicklung (1) führen. Ebenfalls ohne Beweis sei erwähnt, daß eine allfällige Anziehungskraft der Wand auf die Gasteilchen, welche zweifelsohne die Randdichte erhöht, keinerlei Einfluß auf die Größe des B-Koeffizienten besitzt.

III. Berechnung des B-Koeffizienten aus der Gibbsschen Statistik

Vor der eingehenden Diskussion der B-Formel (3) möge diese Beziehung nochmals abgeleitet werden, und zwar jetzt aus dem allgemeinen Formalismus der statistischen Mechanik unter Benutzung des Gibbsschen Phasenintegrals. Diese neuerliche Ableitung soll nicht nur zur Bestätigung der Ergebnisse aus der elementaren Betrachtung durchgeführt werden, sondern um gleichzeitig auf einen grundlegenden Fehler hinzuweisen, den man in der einschlägigen Literatur trotz der erstmals von J. E. und M. Mayer gegebenen korrekten Behandlung des Problems immer wieder findet[2]). Nach der statistischen Mechanik berechnet sich der Gasdruck p aus der Zustandssumme bzw. aus dem Zustandsintegral Z allgemein nach der Formel

$$p = kT\,(\delta \ln Z/\delta V)_T. \qquad (4)$$

Handelt es sich speziell um ein Gas aus N gleichen Teilchen, zwischen denen

[2]) Mayer, J. E.; J. chem. Phys. [5] (1937) 67; Mayer, J. E. und M. Goeppert-Mayer; Statistical Mechanics. New York (1948).

eine VAN DER WAALSsche Wechselwirkung besteht, beschrieben durch die potentielle Energie $\Phi(r_{ij})$ zwischen dem i-ten und dem j-ten Teilchen, so wird dabei das Zustandsintegral gegeben durch

$$Z = Z_N = (z^N/N!)\int \ldots \int d\tau_1 \ldots d\tau_N \exp\left(-\sum_{i<j}\sum \Phi(r_{ij})/kT\right), \tag{5}$$

wenn z den Anteil des einzelnen Gasteilchens zum Zustandsintegral angibt, herrührend von seinen inneren und Rotations-Freiheitsgraden, sowie von der Translationsbewegung (ohne Berücksichtigung der räumlichen Lage des Teilchens). Im einfachsten Fall des einatomigen Gases wird beispielsweise $z = (2\pi m\, kT/h^2)^{3/2}$, sofern man von der Anregung höheren Elektronenniveaus absehen kann. Auf jeden Fall ist aber z unabhängig vom Volumen V des Gasraumes und fällt daher bei der Druckberechnung nach (4) heraus.

Bei der Auswertung der Formel (5) ist es in Anbetracht des raschen Abfalls von $|\Phi(r)|$ mit zunehmendem r zweckmäßig,

$$\exp(-\Phi(r_{ij})/kT) = 1 + f(r_{ij}) \text{ mit } f(r) = \exp(-\Phi(r)/kT) - 1 \tag{6}$$

zu setzen und das dann im Integranden von (5) stehende N (N — 1)/2fache Produkt $\prod_{i<j}\prod (1+f(r_{ij}))$ gleichsam nach den f (r) zu entwickeln. Ersichtlich beginnt diese Entwicklung mit den Gliedern $1+\sum_{i<j}\sum f(r_{ij})+\ldots$, so daß man beim Einsetzen in das Zustandsintegral zu einer Entwicklung mit den Anfangsgliedern

$$Z_N = \frac{z^N V^N}{N!}\left\{1+\frac{N(N-1)}{2V}\int f(r)\, d\tau + \ldots\right\} \tag{7}$$

kommt. Bis hierher ist sicherlich die Betrachtung korrekt.

Nun wird aber oft so weiter gerechnet, als ob das zweite Glied in der geschweiften Klammer klein gegen das erste ist, so daß in erster Näherung (mit N >> 1)

$$\ln Z_N = N \ln(zV) - \ln N! + \frac{N^2}{2V}\int f(r)\, d\tau + \ldots$$

gesetzt werden kann, woraus man in Verbindung mit (4) zur Druckformel

$$pV = NkT - \frac{N^2 kT}{2V}\int f(r)\, d\tau \tag{8}$$

kommt; und diese führt bei Anwendung auf ein Mol des Gases genau zum Ausdruck (3) für den zweiten Virialkoeffizienten. Diese Schlußweise ist nun aber völlig unzulässig; denn das zweite Klammerglied in (7) ist stets enorm viel größer als 1, wie man durch Einsetzen von Zahlenwerten unmittelbar erkennt. Einerseits ist ja das Volumintegral sicherlich größer als das Eigenvolumen eines Gasteilchens ($\sim 10^{-24}$ cm^3), andererseits ist die Gasdichte N/V etwa im Normalzustand von der Größenordnung 10^{19} cm^{-3}, so daß das zweite Glied in der geschweiften Klammer von (7) sicherlich größer als 10^{-5} N ist und daher die 1 enorm überwiegt, sobald man es mit einem Gas von wesentlich mehr als insgesamt 10^5 Teilchen zu tun hat.

Dennoch erweist sich die Druckformel (8) bei korrekter Ableitung als in erster Näherung richtig. Um dies zu zeigen, muß man allerdings in der Reihendarstellung (7) des Zustandsintegrals erheblich mehr als zwei Glieder mitnehmen; denn die folgenden Glieder steigen zunächst auch weiter sehr stark an, um erst nach größenordnungsmäßig etwa N/2 Gliedern allmählich wieder abzufallen. Man muß daher schon für Z_N an Stelle von (7) die vollständige Summe anschreiben und dann versuchen, diese Summe irgendwie vernünftig auszuwerten.

Führt man zu diesem Zweck nach MEYER das Doppelprodukt $\prod\prod_{i<j}(1+f(r_{ij}))$ aus und setzt es in das Zustandsintegral (5) ein, so treten in dem N-fachen Volumintegral Integranden der Form $f(r_{\alpha\beta})\,f(r_{\gamma\delta})\ldots\ldots f(r_{\varkappa\lambda})$ auf. Diese können als Beiträge derjenigen statistischen Anordnungen zum gesamten Zustandsintegral angesehen werden, bei denen einerseits das α-te und das β-te Teilchen, andererseits das γ-te und das δ-te Teilchen usf. einander so nahe gekommen sind, daß sie nach VAN DER WAALS eine Kraftwirkung endlicher Größe aufeinander ausüben. Natürlich können auch einige der die Teilchen charakterisierenden Indizes, zum Beispiel β und γ, einander gleich sein, was dem Fall entspricht, daß gleichzeitig mehr als zwei Teilchen zu einem sich gegenseitig beeinflussenden Komplex zusammentreten. Der Beitrag eines solchen Komplexes aus l einander hinreichend nahegekommenen Teilchen zum Zustandintegral (5) möge (nach Ausführung der l-fachen Volumintegration) mit J_l bezeichnet werden. Beispielsweise gilt für l = 1, 2, 3, ...

$$J_1 = \int d\tau_1 = V \qquad \text{(Definition!)},$$

$$J_2 = \int\int f(r_{12})\, d\tau_1 d\tau_2 = V \int f(r)\, d\tau,$$

$$J_3 = \int\int\int \left\{ f(r_{12})\, f(r_{23})\, f(r_{31}) + f(r_{12})\, f(r_{23}) + f(r_{23})\, f(r_{31}) + f(r_{31})\, f(r_{12}) \right\} d\tau_1 d\tau_2 d\tau_3$$

$$= V\left\{\int\int f(r_{12})\, f(r_{23})\, f(r_{31})\, d\tau_1\, d\tau_2 + 3\left(\int f(r)\, d\tau\right)^2\right\}, \ \ldots$$

Dabei ist angenommen, daß die Größe der Einflußsphäre eines l-Komplexes klein gegenüber dem Gesamtvolumen V ist; dadurch werden alle J_l proportional V.

Bei der Ausführung des Doppelproduktes $\prod\prod_{i<j}(1+f(r_{ij})$ treten in den dabei erscheinenden Kombinationen der f(r) verschieden große Komplexe von Teilchen auf. Eine dieser Kombinationen möge beispielsweise aus N_2 Zweierkomplexen, N_3 Dreierkomplexen usw. bestehen, während sich der Rest der Teilchen, nämlich $N_1 = N - 2\,N_2 - 3\,N_3 \ldots$, isoliert im Gasraum bewegt. Eine einzelne solche Kombination gibt daher zum Zustandsintegral den Beitrag $(z^N/N!)\ J_1^{N_1}\ J_2^{N_2}\ J_3^{N_3} \ldots\ldots$

Nun kann diese spezielle Kombination aber auf vielfach verschiedene Weise realisiert werden, da man stets zu einer neuen analogen Kombination kommt, wenn man zwei nicht zum gleichen Komplex gehörige Teilchen miteinander vertauscht; dementsprechend gibt es $N!/(2!)^{N_2}(3!)^{N_3}\ldots$ solche Vertauschungsmöglichkeiten. Da außerdem die Vertauschung aller Teilchen eines Komplexes mit allen Teilchen eines anderen gleich großen Komplexes zu keiner neuen Anordnung führt, ist diese Anzahl noch durch $N_1!\,N_2!\,N_3!\ldots$ zu teilen, so daß es insgesamt $N!/N_1!\,N_2!\,N_3!\ldots(2!)^{N_2}(3!)^{N_3}\ldots$ verschiedene Anordnungen mit gleichem Beitrag zum Zustandsintegral gibt. Man kommt so zum streng gültigen Ausdruck

$$Z_N = z^N \sum \left\{\frac{1}{N_1!}\left(\frac{J_1}{1!}\right)^{N_1}\right\}\left\{\frac{1}{N_2!}\left(\frac{J_2}{2!}\right)^{N_2}\right\}\left\{\frac{1}{N_3!}\left(\frac{J_3}{3!}\right)^{N_3}\right\}\ldots, \tag{9}$$

in dem über alle möglichen Anordnungen der N-Gasteilchen in verschieden große Komplexe bei Wahrung der Nebenbedingung $\Sigma l N_l = N$ zu summieren ist. Beispielsweise ergeben sich die beiden in (7) angeschriebenen Glieder aus (9), indem man einmal $N_1 = N$ und alle übrigen $N_l = 0$ setzt, und zum andernmal $N_1 = N-2$, $N_2 = 1$ annimmt und alle übrigen $N_l = 0$ wählt.

Die weitere Auswertung der Summe (9) kann dadurch versucht werden, daß man entweder diejenige Verteilung bestimmt, für die der Summand ein (relativ sehr scharfes) Maximum besitzt, oder daß man zur Umgehung der störenden Nebenbedingung $\Sigma l N_l = N$ eine Hilfsintegration benutzt und diese dann mit Hilfe der Sattelpunktsmethode ausführt. Doch treten bei diesen beiden Methoden Schwierigkeiten dadurch auf, daß die Integrale J_l je nach der Größe der Temperatur positiv oder negativ sein können.

Von dieser Schwierigkeit frei ist eine Auswertemethode, die von R. BECKER[3]) angegeben wurde und sich auch bei anderen Problemen der statistischen Mechanik sehr bewährt hat. Bei dieser Methode betrachtet man nicht das gesamte Gas in einem abgeschlossenen Volumen, sondern nur einen relativ kleinen Bruchteil dieses Gases, der sich in einem gegenüber dem Gesamtvolumen kleinen nicht abgeschlossenen Bereich V des Gasraums befindet. Natürlich ist dann die Zahl N der Teilchen in V nicht konstant, sondern schwankt ebenso um einen bestimmten Mittelwert, wie es beispielsweise die Energie einer Substanz tut, die im Wärmekontakt mit der Umgebung steht. In diesem Fall hat man nach der statistischen Mechanik mit der Zustandssumme

$$Y = \sum_N Z_N e^{-\alpha N} \tag{10}$$

zu rechnen, mit einem Parameter α, der sich nachträglich aus der mittleren Teilchenzahl $\overline{N}$ in V bestimmen läßt. Letztere ist gegeben durch

$$\overline{N} = \sum_N N Z_N e^{-\alpha N} \Big/ \sum_N Z_N e^{-\alpha N} = -\,\delta \ln Y/\delta\alpha, \tag{11}$$

---

[3]) R. BECKER, „Zeitschrift für Physik“ [*128*] (1950) 120. Vergleiche auch F. KUHRT, ebenda [*131*] (1952 185.

während die Druckformel (4) nach wie vor richtig bleibt, sofern man in ihr die durch (10) gegebene Größe Y einführt. (Letzteres folgt aus der Tatsache, daß der Summand in (10) als Funktion von N ein äußerst scharfes Maximum bei $N = \overline{N}$ besitzt, so daß man in allen thermodynamischen Beziehungen ohne merkliche Fehler $\ln Y$ durch $\ln Z_{\overline{N}} - \alpha\overline{N}$ ersetzen kann.)

Der Vorteil dieser Verallgemeinerung auf unbestimmte Gesamtteilchenzahl besteht darin, daß man von der Nebenbedingung $\Sigma l N_l = N$ in (9) freikommt. Setzt man nämlich in der Y-Summe (10) die Z_N-Werte nach (9) ein, so kann man, wenn man durchwegs N durch $\Sigma l N_l$ ersetzt, über alle N_l unabhängig voneinander von 0 bis ∞ summieren. Es ergibt sich so als streng gültiger Ausdruck für das verallgemeinerte Zustandsintegral

$$Y = \sum_{N_1=0}^{\infty} \frac{1}{N_1!}\left(\frac{zJ_1 e^{-\alpha}}{1!}\right)^{N_1} \sum_{N_2=0}^{\infty} \frac{1}{N_2!}\left(\frac{z^2 J_2 e^{-2\alpha}}{2!}\right)^{N_2} \sum_{N_3=0}^{\infty} \frac{1}{N_3!}\left(\frac{z^3 J_3 e^{-3\alpha}}{3!}\right)^{N_3} \cdots\cdots$$

und damit auch

$$\ln Y = \frac{zJ_1 e^{-\alpha}}{1!} + \frac{z^2 J_2 e^{-2\alpha}}{2!} + \frac{z^3 J_3 e^{-3\alpha}}{3!} + \ldots = \sum_{l=1}^{\infty} \frac{z^l J_l e^{-\alpha l}}{l!}. \tag{12}$$

Die darin eingehende Größe α ist dabei nach (11) gegeben durch die Beziehung

$$\overline{N} = zJ_1 e^{-\alpha} + z^2 J_2 e^{-2\alpha} + z^3 J_3 e^{-3\alpha}/2 + \ldots = \sum_{l=1}^{\infty} \frac{z^l J_l e^{-\alpha l}}{(l-1)!}, \tag{13}$$

während man für den Gasdruck nach (4) wegen $J_l \sim V$ die Beziehung

$$pV = kT\, \delta \ln Y/\delta V = kT \ln Y \tag{14}$$

erhält.

Die genauere Diskussion zeigt nun, daß die Reihen (12) und (13) sehr gut konvergieren, sofern sich das Gas nicht zu nahe an der Kondensationskurve befindet[4]). Insbesondere kommt man zu den Verhältnissen für ideale Gase bei so großen α-Werten, d. h. so kleinen (mittleren) Gasdichten $\overline{N}/V$, daß man von den Reihen (12) und (13) jeweils nur die ersten Glieder zu berücksichtigen braucht. Ersichtlich wird dann wegen $J_1 = V$

$$e^{-\alpha} = \overline{N}/zV \text{ und } pV = \overline{N}kT.$$

Nimmt man die nächsten Reihenglieder als erste Korrektur an diesen Formeln noch mit, so findet man wegen $J_2/J_1 = \int f(r)\, d\tau$

$$e^{-\alpha} = (\overline{N}/zV)\left\{1 - (\overline{N}/V)\int f(r)\, d\tau + \ldots\right\} \text{ und } pV = \overline{N}kT\left\{1 - (\overline{N}/2V)\int f(r)\, d\tau + \ldots\right\}.$$

Ersichtlich stimmt diese Druckformel in der hier konsequent durchgeführten Näherung mit der oben angegebenen Formel (8) überein, womit die Beziehung (3) für den zweiten Virialkoeffizienten nunmehr auch aus der statistischen Mechanik heraus begründet ist.

---

[4]) Die Kondensation tritt bei festgehaltenem T für solche Drucke ein, für die die $\overline{N}$-Reihe (13) gerade aufhört zu konvergieren.

IV. Diskussion der B-Formel

Mit der Ableitung der B-Formel

$$B = \frac{L}{2} \int (1 - \exp(-\Phi/kT))\, d\tau \tag{3}$$

auf zwei gänzlich verschiedenen Wegen kann diese Beziehung als völlig gesichert angesehen werden, allerdings nur im Rahmen der klassischen Physik. Von den an ihr möglicherweise anzubringenden Quantenkorrekturen soll im folgenden Abschnitt die Rede sein. Immerhin erscheint es angezeigt, diese Formel bereits jetzt zu diskutieren und mit den experimentellen Ergebnissen zu vergleichen.

Offenbar wird die Temperaturabhängigkeit von B entscheidend durch den Verlauf von Φ (r) bestimmt. Kann man beispielsweise mit starren Teilchen vom Eigenvolumen v_0 ohne Fernkraftwirkung rechnen, so hat man Φ (r) $= 0$ außerhalb und Φ (r) $= \infty$ innerhalb eines Bereiches von den doppelten Lineardimensionen des einzelnen Teilchens, also von seinem achtfachen Eigenvolumen zu setzen, wodurch $B = 4\,Lv_0$ wird, entsprechend der Volumkorrektur b in der VAN DER WAALS-Gleichung[5]). Aber auch den Beitrag des a-Gliedes dieser Zustandsgleichung zum zweiten Virialkoeffizienten kann man aus (3) gewinnen, wenn man außerhalb des Bereiches von $8\,v_0$ den Exponenten in (3) dem Betrag nach als klein gegen 1 annimmt. Durch Entwickeln der Exponentialfunktion erhält man dann als Zusatzglied zu B den über den Außenraum zu erstreckenden Integralausdruck $(L/2\,kT)\int \Phi(r)\, d\tau$.

Trägt man andererseits die Meßwerte von B als Funktion von 1/T auf, so findet man zwar im wesentlichen einen monotonen Abfall gegen tiefe Temperaturen hin; doch verläuft diese Kurve keinesfalls geradlinig, sondern durchweg nach unten gekrümmt und besitzt für hohe Temperaturen sogar ein Maximum. Da für hohe Temperaturen der Hauptbeitrag zum B-Integral nach (3) von dem Bereich mit großem positiven Φ herrührt, kann in diesem Gebiet des Abstoßungsastes (bei relativ kleinen r-Werten) das Modell starrer Gasteilchen nicht zutreffend sein; vielmehr müssen sich die Mittelpunkte zweier Teilchen bei einem hinreichend energiereichen Zusammenstoß auch über den der Teilchenberührung entsprechenden Abstand hinaus weiter annähern können.

Als Beispiel zeigt Abb. 2 den Verlauf von B als Funktion der reziproken Temperatur nach neueren Messungen von AHLBURG[6]) an den Edelgasen Ne, A, Kr und X. Ersichtlich liegen bei diesen chemisch so sehr ähnlichen Gasen

---

[5]) Bei Darstellung der VAN DER WAALS-Gleichung in Form der Reihe (1) wird $B = b - a/RT$.

[6]) H. AHLBURG, Göttinger Dissertation (1950).

die Meßpunkte auf einer einzigen glatten Kurve, sofern man T und B auf natürliche Einheiten T* und B* bezieht. Als solche sind charakteristische Daten der untereinander weitgehend ähnlichen Potentialkurven herangezogen

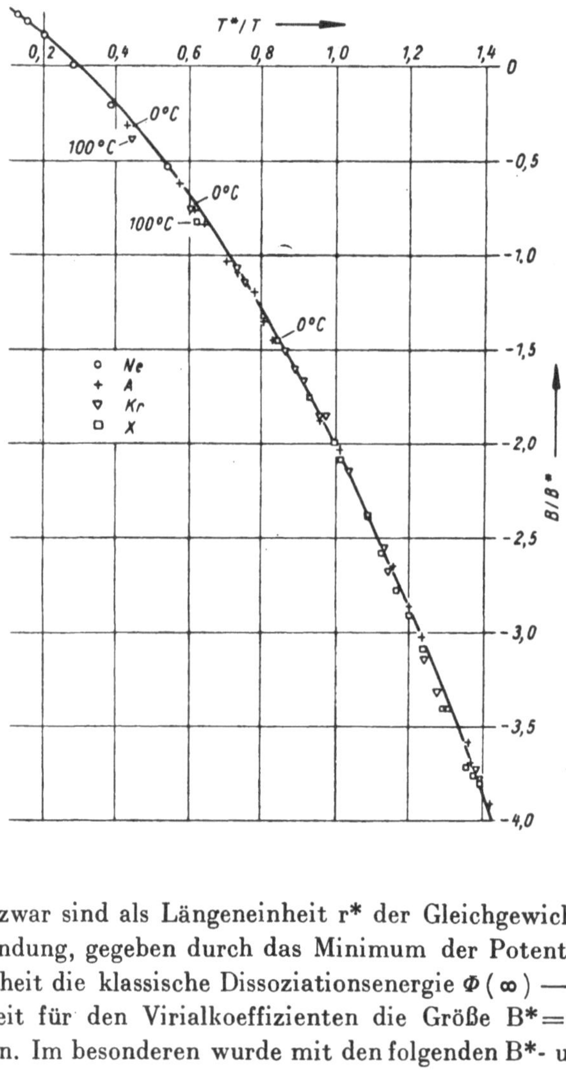

Abb. 2

worden. Und zwar sind als Längeneinheit r* der Gleichgewichtsabstand bei der Molekülbindung, gegeben durch das Minimum der Potentialkurve $\Phi(r)$, als Energieeinheit die klassische Dissoziationsenergie $\Phi(\infty) - \Phi(r^*) \equiv kT^*$ und als Einheit für den Virialkoeffizienten die Größe $B^* = 2\pi r^{*3} L/3$ verwendet worden. Im besonderen wurde mit den folgenden B*- und T*-Werten gerechnet:

	Ne	A	Kr	X
B* in cm³/Mol	39,0	71,3	82,3	108,3
T* in °K	35,6	119,5	166,4	230,0

Es ist mehrfach versucht worden, durch Annahme eines speziellen physikalisch sinnvollen Potentialansatzes Φ (r) mit verschiedenen zunächst offenen Parametern eine explizite Formel für die T-Abhängigkeit abzuleiten, um dann rückwärts durch Anpassung dieser T-Funktion an die Meßkurven die Parameterwerte im Kraftgesetz zu ermitteln. Im besonderen wurde in diesem Sinn der Ansatz

$$\Phi\,(r) = \frac{\Phi_{min}}{m-n}\left(\frac{m}{(r/r^*)^n} - \frac{n}{(r/r^*)^m}\right)$$

diskutiert, in dem r^* den Gleichgewichtsabstand mit dem Potentialwert Φ_{min} bedeutet und m und n zwei noch geeignet zu wählende Zahlen darstellen[7]). Doch sind diese und ähnliche Versuche von vornherein zum Scheitern verurteilt, und zwar nicht nur deshalb, weil sich die so errechneten B (T)-Funktionen als relativ unempfindlich gegenüber gewissen relativ starken Änderungen im Potentialverlauf herausstellen. Man kann vielmehr zeigen, daß sich selbst bei genauester Kenntnis des B-Verlaufes im ganzen Temperaturbereich $0 < T < \infty$ die Beziehung (3) nicht eindeutig nach Φ (r) auflösen läßt. Man erkennt dies nach AHLBURG am einfachsten, wenn man in (3) statt r als unabhängige Veränderliche das Volumen $4\,\pi\,r^3/3 = v$ einführt und damit auch Φ als Funktion von v gegeben denkt:

$$B\,(T) = \frac{L}{2}\int_0^\infty (1 - \exp\,(-\Phi/(v)kT))\,dv$$

$$= \int_0^\infty F\,(v)\,d\,v.$$

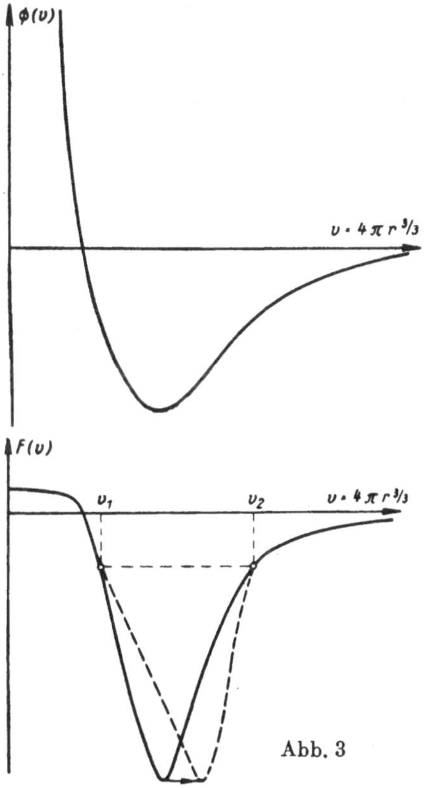

Abb. 3

Hier beginnt (vergleiche Abb. 3) der Integrand F (v) bei v = 0 mit dem zu $\Phi \to \infty$ gehörigen positiven Wert L/2, fällt dann mit zunehmendem v monoton ab, erreicht im Gleichgewichtsabstand ein Minimum mit einem negativen F-Wert und steigt dann wieder bis zum Wert F = 0, den er bei $v \to \infty$ erreicht. In dem Bereich mit negativen F-Werten, d. h. im Potentialsack mit negativem Φ, gehören somit zu jedem vorgegebenen F zwei v-Werte. Bildet man

[7]) J. E. LENNARD-JONES, „Proc. Roy. Soc. London" (A) [*106*] (1914) 463; vergleiche hierzu auch A. EUCKEN, „Lehrbuch der chemischen Physik", II/1, Seite 218 ff.

nun das Integral $\int_{v_1}^{v_2} F(v)\,dv$, erstreckt zwischen zwei solchen zusammengehörigen v-Werten ($F(v_1) = F(v_2)$), so ändert sich der Betrag des Integrals nicht, wenn man die F(v)-Kurve zwischen diesen beiden v-Werten scheert, d. h. diese Kurve dadurch deformiert, daß man je zwei zum gleichen F-Wert gehörige Kurvenpunkte jeweils um den gleichen Betrag parallel zur v-Achse verschiebt (vergleiche die gestrichelte Kurve in Figur 3). Damit ist aber auch die Unmöglichkeit erwiesen, im Bereich des Potentialsackes die F(v)- bzw. Φ(r)-Funktion irgendwie aus der Temperaturabhängigkeit von B eindeutig zu bestimmen.

Unter diesen Umständen läßt sich die B-Formel (3) nur in der Weise verwenden, daß man mit ihrer Hilfe einen auf andere Weise bestimmten Potentialverlauf auf seine Brauchbarkeit zur Berechnung auch der T-Abhängigkeit des zweiten Virialkoeffizienten prüft oder allenfalls auch einen einzelnen noch offenen Parameter in einem anderswie aufgestellten Potentialansatz durch Vergleich der nach (3) errechneten B(T)-Funktion mit deren gemessenen Verlauf vergleicht. Gerade der erstere Weg ist vielfach eingeschlagen worden[8]), um den aus der Quantenmechanik errechneten Verlauf von Φ(r) beim Helium an einem experimentell gut untersuchten Effekt zu erproben, wobei sich eine sehr befriedigende Übereinstimmung zwischen Theorie und Experiment ergab. Allerdings darf man dabei nicht ausschließlich mit der rein klassischen Formel (3) rechnen, sondern muß, besonders bei tiefen Temperaturen, auch die Quanteneffekte berücksichtigen. Diese sollen im folgenden letzten Abschnitt kurz besprochen werden.

V. Quanteneffekte

Bei der Berechnung des Virialkoeffizienten sind zwei Quanteneffekte gänzlich verschiedener Struktur zu berücksichtigen. Erstens darf man schon bei einem idealen Gas ohne van der Waalssche Wechselwirkung zwischen seinen Teilchen bei hinreichend tiefen Temperaturen nicht mehr mit der Boltzmann-Statistik rechnen, sondern muß zur Quantenstatistik übergehen, d. h. je nach der Gassorte die Bose-Einstein- oder die Fermi-Dirac-Statistik verwenden. Man kommt dadurch, wie sogleich gezeigt wird, zu Abweichungen von der Idealgasgleichung, die in erster Näherung genau durch ein Zusatzglied zum klassischen Virialkoeffizienten B erfaßt werden können. Zweitens aber treten bei Potentialmulden von der in Figur 3 skizzierten Art im allgemeinen einer oder mehrere diskrete Bindungszustände auf, so daß man bei tiefen Temperaturen statt mit Zustandsintegralen mit Zustandssummen zu rechnen hat. Nur bei hohen Temperaturen, wo es vor allem auf die hochangeregten Zustände

[8]) Vergleiche zum Beispiel L. Gropper, „Physical Review" [*55*] (1939) 1095.

ankommt, stimmen wegen des Korrespondenzprinzips die aus der Zustandssumme gewonnenen Aussagen mit denen aus dem Zustandsintegral praktisch überein.

Um zunächst die durch die Quantenstatistik bereits beim idealen Gas bedingten Korrekturen rechnerisch zu erfassen, seien hier die Grundformeln der Quantenstatistik ohne Beweis angegeben, und zwar der Einfachheit halber für ein einatomiges Gas ohne innere Freiheitsgrade. In der vereinfachten Betrachtungsweise von R. BECKER[9]) gilt für die in einem Teilvolumen V eines großen Gasraums befindlichen Teilchen der Masse m die verallgemeinerte Zustandsfunktion

$$\ln Y = \mp gV\,(2\pi m/h^2)^{3/2}\,(2/\sqrt{\pi})\int_0^\infty E^{1/2}dE\,\ln\,(1 \mp \exp\,(-\alpha - E/kT)),$$

wobei sich das obere Vorzeichen auf den Fall der BOSE-Statistik, das untere auf den der FERMI-Statistik bezieht; der Gewichtsfaktor g zählt dabei die Möglichkeiten verschiedener Spineinstellung der einzelnen Gasteilchen. Für die mittlere Anzahl $\overline{N}$ der Gasteilchen in V findet man daraus wegen (11) die bekannte Formel

$$\overline{N} = -\,\delta \ln Y/\delta\alpha = gV\,(2\pi m/h^2)^{3/2}\,(2/\sqrt{\pi})\int_0^\infty E^{1/2}dE\,/\,(\exp\,(\alpha + E/kT) \mp 1),$$

die zusammen mit der Energiebeziehung

$$U = -\,\delta \ln Y/\delta\,(1/_{kT}) = gV\,(2\pi m/h^2)^{3/2}\,(2/\sqrt{\pi})\int_0^\infty E^{3/2}\,dE/\,(\exp\,(\alpha + E/kT) \mp 1)$$

im allgemeinen als die Grundformeln der Quantenstatistik angesehen werden. Ersichtlich gilt auch hier wegen (4) die Druckformel

$$pV = kTV\,\delta \ln Y/\delta V = kT \ln Y = 2\,U/3.$$

Offenbar ergeben sich aus den angeführten Quantenbeziehungen die entsprechenden Formeln der klassischen Statistik, indem man $\alpha >> 1$ annimmt, alle Beziehungen in Potenzreihen nach $\exp\,(-\alpha)$ entwickelt und diese Reihen dann nach dem ersten nicht verschwindenden Glied abbricht. Im besonderen wird dann in erster Näherung

$$\ln Y = \overline{N} = gV\,(2\pi m kT/h^2)^{3/2}\,\exp\,(-\alpha).$$

Nimmt man, um die Abweichungen der Quantenformeln von den Formeln der klassischen Statistik in erster Näherung zu erfassen, noch jeweils das nächste Glied in den Reihenentwicklungen mit, so ergibt sich zum Beispiel für die mittlere Teilchenzahl in V in zweiter Näherung

$$\overline{N} \approx gV\,(2\pi m kT/h^2)^{3/2}\left\{\exp\,(-\alpha) \pm \exp\,(-2\alpha)/2^{3/2}\right\}.$$

Löst man diese Beziehung näherungsweise nach $\exp\,(-\alpha)$ auf und geht damit in die Druckformel ein, so findet man als Zustandsgleichung, bezogen auf ein

[9]) R. BECKER, „Zeitschrift für Physik“ [*128*] (1950) 120.

Mol (N = L), die Formel

$$pV = RT \left\{ 1 \mp (L/2^{5/2} gV)\ (h^2/2\pi m kT)^{3/2} \right\}.$$

Ein Vergleich mit den Reihendarstellungen (1) zeigt, daß die Quantenstatistiken zu einer Korrektur in der Idealgasgleichung führen, welche durch einen zusätzlichen Wert

$$B_Q = \mp\ (L/2^{5/2} g)\ (h^2/2\pi m kT)^{3/2} \tag{15}$$

des Virialkoeffizienten beschrieben werden kann.

Setzt man hier für die universellen Konstanten Zahlenwerte ein, so findet man $B_Q = -564/g\ (MT)^{3/2}$, wobei M die Molmasse des betreffenden Gases bedeutet. Für normales Helium beispielsweise (mit g = 1, M = 4) gilt $B_Q = -70{,}5/T^{3/2}$, also unmittelbar über dem normalen Kondensationspunkt $B_Q = -6{,}9\ cm^3$/Mol. Dieser Wert ist wegen der kleinen Masse und der sehr niedrigen Temperatur relativ groß und daher allenfalls zu berücksichtigen. Bei den übrigen Edelgasen stellt aber die Größe (15) eine im allgemeinen vernachlässigbar kleine Korrektur dar. Beispielsweise beträgt für den tiefsten AHLBURGschen Meßwert bei Argon ($T = 84{,}45^0$ K) die Quantenkorrektur $B_Q/B^* = -4.10^{-5}$ gegenüber einem B/B^*-Wert von —3,91.

Wichtiger als diese Quantenkorrektur infolge der Statistik wird die Korrektur infolge der Existenz diskreter Energieniveaus bei einem durch die VAN-DER-WAALS-Kräfte bedingten Bindungszustand. Hier kann man nun freilich aus rechentechnischen Gründen nicht die Zustandssumme für das gesamte Gas aufstellen und auswerten, sondern muß von vornherein eine Näherungsbetrachtung durchführen. Insbesondere ist es dabei notwendig, sich auf diejenigen Fälle zu beschränken, bei denen nur zwei Teilchen miteinander in engere Wechselwirkung treten, also auf die Fälle, die in den Reihen (7) und (9) für das Zustandsintegral durch das Glied mit $\int f(\mathfrak{r})\, d\tau$ erfaßt werden.

Hätte man es allein mit zwei Teilchen im Gasraum V ohne innere und Rotationsfreiheitsgrade zu tun, so wäre das klassische Zustandsintegral gegeben durch

$$Z_{kl} = (1/2h^6) \iiiint \exp\left[-\left(\frac{\mathfrak{p}_1^2 + \mathfrak{p}_2^2}{2\,m} + \Phi\,(\mathfrak{r}_{12})\right)/kT\right] d\tau_{\mathfrak{r}_1}\, d\tau_{\mathfrak{r}_2}\, d\tau_{\mathfrak{p}_1}\, d\tau_{\mathfrak{p}_2}.$$

Dieses läßt sich nach Einführung der Schwerpunktslage $\mathfrak{R} = (\mathfrak{r}_1 + \mathfrak{r}_2)/2$ und des Teilchenabstandes $\mathfrak{r} = \mathfrak{r}_1 - \mathfrak{r}_2$ an Stelle der einzelnen Teilchenorte $\mathfrak{r}_1$ und $\mathfrak{r}_2$, sowie der zugehörigen Impulse $\mathfrak{P} = \mathfrak{p}_1 + \mathfrak{p}_2$, $\mathfrak{p} = (\mathfrak{p}_1 - \mathfrak{p}_2)/2$, und nach Integration über die Schwerpunktsbewegung in der Form

$$Z_{kl} = (V/2h^3)\ (4\pi\, mkT/h^2)^{3/2} \iint \exp\left[-\left(\frac{\mathfrak{p}^2}{m} + \Phi(\mathfrak{r})\right)/kT\right] d\tau_{\mathfrak{r}}\ d\tau_{\mathfrak{p}} \tag{16}$$

schreiben; und hier führt die Integration über alle Relativimpulse wieder zur bekannten Beziehung

$$Z_{kl} = (V/2)\ (2\pi\, mkT/h^2)\ 3 \int \exp\left[-\Phi(r)/kT\right] d\tau_r. \tag{17}$$

Andererseits ist die entsprechende quantenmechanische Zustandssumme gegeben durch

$$Z_q = V\ (4\pi\, mkT/h^2)^{3/2} \sum_j \exp\left[-\varepsilon_j/kT\right], \tag{18}$$

sofern man wieder die (nach den Gesetzen der klassischen Physik behandelbare) Schwerpunktsbewegung abgespalten denkt; die ε_j sind dabei die Eigenwerte der SCHRÖDINGER-Gleichung, und zu summieren ist über alle Zustände j. Nun stimmen zweifelsohne die beiden Zustandsfunktionen Z_{kl} und Z_q für hohe Temperaturen, bei denen es vorwiegend auf die hochangeregten Zustände ankommt, angenähert überein. Bei tieferen Temperaturen wird der Unterschied zwischen Z_{kl} und Z_q in erster Linie durch die diskreten Energieniveaus in (18) mit $\varepsilon_j < 0$ bedingt, welche VAN DER WAALSschen Bindungszuständen entsprechen, während die Zustände $\varepsilon_j > 0$ des Quasikontinuums (in freilich recht roher Näherung) zu Z_q den gleichen Betrag liefern, wie zum Zustandsintegral Z_{kl} die von den positiven Energiewerten $p^2/m + \Phi(r) \geq 0$ herrührenden Anteile.

In dieser Näherung kann man daher

$$Z_q = Z_{kl} + V\left(\frac{4\pi\, mkT}{h^2}\right)^{3/2} \left\{ \sum_{(\varepsilon_j < 0)} \exp\left[-\frac{\varepsilon_j}{kT}\right] - \frac{1}{2\,h^3} \iint_{(p^2/m + \Phi(r) \leq 0)} \exp\left[-\frac{p^2/m + \Phi(r)}{kT}\right] d\tau_r\, d\tau_p \right\} \tag{19}$$

setzen. Demnach kann bei der Betrachtung der Wechselwirkung allein zwischen zwei Teilchen der Übergang von dem klassischen Zustandsintegral zur quantentheoretischen Zustandssumme dadurch durchgeführt werden, daß man zum Wert Z_{kl} den Ausdruck auf der rechten Seite von (19) hinzuaddiert als den Unterschied des quantenmäßigen und klassischen Anteils der Bindungszustände.

Führt man den analogen Übergang auch in der Formel (3) für den Virialkoeffizienten durch, so kommt man von der klassischen Größe B_{kl} zur Quantengröße

$$B_q = B_{kl} - L\left(\frac{h^2}{4\pi\, mkT}\right)^{3/2} \left\{ \sum_{(\varepsilon_j < 0)} \exp\left[-\frac{\varepsilon_j}{kT}\right] - \frac{1}{2\,h^3} \iint_{(p^2/m + \Phi(r) \leq 0)} \exp\left[-\frac{p^2/m + \Phi(r)}{kT}\right] d\tau_r\, d\tau_p \right\} \tag{20}$$

zu der im Prinzip noch der Ausdruck (15) hinzuzuzählen wäre.

Es würde hier zu weit führen, die verschiedenen Methoden zur Auswertung dieser Beziehung zu entwickeln, wie auch der Kürze halber auf die Wiedergabe gewisser Verfeinerungen in der B_q-Formel verzichtet werden muß[10]).

[10]) Vergleiche hierzu u. a. KIRKWOOD, „Physikalische Zeitschrift" [*33*] (1932) 41; E. BETH und G.E. UHLENBECK, „Physica" [*3*] (1936) 729; [*4*] (1937) 915; L. GROPPER, „Physical Review Rev." [*50*] (1936) 963; [*51*] (1937) 1108.

Immerhin ersieht man unmittelbar aus (20) und (15), daß B_q, im Gegensatz zu B_{kl}, von der Teilchenmasse m abhängig wird und so die Möglichkeit gibt, den beobachteten Unterschied im Virialkoeffizienten zwischen zwei verschiedenen Isotopen ein und desselben Gases zu deuten. So fand K. SCHÄFER als Unterschied zwischen schwerem und leichtem Wasserstoff bei 23° K die Differenz $B_{D_2} - B_{H_2} = - 24{,}4\ cm^3/Mol$ und konnte diese Differenz als Quanteneffekt interpretieren[11]).

Nimmt man noch den bereits erwähnten Erfolg bei der quantenmäßigen Berechnung des zweiten Virialkoeffizienten von Helium bei sehr tiefen Temperaturen hinzu, so darf man wohl die vorstehenden Betrachtungen dahin zusammenfassen, daß das Problem des zweiten Virialkoeffizienten heute prinzipiell als gelöst angesehen werden kann.

[11]) K. SCHÄFER, „Zeitschrift für physikalische Chemie" (B) [*36*] (1937) 99; [*38*] (1938) 187

Die Energieübertragung an festen Oberflächen und ihr Zusammenhang mit katalytischen Phänomenen

Von K. SCHÄFER

INHALT

I. Einleitung, Problemstellung

Die Frage der Energieübertragung und ihres Mechanismus in speziellen Fällen dürfte für eine Anzahl von Problemen von Bedeutung sein. So spielt wahrscheinlich die quantenhafte Übertragung der Energie von metallischen Oberflächen an daran adsorbierte Gasmolekeln eine wesentliche Rolle für die katalytische Wirkung der betreffenden Metalloberfläche, denn es muß ja die Aktivierungsenergie für den zu katalysierenden chemischen Vorgang zur Verfügung gestellt werden, was unter Mitwirkung der Oberfläche geschieht. Wir wollen darum im folgenden einmal die Frage des Energieübertragungsmechanismus so eingehend erörtern, wie dies beim gegenwärtigen Stand unserer Kenntnis überhaupt möglich ist.

Zunächst wollen wir das zur Diskussion stehende Problem in möglichst einfacher Weise formulieren. Wir denken uns eine Gasmolekel, deren Energie genau fixiert sei (etwa durch Angabe ihrer Geschwindigkeit und ihrer Rotations- und Schwingungsquantenzahlen), in einem Zeitaugenblick $t = 0$ an einer festen Oberfläche adsorbiert, mit der die Gasmolekel Energie auszutauschen vermag. Nach einer gewissen Zeit τ möge die Molokel wieder desorbiert werden, wobei sie nun i. a. in einem anderen ebenso fixierten Energiezustand angetroffen wird. Die Änderung der Energie der Molekel wird dann (im statistischen Mittel) eine Funktion der Verweilzeit τ sein, wobei man die Änderung der Energie noch auf die einzelnen Freiheitsgrade aufteilen kann. Im Experiment wird man freilich die Beobachtung nicht in derart definierter Weise vornehmen können, schon weil bei einer größeren Zahl von Molekeln die einzelnen Verweilzeiten verschieden lang ausfallen. Immerhin ist es natürlich möglich, die *durchschnittliche* Energieänderung von Molekeln, die vorübergehend an einer festen Oberfläche adsorbiert wurden, zu ermitteln.

Es geschieht dies einfach durch Messung der Wärmeübertragung von einer geheizten festen Oberfläche auf eine zweite kältere Oberfläche, wobei nur dafür gesorgt sein muß, daß der Wärmeleitungsmechanismus *in* dem Gasraum zwischen den begrenzenden Oberflächen in seiner Wirkung zurücktritt gegen den Effekt bei der Energieübertragung *an* den Oberflächen bzw. Wänden. Man erreicht dies am einfachsten dadurch, daß man den Gasdruck des Gases im Zwischenraum so klein wählt, daß die Gasmolekeln ohne Zusammenstoß mit anderen Gasmolekeln direkt nach der Desorption von einer Oberfläche zu andern zu fliegen vermögen. Es ist aber nicht unbedingt erforderlich, den Gasdruck so klein zu wählen, daß die mittlere freie Weglänge groß gegen den Abstand der Wände wird, es genügen schon kleinere Werte der mittleren freien Weglänge, um den Effekt des Energieübertragungsmechanismus an den Wänden hervortreten zu lassen. Wie wir noch sehen werden, gestattet gerade die Untersuchung der Wärmeleitung im Druckgebiet von mittleren freien Weglängen, die mit den Apparatdimensionen vergleichbar sind, spezielle Rückschlüsse auf den Mechanismus der Energieübertragung (s. S. 39 ff).

II. Die experimentelle Ermittlung der thermischen Gesamtakkommodation

Die bei unseren Versuchen meist benutzte Apparatur zur Messung des Wärmeleitvermögens bei kleinsten und mittleren Drucken hat dabei das in Abbildung 1 wiedergegebene Aussehen. Ein dünner im Zentrum einer Glaszelle aufgespannter Draht D (⌀ 0,02—0,04 mm), der über die Zuleitungsdrähte Z_1 und Z_2 elektrisch aufgeheizt werden kann, wird durch den elektrischen Strom über die Temperatur der Wand der Glaszelle hinaus um den Betrag Δ T erwärmt. Die Ermittlung der Erwärmung geschieht experimentell durch Bestimmung des Widerstandes des mittleren Drahtstückes zwischen P_1 und P_2. Die Drahtzuleitungen Z_3 und Z_4 führten zu einem Kompensationsapparat, der primär den Spannungsabfall Δ E zwischen P_1 und P_2 zu messen gestattete. Ein in den Stromkreis des Drahtes D gelegter äußerer Widerstand W wurde nun so abgepaßt, daß der Spannungsabfall zwischen P_1 und P_2 mit demjenigen längs W genau übereinstimmte, womit sowohl der Widerstand zwischen P_1 und P_2 wie auch der Spannungsabfall zwischen diesen Punkten ermittelt war, denn der durch D und W fließende Strom war derselbe, so daß W mit dem Widerstand des Drahtes zwischen P_1 und P_2 übereinstimmen müßte.

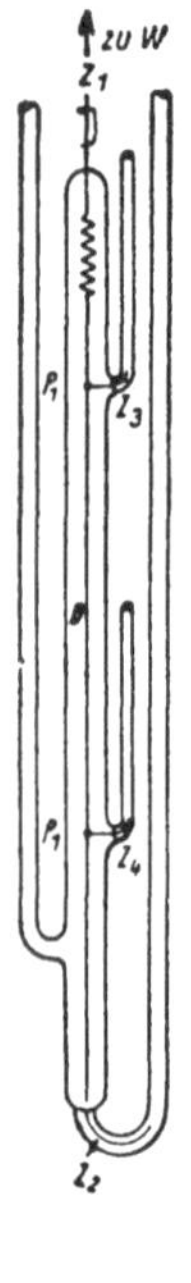

Abb. 1
Wärmeleitfähigkeitszelle zur Ermittlung des Wärmeleitvermögens von Gasen bei kleinen Drucken.

Im stationären Betriebe wird bei extrem kleinen Gasdrucken die Übertemperatur um so geringer sein, je mehr Energie die von der äußeren Wand auf die Drahtoberfläche aufprallenden „kalten“ Gasmolekeln dem Draht zu entziehen vermögen. Quantitativ gilt für diesen Fall relativ großer mittlerer freier Weglängen im Gasraum für den Zusammenhang zwischen der dem Drahtstück $P_1 P_2$ pro Zeiteinheit zugeführten elektrischen Heizenergie ($\dot{Q} = (\Delta E)^2/W$) und der Übertemperatur ΔT des Drahtes:

$$\dot{Q} = \frac{\dot{N}}{N_L} \alpha \left(C_v + \frac{R}{2}\right) \Delta T \tag{1}$$

Hierbei bedeutet $\dot{N}$ die Zahl der in der Zeiteinheit auf den Draht zwischen P_1 und P_2 aufprallenden Molekeln, N_L die LOSCHMIDTsche Zahl, R die Gaskonstante und C_v die Molwärme der betreffenden Gasmolekeln. Schließlich ist α in Gl. (1) der thermische Akkommodationskoeffizient, der angibt, welcher Bruchteil der ideal möglichen Energie von den Gasmolekeln zwischen warmer und kalter Wand tatsächlich transportiert wird.

Die Gl. (1) kommt dadurch zustande, daß jede Molekel im Idealfall eine seiner Wärmekapazität und der Temperaturdifferenz entsprechenden Energiebetrag dem warmen Draht entzieht. Wenn bei einem Zusammenstoß einer Molekel mit dem Draht (und kurzer Adsorption am Draht nur der Bruchteil α der der vollen Temperaturdifferenz entsprechenden Energie entzogen wird, so wird man auf Gl. (1) geführt, wobei vorerst noch das Glied R/2 bei der Molwärme fehlt. Dies letzte Glied erklärt sich dadurch, daß die entsprechend der MAXWELLschen Geschwindigkeitsverteilung schneller als der Durchschnitt fliegenden Molekeln unverhältnismäßig mehr kinetische Energie transportieren, wodurch für diesen Anteil des Energietransportes nicht $\frac{3}{2}$ RT, sondern $\frac{4}{2}$ RT erhalten wird[1]). In Gl. (1) ist außerdem nur der Akkommodationskoeffizient an dem Draht berücksichtigt, nicht aber auch derjenige an der äußeren Glaswand der Zelle. Dieser letztere hat auch nur eine prinzipielle Bedeutung, weil eine Gasmolekel, bevor sie mit dem dünnen Draht zusammentrifft, so oft mit den Glaswänden kollidiert, daß selbst bei mäßiger Akkommodation am Glas die Energieverteilung der auf den Draht aufprallenden Molekeln der Temperatur der äußeren Glaswand praktisch völlig entspricht.

Die Zahl $\dot{N}$ der in der Zeiteinheit auf das Drahtstück auffallenden Molekeln ist proportional der mittleren Molekulargeschwindigkeit $\bar{w}$ der Molekeln, proportional der Drahtoberfläche und proportional der Zahl der Molekeln in der Volumeneinheit (Dichte), die ihrerseits bei gegebener Temperatur der Zelle dem Gasdruck p in dieser proportional ist. Somit ist es möglich, Gl. (1), auf die sich die folgenden Betrachtungen wesentlich beziehen, umzuschreiben in

$$\dot{Q} = A \cdot p \, \bar{w} \, \alpha \left(C_v + \frac{R}{2}\right) \Delta T \tag{1a}$$

Die Konstante A enthält dabei außer universellen Konstanten die geometri-

---

[1]) Vergleiche zum Beispiel A. EUCKEN, „Lehrbuch der chemischen Physik". Bd. II, 1, S. 380.

schen Faktoren der Zelle (Oberfläche des Drahtes). Weil die genaue Erfassung der Geometrie der Zelle Schwierigkeiten bereitet, ist es zweckmäßig, bei der experimentellen Messung des Akkommodationskoeffizienten auf die absolute Ermittlung von α zu verzichten und Relativmessungen gegen ein Gas mit bekannten Akkommodationskoeffizienten vorzunehmen, wobei sich die geometrischen Faktoren gegenseitig wegheben. Man erhält dann, sofern die Temperatur der Zelle beide Male die gleiche ist, wegen $\bar{w} = \text{const}/\sqrt{M}$ (M = Molekulargewicht)

$$\frac{\dot{Q}_1}{\dot{Q}_2} = \frac{p_1}{p_2}\sqrt{\frac{M_2}{M_1}}\,\frac{\Delta T_1}{\Delta T_2}\,\frac{\alpha_1\left(C_{v_1}+\frac{R}{2}\right)}{\alpha_2\left(C_{v_2}+\frac{R}{2}\right)}, \qquad (2)$$

eine Formel, in der jetzt alle Größen bis auf ein α bekannt sind, bzw. experimentell bestimmt werden können.

In dieser Weise sind die meisten der weiter unten wiedergegebenen α-Werte gemessen worden. Die Methode hat den Nachteil, daß man bei ihr die Molwärme des zu untersuchenden Gases bereits kennen muß. Nach einer auf Eucken[2]) zurückgehenden Abänderung der obigen Meßanordnung kann man C_v *und* α messen, wenn man neben dem Draht in der Meßzelle ein schmales Band aus dem gleichen Material aufspannt, aus dem der Draht hergestellt ist (vergleiche Abbildung 2). Der Draht wird nun nicht nur von den Gasmolekeln getroffen, die unmittelbar von der Glaswand der Zelle herkommen, sondern auch von solchen, die von der Glaswand her zunächst auf das Band treffen und dann auf den Draht zufliegen. Wird nun das Band an Stelle des Drahtes elektrisch aufgeheizt, so wird sich *auch* der Draht gegenüber der Glaswand der Zelle erwärmen, weil er ja wenigstens teilweise von „wärmeren" Molekeln getroffen wird, nämlich von denjenigen, die von dem geheizten Bande herkommen. Weil nun die Übertemperatur der von dem Bande wegfliegenden „wärmeren" Molekeln dem Akkommodationskoeffizienten des Bandmaterials (= Drahtmaterials) proportional ist, so wird auch die durch deren Anprall auf den Draht bedingte Erwärmung des Drahtes dem α-Wert proportional,

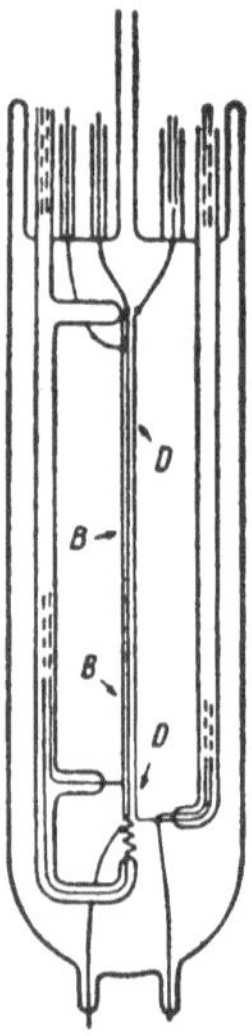

Abb. 2
Apparatur zur direkten Bestimmung von thermischen Akkommodationskoeffizienten. B = Band; D = Draht.

[2]) A. Eucken und H. Krome, „Zeitschrift für physikalische Chemie" (B) [*45*], 157 (1940).

so daß auf diesem Wege eine direkte Relativmessung des Akkommodationskoeffizienten eines Gases gegen ein zweites gelingt. Um die Effekte der Erwärmung des Drahtes bei beiden Gasen gegenseitig vergleichbar zu machen, muß man bei den Vergleichsversuchen die Drucke der Gase in der Zelle so wählen, daß bei Außerachtlassung des Bandes, also bei der Messung mit dem Draht alleine gemäß Gl. (2) die gleichen ΔT-Werte bei gleichen Energiezufuhren $\dot{Q}$ erreicht werden. Bei Wahrung dieser Verhältnisse ist die durch bloße Erwärmung des Bandes auf eine *feste* Übertemperatur erzielte Temperaturerhöhung des Drahtes dem Akkommodationskoeffizienten proportional mit einem in beiden Fällen gleichen Proportionalitätsfaktor.

Wie die bisherigen Meßmethoden erkennen lassen, kann der Akkommodationskoeffizient auch definiert werden durch:

$$\alpha = \frac{T_m - T_0}{T_D - T_0}, \tag{3}$$

wo T_D und T_0 die Temperaturen des Drahtes und der äußeren Zellwand sind, während T_m die zwischen T_D und T_0 gelegene „Temperatur" der von dem Draht fortliegenden Molekeln ist, denn der Energie- bzw. damit proportionale Temperaturausgleich ist ja im allgemeinen unvollkommen.

Hat man vermittels der eben beschriebenen Methode den α-Wert des Gases ermittelt, so ergibt sich mit Hilfe von Gl. (2) der Wert $\alpha\left(C_v + \frac{R}{2}\right)$, also auch der von C_v, so daß in der Tat auf diesem Wege α und C_v erhalten werden können.

III. Die thermische Akkommodation der Normalschwingungen und die der Translations- und Rotationsenergie. Einfluß des Temperatursprungs

Die so gemessenen Akkommodationskoeffizienten stellen Pauschalwerte dar, die noch nichts über den Mechanismus des Energieaustausches an der Oberfläche aussagen, ob also zum Beispiel die Schwingungen der Gasmolekel gut akkommodieren und die Translation und Rotation schlecht oder umgekehrt, wenn mittlere Werte des Akkommodationskoeffizienten gefunden werden. Um die Aufteilung der Gesamtakkommodation auf die einzelnen Freiheitsgrade vornehmen zu können, muß man die Wärme- und Energieübertragungsverhältnisse in denjenigen Druckgebieten untersuchen, in denen die mittlere freie Weglänge des Gases nicht groß gegen die Gefäßdimensionen ist, vielmehr nur vergleichbar mit denjenigen Entfernungen in der Meßzelle, in denen sich der wesentliche Temperaturabfall zwischen warmem Draht und kalter Wand vollzieht, das ist eine Länge von der Größe des Drahtdurchmessers. Man nennt dieses Druckgebiet dasjenige, in dem der sogenannte „Temperatursprung" für den Energietransport maßgebend wird.

Der Temperatursprung hat dabei im folgenden seinen Ursprung: Wenn sich zwischen warmer und kalter Wand im stationären Betriebe im Innern des Gases ein bestimmtes Temperaturgefälle eingestellt hat, so kann sich dies nicht unverändert bis zu den begrenzenden Wänden fortsetzen, denn im Innern ist der Mechanismus zur Aufrechterhaltung des stationären Wärmeflusses ein anderer als in der Nähe der Wände. Der Wärmefluß durch eine Fläche im Innern setzt sich nämlich in gleicher Weise aus zwei Bestandteilen zusammen, nämlich dem Strom der „kälteren" Molekeln, die von der einen Seite der Fläche durch diese hindurchfliegen, und dem Strom der „wärmeren" Molekeln, die in der entgegengesetzten Richtung von der anderen Seite her sich durch die Fläche bewegen. Dabei kommen die „kälteren" und „wärmeren" Molekeln durchschnittlich aus einer Entfernung von der Größenordnung der mittleren freien Weglänge von der Fläche. Der Energietransport jedes einzelnen Teilchens entspricht dann der Temperaturdifferenz zwischen der Fläche und der Stelle, von der das betreffende Teilchen herkommt[3]). Weil der Abstand zwischen diesen beiden Punkten umgekehrt proportional mit dem Druck variiert, während die Zahl der Molekeln dieses Stroms proportional mit dem Druck zunimmt, ist gewöhnlich der Wärmestrom, das heißt das Wärmeleitvermögen des Gases, unabhängig vom Druck.

In der Nähe der Wände (Abstand von der Wand von der Größenordnung der mittleren freien Weglänge oder weniger) sind aber die beiden eine dort gedachte Fläche durchsetzender Wärmeströme unsymmetrisch, insofern zwar der eine aus dem Inneren des Gases kommende prinzipiell ebenso geartet ist, wie jeder der einzelnen oben erwähnten Teilströme, dafür aber können von der der nächstbenachbarten Wand zugewandten Seite der Fläche die Molekeln *höchstens* aus einer Entfernung von eben dieser benachbarten Wand kommen. Wäre nun der Temperaturgradient im ganzen Zwischengebiete gleichmäßig, so würde von der Seite der nächstbenachbarten Wand ein zu kleiner Wärmestrom die gedachte Fläche durchsetzen, während aber doch im *stationären* Betriebe der Wärmestrom durch die Fläche unabhängig von ihrer Entfernung von der Wand der gleiche sein muß. Aus diesem Grunde wird der Temperaturgradient in der Nähe der begrenzenden Wände wesentlich steiler als im Innern, so daß trotz des geringen Abstandes von der Wand die von dort kommenden Molekeln einen genügend hohen Wärmebetrag durch die gedachte Fläche zu transportieren vermögen. Denkt man sich den Temperaturgradient aus dem Innern des Gases stetig bis an die Wände fortgesetzt, so findet man, daß die tatsächliche Wandtemperatur gegen die so ermittelte

---

[3]) Diese beiden Ströme bilden also in ähnlicher Weise den gesamten Wärmefluß durch die Fläche wie die in verschiedenen Richtungen sich bewegenden Kationen und Anionen einer Elektrolytlösung den gesamten elektrischen Strom ausmachen.

Wandtemperatur eine Differenz aufweist, die eben als *Temperatursprung* bezeichnet wird. Es ist einleuchtend, daß dieser Temperatursprung um so größer sein wird, je größer die mittlere freie Weglänge und je kleiner der Akkommodationskoeffizient des Gases an der Wand ist.

Man wird somit aus der Temperaturdifferenz der Wände *unter Außerachtlassung der Existenz von Temperatursprüngen* auf einen größeren Temperaturgradienten im Innern des Gases schließen, als er tatsächlich infolge des Vorhandenseins der Temperatursprünge vorliegt. Deshalb wird man einen geringeren Wärmetransport durch das Gas feststellen als bei höheren Drucken, bei denen der Temperatursprung und sein Einfluß vernachlässigbar ist. Das Wärmeleitvermögen des Gases ist also in dem Druckgebiet, in dem sich der Temperatursprung bemerkbar macht, kleiner als bei höheren Drucken. Umgekehrt kann man aus der Art des Druckabfalls des Wärmeleitvermögens nach kleinen Drucken hin (vergleiche Abbildung 3) auf die Größe des Temperatursprungs und von da auf den Akkommodationskoeffizienten (wegen Temperatursprung proportional $1/\alpha$) schließen.

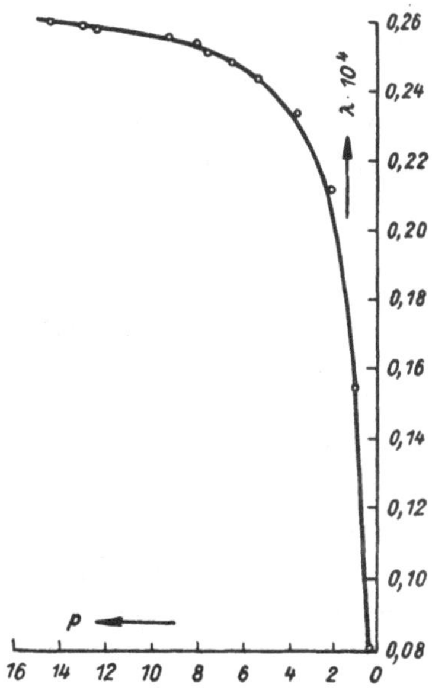

Abb. 3
Verlauf des Wärmeleitvermögens (gemessen in einer Zelle nach Abb. 1) von COS im Temperatursprunggebiet.

Die Ermittlung des Akkommodationskoeffizienten auf diesem experimentell schwierigen Wege würde als Bestimmungsmethode für den Akkommodationskoeffizienten kein gesondertes Interesse beanspruchen, wenn es nicht gleichzeitig gelänge, die Akkommodation der Schwingungsenergie der Normalschwingungen der Gasmolekel von derjenigen der Translations- und Rotationsenergie abzutrennen.

Dies ist nun möglich, weil Untersuchungen der Dispersion von Ultraschallwellen in Gasen gezeigt haben, daß die Übertragung der Energie von der Form der Translation in die der Schwingungsbewegung der Normalschwingungen und umgekehrt relativ viele molekulare Zusammenstöße erfordert[4]).

[4]) K. F. BUSCHMANN und K. SCHÄFER, „Zeitschrift für physikalische Chemie“ (B) [*50*] 73 (1941).

Dies heißt, daß beim Zusammenstoß zweier Molekel im allgemeinen nur Translations- (und evtl. Rotations-) Energie ausgetauscht wird, daß aber nur sehr selten einmal ein Schwingungsquant in Translationsenergie umgesetzt wird bzw. umgekehrt. Es ist natürlich von Fall zu Fall verschieden, wieviel Stöße im Durchschnitt zur Übertragung eines Quants notwendig sind. Jedoch ist diese Zahl bei einer Anzahl von Gasen gut bekannt, so liegt diese durchschnittliche Stoßzahl bei CO_2 und Zimmertemperatur zum Beispiel bei 50000 Stößen.

Der Einfluß dieses gehemmten Energieaustausches auf das Wärmeleitvermögen von Gasen im Gebiet des Temperatursprungs besteht darin, daß — wenn wir die warme Wand des Gefäßes, in dem die Wärmeleitfähigkeit gemessen wird, betrachten — einige Molekeln an dieser Wand Energie (Wärme) in Gestalt von Translations-, Rotations- und Schwingungsenergie akkommodieren, und diese Molekeln nach dem Verlassen der warmen Wand zum Beispiel in der Lage sind, ihre Schwingungsenergie als Translationsenergie an andere Molekeln abzugeben, welche diese dann rasch in die kälteren Gebiete des Gases transportieren, während die ursprünglichen Molekeln dadurch in die Lage versetzt werden, von neuem an der warmen Wand Schwingungsenergie aufzunehmen. Wenn also etwa die Schwingungsenergie relativ gut akkommodiert, so erhält man im Gebiet des Temperatursprungs ein höheres Wärmeleitvermögen, wenn der Energieaustausch Translation $\rightleftarrows$ Schwingung rasch vonstatten geht. Hierbei bedeutet langsamer bzw. schneller Austausch der Energie, daß die Zeit des Energieaustausches klein bzw. groß gegen die Zeit ist, welche die Molekeln im Durchschnitt brauchen, um von der warmen Wand bis an die kalte zu diffundieren. Da diese letzte Zeit mit steigendem Druck zunimmt, die Zeit des Energieaustauschs aber mit wachsendem Druck abnimmt (es finden dann mehr Stöße in der Zeiteinheit statt), so wird der Effekt des gehemmten Energieaustauschs sich nur in einem bestimmten mittleren Druckgebiet bemerkbar machen können, in dem überhaupt schon eine Abhängigkeit des Wärmeleitvermögens von Druck feststellbar ist. Die genaue quantitative Verfolgung des Wärmeleitvermögens im Gebiet des Temperatursprungs bietet demnach die Möglichkeit, die Akkommodation der Translationsenergie im Verhältnis zur Akkommodation der Schwingungsenergie zu ermitteln.

Da es hier nicht möglich ist, auf die genaue Berechnung des Effektes einzugehen, sei zu seiner Illustration noch ein mehr alltäglicher Vergleich gestattet, um ihn anschaulicher zu machen. Wenn zwei Personen aus einem größeren Lager Ware erhalten wollen, von denen die eine Person dank guter Kenntnis des Lagerverwalters leicht größere Warenmengen, auch im Hinblick auf seinen Bedarf, bei einem Besuch erhalten kann (dies entspricht einer guten Akkommodation), während die andere nur mit einer mäßigen Befriedigung ihres Bedarfs rechnen kann (kleine Akkommodation), so wird der Lagerbestand stärker erniedrigt, wenn dank eines guten Warenaustausches zwischen den beiden Personen diejenige mit der größeren Akkommodation der andern rasch Waren abgibt. Dies letztere entspricht einem größeren Energieentzug bzw. einer größeren Wärmeleitfähigkeit bei gutem Energieaustausch. Wenn jedoch beide Personen entsprechend ihrem Bedarf gleich gut beliefert werden, so spielt die Frage des raschen Wärmeaustauschs zwischen beiden offenbar nur eine untergeordnete Rolle, so daß dann entsprechend auch bei unserem physikalischen Problem der mehr oder weniger gehemmte Austausch der Energie keinen merklichen Einfluß auf das Wärmeleitvermögen des Gases bei niedrigen Drucken hat.

Physikalisch entspricht dem normalen Bedarfsverhältnis der Personen das Verhältnis $\lambda_ä/\lambda_i$, wo $\lambda_ä$ derjenige Anteil des Wärmeleitvermögens ist, der auf die Übertragung der Translationsenergie im Innern des Gases entfällt, und λ_i derjenige, der auf die Übertragung der Schwingungsenergie kommt; dahingegen entspricht der tatsächlichen Befriedigung der Personen das Verhältnis $\left(C_{v\,trans} + \frac{R}{2}\right) \alpha_{trans}/C_s \cdot \alpha_s$. Der Effekt des gehemmten Energieaustausches auf das Wärmeleitvermögen des Gases wird also um so größer sein, je mehr sich die beiden genannten Verhältnisse voneinander unterscheiden.

Zur quantitativen Erfassung des Effektes wird man natürlich zweckmäßig neben einem Gas mit Schwingungsenergie zum Vergleich ein solches im Gebiet des Temperatursprungs untersuchen, welches keine Schwingungsenergie besitzt, also etwa ein einatomiges Edelgas. In unseren Experimenten wurde vergleichsweise Argon benutzt. Außerdem empfiehlt es sich, die Translations- und Rotationsenergie sowie die partiellen Akkommodationskoeffizienten für diese beiden Energieformen zusammenzufassen[5]). Ohne jetzt näher auf die Vergleichsexperimente mit Edelgasen einzugehen, möge Tabelle 1 für den Fall des COS-Gases die berechneten und experimentell gefundenen Werte des Wärmeleitvermögens wiedergeben, dabei sind die berechneten Werte für zwei etwas

Tabelle 1 Vergleich der mit verschiedenen Werten für $\alpha_{schwing}$ bei Annahme von $\alpha_{trans+rot} = 1$ berechneten Wärmeleitfähigkeitswerte von COS mit der Erfahrung.

p (Torr)	Λ/r_D	$\lambda \cdot 10^4$ berechnet $\alpha_{schwing} = 0{,}63$	$\lambda \cdot 10^4$ beobachtet cal/cm grad sec.	$\lambda \cdot 10^4$ berechnet $\alpha_{schwing} = 0{,}61$
803,0	0,0013	0,2668	0,2670	0,2668
$19{,}9_4$	0,0542	0,2608	0,2613	0,2612
$6{,}5_4$	0,165	0,2494	0,2499	0,2511
$3{,}7_1$	0,291	0,2351	0,2342	0,2369
$0{,}8_8$	1,26	0,1578	0,1556	0,1608
$0{,}2_3$	3,86	0,0793	0,0817	0,0822

voneinander verschiedenen Werte von $\alpha_{schwingung}$ angegeben, während die Akkommodation von Translations- und Rotationsenergie in der Tabelle zu 100% angesetzt ist. Die mittlere Stoßzahl für die Energieübertragung Trans-

[5]) Wegen einer genaueren quantitativen Darlegung der Verhältnisse vergleiche K. SCHÄFER, W. RATING und A. EUCKEN, „Annalen der Physik" [*42*], 176 (1942).

lation $\rightleftarrows$ Schwingung ist aus Ultraschallversuchen in diesem Falle (bei der Vergleichstemperatur von 0° Celsius) zu 17700 Stößen ermittelt worden, so daß damit die Daten für die quantitative Berechnung sämtlich festliegen. Man erkennt deutlich, daß die Übereinstimmung mit den experimentellen Werten nur mit einem Wert der Akkommodation der Schwingung erreicht werden kann, der wahrscheinlich zwischen $\alpha_s = 0{,}61$ und $0{,}63$ oder doch nur unwesentlich über 0,63 gelegen ist. Die Tabelle vermittelt auch einen Eindruck davon, mit welcher Genauigkeit die Festlegung des α_{schwing}-Wertes aus den Experimenten möglich ist.

Die etwas größere Diskrepanz zwischen dem mit $\alpha_{\text{schwing}} = 0{,}63$ bei $p = 0{,}28$ Torr berechneten λ-Werte und dem beobachteten ist offensichtlich nur scheinbarer Natur, wenn man bedenkt, daß die Drucke nur auf 1 bis 2 Einheiten der letzten Dezimale genau gemessen werden konnten. Weil nämlich in dem dort herrschenden Druckgebiet, in dem die mittlere freie Weglänge Λ bereits 3 bis 4 mal so groß wie der Drahtradius r_D ist (zweite Spalte der Tabelle), die Wärmeleitfähigkeit schon annähernd proportional mit dem Druck verläuft, ist die Differenz zwischen den berechneten und beobachteten Werten nicht größer als sie durch die Unsicherheit des Druckes bedingt sein kann.

Wenn man nun aus dem so bestimmten α_{schwing}-Wert gemäß

$$\alpha = \frac{\alpha_{\text{trans+rot}}\left(C_{v\,\text{trans+rot}} + \frac{R}{2}\right) + \alpha_s \cdot C_s}{\left(C_v + \frac{R}{2}\right)} \tag{4}$$

den pauschalen α-Wert des Gases berechnet und diesen Wert mit demjenigen vergleicht, den man aus den Experimenten bei extrem kleinen Gasdrucken — bei denen also die mittlere freie Weglänge groß gegen den Abstand zwischen Draht und Wand ist — direkt nach Gl. (2) ermittelt hat ($\alpha = 0{,}86$—$0{,}87$), so ergibt sich, daß mit der Annahme $\alpha_{\text{trans + rot}} = 0{,}99$ in Gl. (4) eine Übereinstimmung erzielt wird, was darauf hinweist, daß die Annahme der totalen Akkommodation der Translations- und Rotationsenergie zumindest mit guter Annäherung beim COS erfüllt ist, denn eine geringere Differenz als bis auf eine Einheit in der zweiten Dezimalstelle zwischen beiden Bestimmungen darf man schon allein deshalb nicht erwarten, weil die Drähte, die in den beiden Zellen benutzt wurden (eine Zelle für die Ermittlung des pauschalen α-Wertes und eine zweite für die Messung des Einflusses des gehemmten Energieaustausches) sich ein wenig unterscheiden können, obwohl die Drähte von gleicher Herkunft waren.

Das gleiche Resultat, das heißt praktisch totale Akkommodation von Translations- und Rotationsenergie, wurde bei der Untersuchung von CO_2 gefunden, so daß der Schluß berechtigt erscheint, daß Molekeln von dieser Größe jedenfalls in der Nähe von Zimmertemperatur generell nahezu 100prozentig die Translations- und Rotationsenergie akkommodieren. Daß dieser Schluß freilich nicht für jede Molekelsorte gelten kann, folgt jedoch schon daraus, daß die leichteren Edelgase und der Wasserstoff, die ja keine Schwingungsenergie (bei Zimmertemperatur) aufweisen, von 1 abweichende pauschale Akkommodationskoeffizienten besitzen.

IV. Zusammenhang zwischen Akkommodation, Verweilzeit und Relaxationszeit für die Energieübertragung auf adsorbierte Molekeln

Die thermische Akkommodation hängt nun, wie bereits auf Seite 35 erwähnt wurde, mit der Verweilzeit zusammen, welche die Molekeln beim Aufprall auf die warme (bzw. kalte) Wand dort adsorbiert bleiben, bevor sie wieder desorbiert werden. Zum andern wird natürlich die Akkommodation bedingt durch die Zeit, die ein Energiequant im Durchschnitt braucht, um von den Kristallgitterschwingungen des Wandmaterials auf die Normalschwingungen der absorbierten Molekel übertragen zu werden, wenn wir in erster Linie an die Akkommodation von Schwingungen denken, weil Translation und Rotation nahezu 100prozentig akkommodieren. Nennen wir die mittlere Verweilzeit τ und die letzterwähnte Relaxationszeit für den Austausch der Energiequanten β, so läßt sich leicht die zuerst von EUCKEN abgeleitete Beziehung beweisen[6]):

$$\alpha = \frac{\tau}{\tau + \beta} = \frac{1}{1 + \beta/\tau}, \tag{5}$$

aus der die plausible Tatsache nun quantitativer abgelesen werden kann, daß bei kurzer Relaxationszeit β und einer im Verhältnis dazu langen Verweilzeit τ die thermische Akkommodation nahezu bei 1 gelegen ist.

Selbstverständlich kann man Gl. (5) auch auf die einzelnen Freiheitsgrade der Bewegung aufteilen, indem man gemäß Gl. (4) oder auch in Erweiterung davon

$$\alpha_i = \frac{\tau}{\tau + \beta_i} \tag{5a}$$

setzt, worin β_i die Zeiten für die durchschnittliche Energieübertragung von dem Wandmaterial auf die ite Energieform der Molekel sind, dabei kann die Energieform i sowohl Translation wie Rotation und Schwingung sein; es kann aber auch eine spezielle von allen Normalschwingungen sein. In Gl. (5a) sind natürlich nur die β_i individuell verschieden, insofern etwa die eine Normalschwingung schneller akkommodieren kann als eine andere, jedoch ist natürlich immer mit der gleichen Verweilzeit τ zu rechnen, da die Molekel als Ganzes nur eine bestimmte Zeit adsorbiert bleibt.

---

[6]) A. EUCKEN und A. BERTRAM, „Zeitschrift für physikalische Chemie" (B) [*31*], 361 (1936).

Weil man bekanntlich die Verweilzeit τ der Adsorption als Funktion der Temperatur auf die Form

$$\tau = \tau_0 \, e^{+\,Wa/RT} \tag{6}$$

mit konstantem τ_0 und der Adsorptionswärme Wa bringen kann und entsprechendes auch bei der Verweilzeit möglich sein wird:

$$\beta = \beta_0 \cdot e^{+\,Q/RT}, \tag{6a}$$

wo Q eine Art Aktivierungsenergie für den Energieübergang von der Wand auf die adsorbierte Molekel darstellt, so gilt nach Gl. (5) bzw. (5a)

$$\alpha_i = \frac{1}{1 + \frac{\beta_0}{\tau_0} e^{\frac{Q-Wa}{RT}}} \quad \text{oder} \quad \left(\frac{1}{\alpha_i} - 1\right) = \frac{\beta_0}{\tau_0} e^{\frac{Q-Wa}{RT}} \quad \text{bzw.} \quad \log\left(\frac{1}{\alpha_i} - 1\right) = \text{const} + \frac{Q-Wa}{4{,}57 \cdot T} \tag{7}$$

Trägt man also $\log\left(\frac{1}{\alpha_i} - 1\right)$ gegen 1/T auf, so sollte man eine gerade Linie als Bild des Temperaturverlaufs von α_i erhalten. Abbildung 4 zeigt, daß dies für einige einfache Gase tatsächlich zutrifft, wenn unter α_i der auf alle Schwingungen entfallende Anteil des Akkommodationskoeffizienten verstanden wird. Da Wa im allgemeinen größer als Q ist, wird die Neigung der Geraden negativ.

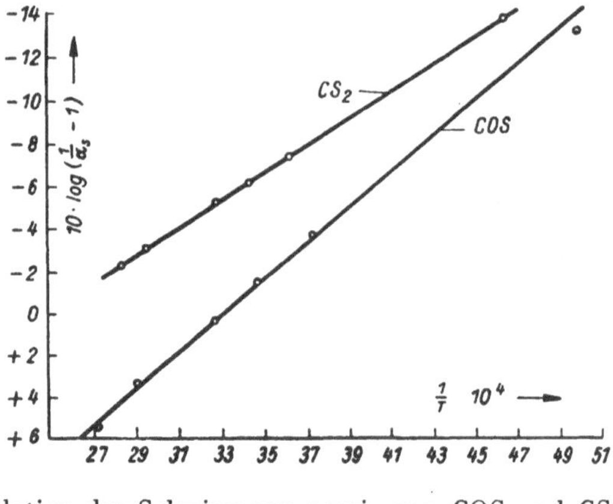

Abb. 4 Akkommodation der Schwingungsenergie von COS und CS_2 als Funktion der Temperatur. Geradlinige $\left(\log\left(\frac{1}{\alpha_s} - 1\right) - \frac{1}{T}\right)$ Kurven.

V. Die experimentelle Bestimmung der Verweilzeiten an dünnen Drähten

Es interessiert aber neben der Darstellung des Akkommodationskoeffizienten der Wert der Relaxationszeit β selbst, der sich gemäß Gl. (5a) bei Kenntnis von τ direkt ergibt. Die Verweilzeit τ hängt jedoch erfahrungsgemäß stark von der Oberflächenbeschaffenheit ab, weshalb man die Verweilzeit ebenfalls an den dünnen Drähten messen sollte, die zur Ermittlung der Wärmeleitfähigkeit des Gases bzw. des Akkommodationskoeffizienten benutzt wurden. Nun geschieht die Bestimmung der Verweilzeit τ durch Untersuchung der Adsorptionsisotherme, insofern nämlich bei geringer Belegungsdichte der adsorbierten Oberflächenschicht die Oberflächenkonzentration c durch

$$c = {}^1\dot{n}\,\tau \tag{8}$$

gegeben wird, wo ${}^1\dot{n}$ die Zahl der auf die Oberflächeneinheit in der Zeiteinheit auffallenden Mole des Gases ist, wenn c ebenfalls in mol/cm^2 gemessen wird. Da für ${}^1\dot{n}$ der Ausdruck $p/\sqrt{2\pi\,MRT}$ (p = Druck, M = Molgewicht, R = Gaskonstante) gesetzt werden kann, ist die Messung von τ in diesem Falle prinzipiell möglich.

Da jedoch die Oberfläche der dünnen Drähte zu gering ist, um nennenswerte Gesamtmengen auf einen Draht zu adsorbieren, was zur Messung einer Adsorptionsisotherme erforderlich ist, so bleibt entweder nur der Ausweg, doch ein gewalztes Blech mit großer Oberfläche zu verwenden, um eine Adsorptionsisotherme aufzunehmen, oder ein gänzlich anderes Meßverfahren zu wählen. Beide Wege wurden von uns eingeschlagen. Da zur Bestimmung der Adsorptionsisothermen nichts Wesentliches mehr zu bemerken ist, genügt es, wenn ich mich hier auf die Wiedergabe des Prinzips der anderen Methode beschränke. Sie beruht auf der Verfolgung des isothermen Druckausgleiches zwischen zwei durch eine enge Kapillare verbundenen Glasgefäßen, von denen das eine mit einem Druck von etwa 1/10 Torr. gefüllt ist, während das zweite zu Beginn des Ausgleichsversuchs praktisch völlig leer gepumpt ist. Den Ausgleichsvorgang vermag man bei diesen Drucken, bei denen in der Kapillare die mittlere freie Weglänge der Gasmolekeln groß gegen den Kapillardurchmesser ($\varnothing \approx 0{,}2$ mm) ist, als Diffusionsvorgang behandeln, bei dem im stationären Betriebe die Auffüllung des zweiten zuerst leeren Gefäß gemäß

$$p = p_0\left(1 - e^{-\frac{Dq}{lV}\cdot t}\right) \tag{9}$$

erfolgt, wo p_0 der sich einstellende Enddruck, D der „Diffusionskoeffizient" im übertragenen Sinne, l die Länge der Kapillare, q ihr Querschnitt, t die Zeit und V das Volumen des ursprünglich leeren Gefäßes ist, das allmählich bis zum Druck p_0 aufgefüllt wird. In der Anlaufperiode, das heißt bis sich der stationäre Zustand hergestellt hat, gilt natürlich ein etwas von Gl. (9) abweichendes Gesetz, welches dann asymptotisch in Gl. (9) übergeht. Ohne auf Einzelheiten jedoch näher einzugehen, ist klar, daß auch in diesem Anlaufgebiet der Druck eine eindeutige Funktion von $D \cdot t$ ist, so daß prinzipiell in gleicher Weise wie aus (9) durch Verfolgung des Druckanstiegs als Funktion der Zeit dieser „Diffusionskoeffizient" der Strömung durch die Kapillare ermittelt werden kann.

Nun gilt bei der hier erfüllten Bedingung, daß die mittlere freie Weglänge groß gegen den Kapillardurchmesser ist, für den „Diffusionskoeffizienten"

$$D = \frac{2}{3} r_K \cdot \bar{w} \tag{10}$$

mit dem Kapillarradius r_K und der mittleren (MAXWELLschen) Molekulargeschwindigkeit $\bar{w} = \sqrt{\frac{8\,RT}{\pi\,M}}$ [7]. Es kann infolgedessen die Molekulargeschwindigkeit experimentell aus dem „Diffusionsversuch" erhalten werden. Dies gilt aber nur, solange die Molekeln nicht nennenswerte Zeiten an der Glaswand adsorbiert bleiben. Da nun die durch die Kapillardimensionen begrenzte mittlere freie Weglänge der Molekeln $2\,r_K$ beträgt, so durcheilt eine Molekel diese Strecke im Durchschnitt in der Zeit $2\,r_K/\bar{w}$; verweilt eine Molekel nun im Mittel die Zeit τ an der Kapillarwand, wenn sie mit dieser zusammenstößt, so kann man sagen, daß die Zeit zum Durchfliegen einer mittleren freien Weglänge

$$\frac{2\,r_K}{\bar{w}} + \tau \tag{11}$$

beträgt. Der Diffusionskoeffizient in Gl. (10) ist dann im Verhältnis dieser beiden Zeiten (einmal mit $\tau = 0$ und einmal mit endlichem τ) geringer anzusetzen, womit man

$$D = \frac{2\,r_K}{3}\bar{w}\,\frac{\frac{2\,r_K}{\bar{w}}}{\frac{2\,r_K}{\bar{w}} + \tau} = \frac{4}{3}\,\frac{r_K^2}{\frac{2\,r_K}{\bar{w}} + \tau} \tag{10a}$$

erhält. Die Messung von D liefert also über Gl. (10a), da alle in (10a) auftretenden Größen bis auf τ als bekannt angesehen werden können, die Verweilzeit τ der Molekeln an der Wand der Kapillare. Man muß hierzu möglichst in der ersten Zeit des „Diffusionsvorganges" messen, was gegebenenfalls durch Extrapolation auf den Anfangszeitpunkt geschehen kann, weil zum Schluß in der Zeiteinheit praktisch ebensoviel Molekeln auf einer Stelle der Kapillarwand adsorbiert werden, wie von ihr desorbiert werden.

Die Verweilzeit τ an der Kapillare interessiert aber weniger, als die an den dünnen Drähten. Um die Adsorptionszeit an diesen zu erhalten, braucht man nur einen dünnen Draht durch die Kapillare hindurchzuziehen, wodurch jetzt einmal der Querschnitt der Kapillare für den Gasdurchgang in definierter Weise verkleinert wird, und zum andern auch die mittlere freie Weglänge $2\,r_K$ verkürzt wird, weil die Gasmolekeln ja nicht nur mit der Kapillarwand, son-

[7]) Vergleiche hierzu zum Beispiel A. EUCKEN, „Lehrbuch der chemischen Physik", Bd. II, 1, S. 383.

dern auch mit der Drahtoberfläche zusammenstoßen. Diese Verkürzung, die ja nur durch die Geometrie der Anordnung des Drahtes in der Kapillare bedingt ist, kann man experimentell durch Untersuchung des „Diffusionsvorganges" eines praktisch nicht adsorbierbaren Gases bestimmen. Als solches wurde in unseren Versuchen He verwandt. Der mit diesen Gasen gemessene „Diffusionskoeffizient" ergibt gemäß Gl. (10) die neue verkürzte mittlere freie Weglänge

$$\frac{3\,D}{\bar{w}} = \Lambda_K \tag{10b}$$

an Stelle von $2\,r_K$ im früheren Falle. Mit diesem Wert von Λ_K erhält man bei einem adsorbierbaren Gase mit der gleichen Überlegung, die oben zu Gl. (10a) führte,

$$D = \frac{1}{3}\Lambda_K \bar{w} \cdot \frac{\Lambda_K/\bar{w}}{\Lambda_K/\bar{w} + \bar{\tau}} = \frac{1}{3}\,\frac{\Lambda_K^2}{\Lambda_K/\bar{w} + \bar{\tau}} \tag{12}$$

Da hier Λ_K ($< 2\,r_K$) und $\bar{w}$ auf der rechten Seite bekannt sind, kann wieder die mittlere Verweilzeit $\bar{\tau}$ aus dem Versuch entnommen werden.

Hier handelt es sich bei der Verweilzeit $\bar{\tau}$ um einen Mittelwert zwischen den Verweilzeiten an der Drahtoberfläche einerseits und an der Kappillarwand andererseits. Da nun für eine einzelne Molekel die Wahrscheinlichkeit mit dem Draht bzw. der Kapillarwand zusammenzustoßen, proportional der Drahtoberfläche O_D bzw. der Wandoberfläche der Kapillare O_K ist, setzt sich die Verweilzeit $\bar{\tau}$ gemäß

$$\bar{\tau} = \frac{O_D \cdot \tau_D + O_K \cdot \tau_K}{O_D + O_K} \tag{13}$$

aus den Verweilzeiten τ_D an der Drahtoberfläche und τ_K an der Kapillaroberfläche zusammen. Weil τ_K durch den Versuch ohne eingezogenen Draht bekannt ist, kann also jetzt aus $\bar{\tau}$ auch τ_D bestimmt werden.

Die Zahlwerte, die sich auf diese Weise ergeben, liegen naturgemäß in der gleichen Größenordnung wie die, welche über die Adsorptionsisotherme an größeren Metallblechen erhalten werden, jedoch unterscheiden sich die an den verschiedenen Materialformen erhaltenen Verweilzeiten um einen Faktor der Größenordnung 2, weshalb es doch wesentlich erschien, diesem Einfluß der Oberflächengestalt nachzugehen.

Die Zusammenstellung in Tabelle 2 enthält einige so an Drähten der Legierungsreihe Pt-Cu erhaltene Ergebnisse für Äthan, Äthylen, Chlor und Wasserstoff im Temperaturgebiet zwischen 0° und 100° C. Die in der zweiten Hälfte der Tabelle enthaltenen Adsorptionswärmen sind aus den Verweilzeiten gemäß $\tau = \tau_0 \cdot e^{+Wa/RT}$ berechnet.

Tabelle 2 Verweilzeiten einiger Gase an der Oberfläche dünner Drähte der Legierungsreihe Pt-Cu bei verschiedenen Temperaturen.

Adsorb. Gas	Verweilzeiten in 10^{-7} sec														
	100 A% Pt			73 A% Pt			59 A% Pt			33 A% Pt			100 A% Cu		
	20 °C	68 °C	100 °C	20 °C	68 °C	100 °C	20 °C	68 °C	100 °C	20 °C	68 °C	100 °C	20 °C	68 °C	100 °C
H_2	0,3	0,3	0,3	0,5	0,5	0,5	0,4	0,4	0,3	0,1	0,1	0,1	0,9	0,7	0,6
Cl_2	13,5	1,3	0,5	—	—	—	—	—	—	—	—	—	—	—	—
C_2H_4	2,5	1,0	0,3	1,2	0,6	0,4	1,5	1,1	0,8	2,0	1,9	1,1	3,5	2,4	1,8
C_2H_6	6,5	3,2	1,9	3,5	2,7	2,4	2,3	2,1	2,0	2,4	2,0	1,8	4,4	3,7	3,5

VI. Die Größe der Akkommodation einzelner Normalschwingungen auf Grund einer quantenmechanischen Berechnung im Falle des CS_2. Verallgemeinerung auf andere Fälle.

Die aus α und τ gemäß Gl. (5) bzw. (5a) zu entnehmenden Relaxationszeiten erfordern eigentlich noch die Aufteilung der Akkommodation auf einzelne Normalschwingungs-Freiheitsgrade. Es fehlt hierzu jedoch zur Zeit eine experimentelle Methode, die etwa entsprechend der Methodik der Verfolgung des Einflusses des gehemmten Energieaustausches auf das Wärmeleitvermögen der Gase eine Aufteilung des gesamten Schwingungsanteils auf einzelne Normalschwingungen gestattet. Dies wäre mit einer gewissen Annäherung nur möglich, wenn die verschiedenen Normalschwingungen sehr unterschiedliche Relaxationszeiten für den Energieaustausch Translation $\rightleftarrows$ Normalschwingung aufwiesen. Es sind zwar, wie genauere Untersuchungen der Schalldispersion von Gasen im Ultraschallgebiet zeigten, die Relaxationszeiten der einzelnen Normalschwingungen von unterschiedlicher Größe, aber diese Unterschiede sind im allgemeinen nicht so groß, daß sie für die gewünschte Aufteilung der Akkommodation genügen würden[4]). Dazu kommt, daß die Aufteilung der Akkommodation auf Translation — Rotation einerseits und Schwingung andererseits, bereits so genaue Bestimmungen des Wärmeleitvermögens im Temperatursprunggebiet erforderten (vergleiche Tabelle 1), daß eine weitere Genauigkeitssteigerung sich hier von selbst verbieten dürfte.

Wenn demnach keine experimentelle Möglichkeit für die Aufteilung besteht, so müssen wir versuchen (zunächst in einfacheren Fällen) auf der Grundlage einer mehr theoretischen Vorstellung, über den Mechanismus der Energieübertragung Kristall $\rightleftarrows$ adsorbierte Molekel eine Vorschrift oder dergleichen für die Aufteilung zu erhalten. Die diesbezügliche Berechnung wurde für den

Fall des CS_2 auf quantenmechanischer Grundlage durchgeführt[8]). Man benötigt hierzu in erster Linie einen Ausdruck für das Wechselwirkungspotential einer auf der Wandoberfläche adsorbierten Molekel als Funktion der Schwingungsamplitude der einzelnen Normalschwingungen der Molekel und der Elongation der Atome oder Molekeln des Wandmaterials aus ihrer Ruhelage. Die Modellvorstellung, daß die partiellen Dipole der adsorbierten Molekeln in einer „mittleren" Lage auf der Oberfläche und die aus den Ionenrümpfen und den freien Metallelektronen (wenn die Wand aus einem Metall hergestellt wurde) bestehenden Wandatome in ihrer elektrostatischen Wechselwirkung das Kräftepotential für den Energieaustausch herstellen, liefern die gesuchten Ausdrücke für das Wechselwirkungspotential der verschiedenen Normalschwingungen.

Geht man mit diesen einzelnen Wechselwirkungspotentialen in die zeitabhängige SCHRÖDINGER-Gleichung ein, so erhält man unter der Annahme, daß im Zeitaugenblick $t = 0$ (Beginn der Adsorption) das Potential zu wirken beginnt, Übergangswahrscheinlichkeiten für den Übergang eines Energiequants von der Gitterschwingung zu der betrachteten Normalschwingung. Die Durchführung der Rechnung gestaltet sich dabei in ähnlicher Weise wie bei der Berechnung der Übergangswahrscheinlichkeiten von Elektronenübergängen für das optische Spektrum der Atome bzw. Molekeln. Die Übergangswahrscheinlichkeiten selbst sind dann selbstverständlich für Energien bestimmt, die einem bestimmten Quantensprung der Kristallgitterschwingungen und einen ebensolchen der betrachteten Normalschwingungen entsprechen, wobei selbstverständlich die Energiedifferenzen zwischen den jeweiligen Anfangs- und Endwerten der Quantensprünge einander gleich sein müssen. Diese letzte Bedingung läßt sich immer erfüllen, da der Kristall ja über ein fast kontinuierliches Spektrum von Normalschwingungen (DEBYEsches Spektrum) verfügt, so daß die Resonanzbedingung — wenigstens für einen geeigneten Oberton — keine Schwierigkeiten bereitet.

Es muß schließlich noch eine statistische Mittelung entsprechend der Häufigkeit vorgenommen werden, mit der die einzelnen energetischen Ausgangszustände im Einklang mit dem BOLTZMANNschen e-Satz $\left(N_i \backsim e^{-\frac{\varepsilon_i}{kT}}\right)$ besetzt sind. Man erhält dann die Temperaturabhängigkeit der pauschalen Übergangswahrscheinlichkeiten der Energie auf die einzelnen Normalschwingungen, deren reziproke Werte die korrespondierenden Relaxationszeiten β_i ebenfalls als Funktion der Temperatur liefern. Über die gemessene Verweilzeit erhält man dann nach Gl. (5a) die α_i und zur Kontrolle nach Gl. (4) den α-Wert für die gesamte thermische Akkommodation der Molekel an der Oberfläche.

[8]) K. SCHÄFER und G. G. GRAU, „Zeitschrift für Elektrochemie" [53] 2 30 (1949).

Ohne weiter auf Einzelheiten der Berechnung einzugehen, mag in Tabelle 3 das Resultat für die Akkommodation des CS_2 an Pt wiedergegeben werden. Es enthält dabei die erste Spalte einzelne Temperaturwerte des Intervalls zwischen — 40° C und + 80° C, bei denen experimentelle Bestimmungen des Akkommodationskoeffizienten des CS_2 nach der auf Seite 36 beschriebenen Methode vorgenommen worden waren. Die Auswertung nach Gl. (2) war hier leicht möglich, da die Normalfrequenzen und damit die Molwärme des CS_2-Dampfes bei allen in Frage kommenden Temperaturen bekannt ist, bzw. einfach berechnet werden kann. Die zweite Spalte gibt die Verweilzeiten an, die im Falle des CS_2 jedoch noch mit Hilfe der Aufnahme von Adsorptionsisothermen an Pt-Blechen über Gl. (8) ermittelt würden. Die nächsten beiden Spalten enthalten die β_i- und α_i-Werte für diejenige Knickschwingung der Molekel, bei der die Bewegung der Atome senkrecht zur Wandoberfläche erfolgt. Diese partiellen Akkommodationen liegen in dem betrachteten Temperaturgebiet zwischen 1 und 3/4, dahingegen sind die Relaxationszeiten für die Knickschwingung, die parallel zur Wandoberfläche stattfindet — man muß im Falle der Adsorption die beiden im Gaszustand miteinander entarteten Knickschwingungen offenbar unterscheiden — so klein, daß die Akkommodation für diese Schwingungen im ganzen zur Diskussion stehenden Temperaturintervall praktisch 100% ist. Aus diesem Grunde ist nur eine Relaxationszeit, nämlich die bei 0° C, genau berechnet worden und in der Tabelle aufgeführt (5. und 6. Spalte). Die folgenden beiden Spalten enthalten die gleichen Zahlangaben für die symmetrische Valenzschwingung der Molekel, die selbst bei den tiefsten Temperaturen nur zu ca. 50% thermisch akkommodiert.

Tabelle 3 Aus Übergangswahrscheinlichkeiten berechnete partielle und totale Akkommodationskoeffizienten von CS_2 an Platin im Vergleich zu beobachteten Werten.

Temperatur °K	Beobachtete Verweilzeit τ in sec $\cdot 10^{-5}$	$\beta_{\text{Knick 1}}$ in sec $\cdot 10^{-7}$	$\alpha_{\text{Knick 1}}$	$\beta_{\text{Knick 2}}$ in sec $\cdot 10^{-10}$	$\alpha_{\text{Knick 2}}$	$\beta_{\text{sym.}}$ in sec $\cdot 10^{-8}$	$\alpha_{\text{sym.}}$	$\alpha_{\text{trans+rot}}$	$\alpha_{\text{ber.}}$	$\alpha_{\text{beob.}}$
243	8,3	9,1	0,99		1,00	7,1	0,54	1,00	0,97	0,97
273	3,6	7,2	0,98	3,8	1,00	4,8	0,43	1,00	0,95	0,95
290	2,3	6,3	0,97		1,00	3,8	0,38	0,99	0,93	0,93
304	1,3	5,3	0,96		1,00	3,3	0,30	0,99	0,92	0,91
313	0,8	5,0	0,94		1,00	3,0	0,21	0,99	0,89	0,89
359	0,1	3,6	0,74		1,00	2,1	~0	0,99	~0,84	0,84

Aus den bis dahin vorliegenden Zahlangaben entnimmt man bereits die vielleicht nachträglich plausible Tatsache, daß die Normalschwingungen, die mit starken Änderungen des Dipolmoments verbunden sind, die also auch im

Ultrarotspektrum der Molekel aktiv sind, merklich besser akkommodieren als die anderen, bei denen das gesamte Dipolmoment keine Änderung (die partiellen Momente nur gegenläufige Änderungen) erleidet. Aus diesem Grunde wird man für die asymmetrische Valenzschwingung, die ja ultrarotaktiv ist, wieder eine gute Akkommodation erwarten; dem steht aber entgegen, daß gerade diese Schwingung nur sehr große Energiequanten aufzunehmen vermag ($h\nu_{asym} \approx 2{,}2\ h\nu_{sym}$). Weil nun in dem vorliegenden Temperaturbereich die asymmetrische Valenzschwingung gerade wegen ihrer hohen Frequenz nur sehr wenig zur Molwärme der Molekel beiträgt, so genügt es, für die partielle Akkommodation dieser Schwingung einen mittleren Wert von ca. 0,5 einzusetzen. Der damit in Kauf genommene Fehler ist dann nicht größer als der Fehler der experimentellen Bestimmung des Akkommodationskoeffizienten, weshalb es statthaft erscheint, auf die weitläufige numerische Berechnung der diesbezüglichen Relaxationszeiten zu verzichten.

Im Hinblick auf die beim COS aus dem Wärmeleitvermögen im Gebiet um 1 Torr erhaltenen Ergebnisse (Einfluß des gehemmten Energieaustauschs Translation $\rightleftarrows$ Schwingung) ist in der neunten Spalte die Akkommodation für Translation und Rotation bei höheren Temperaturen mit 0,99 und nur bei den tiefsten Temperaturen mit 1,00 angesetzt. Die beiden letzten Spalten enthalten dann den berechneten und den gemessenen pauschalen Akkommodationskoeffizienten im gesamten Temperaturgebiet.

Es ist sehr befriedigend, daß der Temperaturverlauf des Akkommodationskoeffizienten durch die Berechnung praktisch vollständig erfaßt werden kann. Eine exakte Absolutberechnung stellen die Werte der Tabelle insofern nicht dar, als die Größe des wirksamen partiellen Dipolmoments der CS_2-Molekel für die um die Wirkung der Metallelektronen beeinflußte Wechselwirkungsenergie Molekel $\leftrightarrow$ Pt-Atom so festgelegt wurde, daß die Akkommodation bei 0^0 C richtig wiedergegeben wurde. Befriedigend ist hierbei, daß die Größe des dazu benötigten partiellen Dipolmoments unter Berücksichtigung der eben erwähnten Einwirkung der Metallelektronen die zu erwartende Größenordnung von 1/10 Debye besitzt. Von dieser Einschränkung unabhängig ist aber die richtige Wiedergabe des Temperaturverlaufs von α und damit auch die Art der Aufteilung des pauschalen Akkommodationskoeffizienten auf die einzelnen Schwingungsfreiheitsgrade. Deshalb können wir an dem Resultat zunächst festhalten, daß die ultrarotaktiven Schwingungen wesentlich besser akkommodieren als die im Ultrarot nicht aktiven Schwingungen, eine Vorstellung, die uns später bei der Deutung anderer experimenteller Ergebnisse leiten wird, die Aufteilung der Gesamtakkommodation auf die einzelnen Schwingungsfreiheitsgrade ohne eine derart ins einzelne gehende quantenmechanische Berechnung wie hier beim CS_2 vorzunehmen.

VII. Akkommodation und katalytische Wirksamkeit bei der thermischen Äthanzersetzung an Katalysatoren

Im Einklang mit den Ausführungen auf Seite 35 können wir nun versuchen, den Zusammenhang zwischen der Übergangswahrscheinlichkeit bzw. der Relaxationszeit für die einzelnen Normalschwingungen und der katalytischen Wirksamkeit der betreffenden Metalloberflächen aufzudecken. Zu diesem Zweck wurde einmal die thermische Akkommodation von Äthan (und außer-

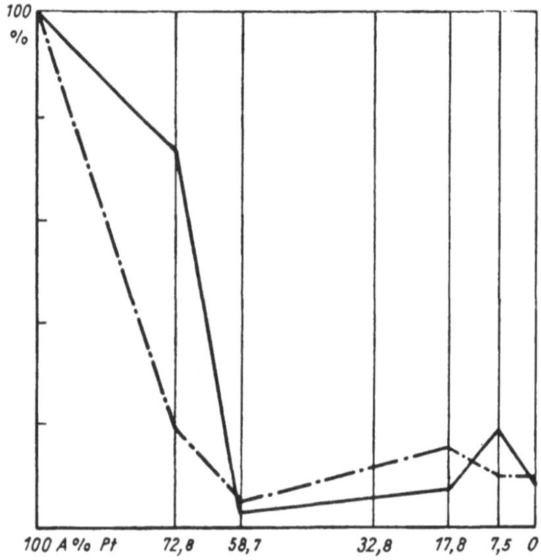

Abb. 5 Aktivität (—·—·—) und Aktivierungsenergie (—) von Pt-Cu-Legierungen (Drähte) für die Äthanzersetzung im relativen Maßstab.

dem von Äthylen und Wasserstoff) zwischen 0 und 100° C an dünnen Drähten der Legierungsreihe Pt — Cu, die eine lückenlose Mischkristallreihe bilden, untersucht. Die Verweilzeiten der Gase an den gleichen Drähten waren in demselben Temperaturintervall mit der Methode des Druckausgleichs über eine enge Kapillare bestimmt worden. Zum andern wurde an dem gleichen Drahtmaterial die Geschwindigkeit der Zersetzung des Äthans zu Äthylen und Wasserstoff ermittelt.

Die Messung der Zersetzungsgeschwindigkeit wurde dabei dadurch vorgenommen, daß der betreffende Draht auf die Versuchstemperatur (ca. 600° C) gebracht wurde, bei der die Zersetzungsgeschwindigkeit proportional dem Druck im Sinne der Gl. (14)

$$C_2H_6 = C_2H_4 + H_2 \tag{14}$$

am Draht erfolgt. Die Reaktionsgeschwindigkeit konnte dann so ermittelt werden, daß kleine Proben des Gases, das sich im Reaktionsgefäß bei ca. 10^{-3} bis 10^{-2} mm Gesamtdruck befand, entnommen wurden, die in einer Wärmeleitfähigkeitszelle auf ihre Zusammensetzung aus C_2H_4, H_2 und C_2H_6 untersucht wurde. Da eine zersetzte C_2H_6-Molekel dabei genau eine C_2H_4-Molekel und eine H_2-Molekel liefert, ist die Eichung der Wärmeleitfähigkeit auf die Zusammensetzung bei gegebenem Gesamtdruck in eindeutiger Weise möglich, wenigstens solange die Zersetzung (14) nur bis zu mäßigen Reaktions-

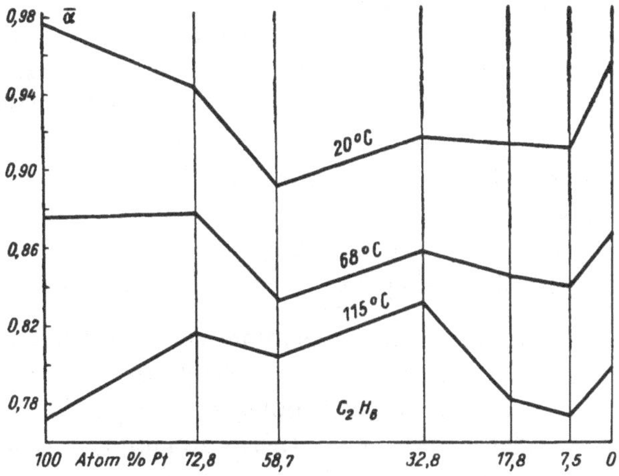

Abb. 6 Akkommodationskoeffizient (pauschaler) des Äthans an Pt-Cu-Legierungen (Drähte) zwischen Zimmertemperatur und 100° C.

tiefen verfolgt wird, denn bei größeren Reaktionstiefen gibt es noch weitere Reaktionsprodukte des gebildeten Äthylens. Da die letzteren hier nicht interessieren, wurde später nur die Anfangsgeschwindigkeit der Zersetzungsreaktion ermittelt. Bezogen auf die Oberflächeneinheit des Drahtes und den gleichen Anfangsdruck in der Reaktionszelle, ergaben sich für die verschiedenen Drähte Relativwerte der Zersetzungsgeschwindigkeit, die als Maß der katalytischen Wirksamkeit der verschiedenen Drähte benutzt werden können. Abbildung 5 gibt die so gemessene Aktivität der Drähte für die Reaktion (14) in einem relativen Maßstab, wobei willkürlich die Aktivität des reinen Platins gleich 100 gesetzt ist, als Funktion der Zusammensetzung der Drähte wieder. Außerdem sind dort die in diesem Temperaturgebiet maßgebenden Werte der Aktivierungsenergie für die Reaktion (14) ebenfalls in einem relativen Maßstab wiedergegeben.

Der pauschale Akkommodationskoeffizient des Äthans an den verschiedenen Drähten ist für das Temperaturgebiet zwischen 0° C und 100° C in Abbildung 6 dargestellt. Man erkennt hier bereits eine gewisse Parallelität zwischen der katalytischen Aktivität der Drähte und der Akkommodation bei den tieferen Versuchstemperaturen. Es wurde aber unter Beachtung des auf Seite 50 ff Gesagten eine Aufteilung der Gesamtakkommodation vorgenommen, um für bestimmte Normalschwingungen eine bessere Parallelität des partiellen Akkommodationskoeffizienten — insbesondere bei den höheren Temperaturen — mit der katalytischen Aktivität in der Legierungsreihe zu erzielen.

Hierzu ist zunächst zu bemerken, daß von den insgesamt 18 Normalschwingungen des Äthans (wenn man die gehemmte innere Rotation mit zu den Normalschwingungen rechnet) in dem Temperaturgebiet, in dem die Akkommodation bestimmt wurde, nur vier Schwingungen nennenswerte Beiträge zur Molwärme liefern, so daß nur über die Akkommodation dieser vier Normalschwingungen eine Aussage möglich ist. Diese Einschränkung bringt auf der anderen Seite den Vorteil mit sich, daß die Aufteilung wesentlich erleichtert wird, und — wie hier gleich bemerkt sei — zu einem nahezu eindeutigen Ergebnis führt, insofern nämlich als eine merklich andere Aufteilung den Temperaturverlauf des pauschalen Akkommodationskoeffizienten nicht wiederzugeben gestattet.

Die Tabelle 4 zeigt die Aufteilung der Gesamtakkommodation in die partiellen Akkommodationen unter Hinzufügung der Werte für die einzelnen Relaxationszeiten β_i bzw. Übergangswahrscheinlichkeiten $1/\beta_i$, die über die Adsorptionszeiten der Tabelle 2 aus den partiellen Akkommodationskoeffizienten vermittelst Gl. (5a) erhalten wurden.

Tabelle 4 Partielle Akkommodationskoeffizienten und Relaxationszeiten des Äthans an verschiedenen Pt-Cu-Legierungen.

Zusammensetzung	Temperatur	$\alpha_{i\,(a)}$	$\alpha_{i\,(ia)}$	$\alpha_{rot\,i}$	$\alpha_{trans+rot}$	α_{ber}	α_{exp}	$1/\beta_{i\,(a)}$ in $sec^{-1} \cdot 10^{+7}$	$1/\beta_{i\,(ia)}$ in $sec^{-1} \cdot 10^{+7}$
100 At% Pt	293° K	0,95	0,70	1,00	1,00	0,97	0,97	2,8	0,4
	341	0,90	0,20	0,95	1,00	0,85	0,85	2,8	0,6
	388	0,85	0,10	0,85	1,00	0,78	0,77	3,0	0,2
73 At% Pt	293	0,90	0,55	1,00	1,00	0,94	0,94	1,1	0,4
	341	0,85	0,40	0,95	1,00	0,87	0,87	1,5	1,2
	388	0,80	0,30	0,90	1,00	0,81	0,81	1,7	—
59 At% Pt	293	0,65	0,50	1,00	1,00	0,90	0,89	0,8	0,2
	341	0,60	0,40	0,95	1,00	0,84	0,83	0,7	0,2
	388	0,55	0,30	0,95	1,00	0,79	0,80	0,8	0,3
18 At% Pt	293	0,75	0,50	1,00	1,00	0,92	0,91	0,7	0,4
	341	0,70	0,40	0,95	1,00	0,85	0,84	0,9	0,4
	388	0,65	0,30	0,90	1,00	0,79	0,78	0,9	0,3
Cu rein	293	0,85	0,60	1,00	1,00	0,94	0,95	0,9	0,3
	341	0,80	0,40	0,95	1,00	0,87	0,86	1,1	0,2
	388	0,75	0,30	0,90	1,00	0,80	0,80	1,2	0,2

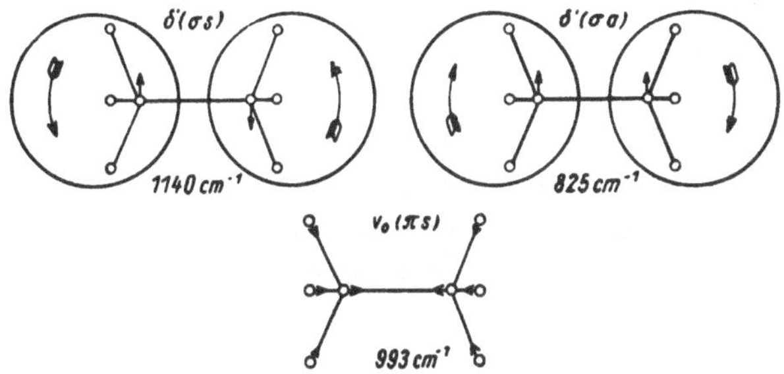

Abb. 7 Schwingungskonfiguration der für die Molwärme maßgebenden Normalschwingungen des Äthans.

Die inaktiven Schwingungen unter sich und die aktiven unter sich haben nahezu die gleichen partiellen Akkommodationskoeffizienten und Übergangswahrscheinlichkeiten, weshalb sie in Tabelle 4 zusammengefaßt wurden α_i (i a), α_i (a) usw.

Die ins Gewicht fallenden Normalschwingungen sind in Abbildung 7 mit ihren Normalfrequenzen (Wellenzahlen), mit Ausnahme der inneren Rotation, wiedergegeben. Die Übergangswahrscheinlichkeit $^1/\beta_i$ der aktiven Schwingung $\delta'(\sigma, a)$ zeigt jetzt — insbesondere bei den höheren Temperaturen — eine praktisch vollkommene Parallelität mit dem Gang der katalytischen Aktivität

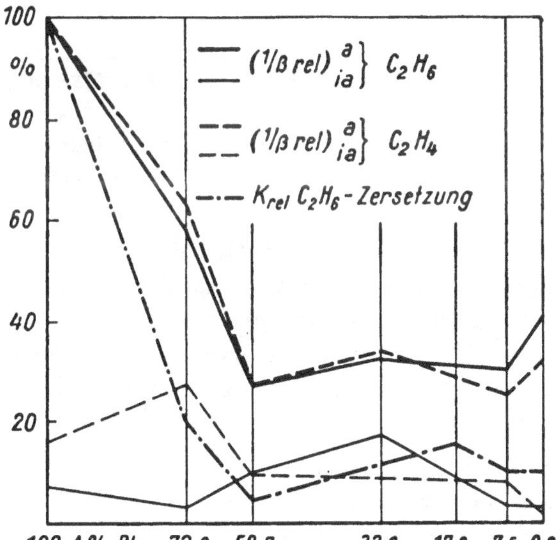

Abb. 8a Vergleich der katalytischen Aktivität mit der Übergangswahrscheinlichkeit für die Energie auf eine aktive Normalschwingung im System Pt-Cu (rel. Maßstab).

in unserer Legierungsreihe (Abbildung 8a). Die Abweichungen, die hier noch bestehen, sind nicht größer, als sie allein durch den Umstand bedingt sein können, daß die Temperaturen, bei denen die Akkommodationen gemessen wurden, immer noch wesentlich unter denen liegen, die später bei der katalytischen Aktivitätsbestimmung Verwendung finden mußten. Wenn man versucht, die Übergangswahrscheinlichkeit für die sich schnell einstellende Schwingung $\delta'(\sigma, a)$ auf die Temperatur der katalytischen Versuche zu extrapolieren, was

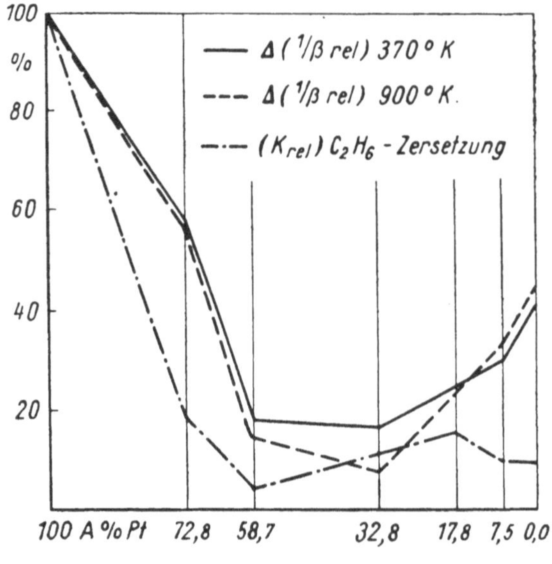

Abb. 8b Vergleich der katalytischen Aktivität mit der Differenz der Übergangswahrscheinlichkeiten der aktiven und inaktiven Schwingungen im System Pt-Cu.

nicht ganz willkürfrei möglich ist, so erhält man einen ähnlichen Verlauf wie bei tieferer Temperatur. Eine noch bessere Parallelität zwischen katalytischer Aktivität und Übergangswahrscheinlichkeit erhält man bei Auftragung der Differenz $^1/\beta_{i\,(a)} - {}^1/\beta_{i\,(ia)}$ gegen die Zusammensetzung der Legierungen (Abbildung 8b) im Einklang mit der weiter unten (Seite 59) gegebenen Diskussion.

Befriedigend an diesem Ergebnis ist, daß gerade diejenige Normalschwingung der Äthylenmolekel besonders rasch akkommodiert, bei der die (vergleiche Abbildung 7) H-Atome der verschiedenen CH_3-Gruppen so zusammenknicken, daß ein H-Atom der einen Gruppe und ein solches der anderen einander (bei starker Amplitude der Normalschwingung) so nahe kommen, daß die Abspaltung einer H_2-Molekel und die gleichzeitige Bildung von Äthylen möglich gemacht wird.

Es ist noch besonders hervorzuheben, daß die Übergangswahrscheinlichkeiten für die maßgebende δ'-Schwingung gerade beim reinen Platin besonders hoch sind im Verhältnis zu den Übergangswahrscheinlichkeiten für die übrigen Schwingungen. Dies dürfte ein wesentlicher Grund dafür sein, daß erstens die Reaktion am reinen Platin besonders rasch vor sich geht, zum andern aber auch gerade hier mit der Temperatur noch schneller zunimmt als bei den anderen Legierungen, bei denen die δ'-Schwingung nicht so viel rascher akkommodiert als die übrigen Schwingungen, denn dieser Sachverhalt bedingt offensichtlich, daß beim Platin die aufgenommene Energie bevorzugt in diejenige Normalschwingung überfließt, auf die es beim Zerfall gerade ankommt. Diese Eigenschaft des reinen Platins hängt wiederum eng mit der Tatsache zusammen, daß die pauschale thermische Akkommodation des Äthans an ihm bei tiefen Temperaturen verhältnismäßig groß ist und mit steigender Temperatur rasch kleiner wird (vergleiche Abbildung 6), denn bei tiefen Temperaturen tragen die anderen schlechter akkommodierenden Normalschwingungen noch nicht so viel zur Molwärme bei, daß es auf deren partielle Akkommodation für den Wert der pauschalen Akkommodation ankäme; bei höherer Temperatur wird dann die Gesamtakkommodation schnell geringer, nämlich in dem Maße, wie diese anderen Normalschwingungen für die Molwärme ausschlaggebend werden.

Unserer eben angestellten Überlegung bezüglich der Reaktionsgeschwindigkeit liegt der allgemein in der chemischen Kinetik benutzte Satz zugrunde, daß Zerfallsreaktionen, bei denen zunächst die Aktivierungsenergie aufgeteilt auf *mehrere* Normalschwingungen aufgenommen werden kann, die dann aber zur Auslösung der Reaktion in *einer* Normalschwingung akkumuliert werden muß, dann rascher vor sich gehen, wenn die gesamte Aktivierungsenergie primär auf nicht zu viele Normalschwingungen verteilt war. Die Tatsache, daß eine Normalschwingung schlecht akkommodiert, bedeutet dann, daß diese Normalschwingung praktisch nicht mitgezählt zu werden braucht. Hiermit in Übereinstimmung ist die schnellere Zunahme der Zerfallsgeschwindigkeit mit der Temperatur an Platin, weil bei der Verteilung der Aktivierungsenergie auf weniger Normalschwingungen unter sonst gleichen Verhältnissen die effektive Aktivierungswärme der Reaktion größer wird.

Die quantitative Durchrechnung dieses Phänomens liefert bekanntlich das Ergebnis, daß die Aktivierungswärme gemäß der ARRHENIUSschen Formel $k = k_0 \cdot e^{-W/RT}$ mit der zur Reaktion benötigten Energie E über die Beziehung

$$W = E - (s-1)\,RT \tag{15}$$

zusammenhängt[9]), wobei s die Zahl der Normalschwingungen ist, auf die primär die Energie E, die später in einer Schwingung akkumuliert werden muß, verteilt war. Es wird zwar durch diese primäre Verteilung auf viele Normalschwingungen die Aktivierungswärme in der ARRHENIUSschen Formel herabgesetzt, aber dann ist die Wahrscheinlichkeit der Akkumulierung der Energie in einer Schwingung relativ klein, so daß bei höheren Reaktionstemperaturen die Werte der tatsächlichen Reaktionsgeschwindigkeit sich nicht mehr so stark unterscheiden, wie man es nach Maßgabe der Aktivierungsenergie allein erwarten würde; eine Erscheinung, welche auch sonst bei katalytischen Versuchen oft beobachtet wird[10]).

VIII. Zusammenfassung und Ausblick

Wenn uns so auch ein gewisser Einblick in die energetischen Verhältnisse der an einer Oberfläche adsorbierten Molekeln und in den Zusammenhang mit reaktionskinetischen Problemen gelungen ist, so stehen noch eine Reihe von Fragen offen, so zum Beispiel solche über die der Natur der Adsorption an einer Oberfläche. Hier ist es so, daß der Desorptionsakt eine Energieübertragung auf die adsorbierte Molekel erforderlich macht, so daß also bei hoher Energieübertragungswahrscheinlichkeit eine einmal adsorbierte Molekel leicht desorbiert werden kann. Im Zusammenhang damit steht die Tatsache, daß die Sättigungsbelegung bei normaler Adsorption bei höheren Temperaturen merklich geringer zu sein pflegt als bei niedriger Temperatur, denn die weitere Adsorption von Molekeln in der Umgebung von bereits adsorbierten Molekeln bedingt ja, daß die dabei frei gewordene Energie (Adsorptionswärme) leicht an eine der schon adsorbierten Molekeln für einen Desorptionsakt zur Verfügung gestellt wird. Ist die hierzu erforderliche Energieübertragung bei höherer Temperatur leichter möglich — was wohl meist zutreffen dürfte — so können im Sättigungszustande bei höherer Temperatur nicht so viele Molekeln adsorbiert werden wie bei tieferer Temperatur[11]).

Wenn bei einem guten Katalysator die Energieübertragung rascher möglich ist, so sollte, bezogen auf die Oberflächeneinheit, ein guter Katalysator auch eine andere Beeinflussung der Sättigungsbelegung bei Adsorption mit der Temperatur zeigen als ein insbesondere durch Spurenzusatz vergifteter Katalysator. Über diese Fragen, deren Untersuchung noch nicht abgeschlossen ist,

---

[9]) A. EUCKEN, „Lehrbuch der chemischen Physik“, Bd. II, S. 457.

[10]) F. H. CONSTABEL, „Proc. Roy. Soc. London“ (A) 108 (1925) 355; E. CREMER, „Zeitschrift für Elektrochemie“ [*53*] 269 (1949).

[11]) K. SCHÄFER, „Fortschritte der chemischen Forschung“, I, 114 (1949).

kann jetzt noch nicht berichtet werden; es mag an dieser Stelle genügen, auf die hier noch offenstehenden Probleme kurz hingewiesen zu haben.

Der Akademie der Wissenschaften zu Heidelberg möchte ich an dieser Stelle meinen besonderen Dank aussprechen für die apparativen Hilfsmittel, welche sie mir für die experimentelle Durchführung der hier erwähnten Einzeluntersuchungen zur Verfügung gestellt hat.

Heidelberg, Physikalisch-Chemisches Institut, Juli 1951.

Protonenaffinität, Mesomerie und Säure-Basen-Stärke

Von G. BRIEGLEB

INHALT

I. Einleitende Bemerkungen

Für die Azidität und die Basizität sind bestimmte Säure- und Basengruppen maßgebend[1]).

Säuregruppen YH: $-OH$, $-COOH$, $-SO_2OH$

Basengruppen Y: $-NH_2$, NH, $-N=N-$, $-C\begin{smallmatrix}\diagup\!\!\!\diagup NH\\ \diagdown NH_2\end{smallmatrix}$

Die Säure- oder Basengruppen sitzen an Säureresten oder Basenresten „R".

Z. B. R · YH: $H_3C \cdot OH$ oder $C_6H_5 \cdot OH$ und $C_6H_5 \cdot COOH$

oder R · Y: $C_6H_5 \cdot NH_2$ oder $H_3C-C\begin{smallmatrix}\diagup\!\!\!\diagup NH\\ \diagdown NH_2\end{smallmatrix}$

Säuren und Basen, deren Rest „R" keine polaren Gruppen enthält, sollen als *einfache*, unsubstituierte Säuren (R · YH) und Basen (R · Y) bezeichnet werden.

$R \cdot YH^+$ ist das zur Base RY zugehörige Basenkation. R · YH ist eine *Neutralsäure* „NS" und RYH^+ ist eine Kationsäure „KS".

Z. B. gilt in H_2O als Lösungsmittel.

$$\begin{aligned} &a)\ (R \cdot YH)_{Hy} + H_2O \rightleftharpoons (RY)^-_{Hy} + H_3O^+_{Hy} \\ &b)\ (RYH^+)_{Hy} + H_2O = (RY)_{Hy} + H_3O^+_{Hy} \end{aligned} \qquad (1)$$

Der Index „Hy" bedeutet, daß alle Säuren und Basen und deren Ionen in Wasser hydratisiert sind.

Die zu (1)a und b zugehörigen Gleichgewichtskonstanten sind:

$$\mathfrak{K}_{R \cdot YH} = \frac{a_{H_3O^+} \cdot a_{RY^-}}{a_{RYH}} \qquad \mathfrak{K}_{R \cdot HY^+} = \frac{a_{RY} \cdot a_{H_3O^+}}{a_{RYH^+}} = \frac{\mathfrak{K}_w}{\mathfrak{K}_B}$$

$$\mathfrak{K}_B = \frac{a_{RYH^+} \cdot a_{OH^-}}{a_{RY} \cdot a_{H_2O}} \qquad (2)$$

a sind die Aktivitäten $\mathfrak{K}_w = \dfrac{a_{H_3O^+} \cdot a_{OH^-}}{a_{H_2O}}$

---

1) Wir betrachten hier Basen und Säuren im Sinne der BROENSTEDschen Definition als Protonen-Akzeptoren und Donnatoren. Daher benötigen wir hier nicht die erweiterte Basen-Säure-Definition von LEWIS. Vergleiche auch die allgemeine Betrachtung zur Säure-Basen-Definition von J. BJERRUM, „Zeitschrift für angewandte Chemie" [63] (1951) 527.

Thermodynamisch gilt:

$$\begin{aligned} \Delta G_{RYH} &= - RT \ln \mathfrak{K}_{RYH} \quad \text{und} \\ \Delta G_{RYH^+} &= - RT \ln \mathfrak{K}_{RYH^+} \end{aligned} \tag{3}$$

Die ΔG sind die auf ein Mol bezogenen „freien Energieänderungen“ bei der NS oder KS-Dissoziation und sind ein wahres Maß für die NS- und KS-Stärke.

Ist $\mathfrak{K} < 1$, so ist ΔG positiv. Man kann sagen, daß die NS oder KS um so stärker ist, je negativer ΔG. Je stärker eine KS, um so schwächer ist die dazu gehörige Base.

Für ΔG gilt allgemein

$$\Delta G = \Delta H - T \Delta S \tag{4}$$

ΔH ist die Enthalpieänderung (Wärmetönung) bei der NS- oder KS-Dissoziation in irgendeinem Lösungsmittel. ΔS ist die dazugehörige Änderung der Entropie.

ΔH wird experimentell aus der T-Abhängigkeit von $\mathfrak{K}$ bestimmt.

$$\frac{d \ln \mathfrak{K}}{dT} = \frac{\Delta H}{RT^2}. \tag{5}$$

II. Einfluß der Hydratation, der Protonenaffinität und der Entropieänderung auf die Säure-Basen-Stärke unsubstituierter Säuren und Basen in wäßriger Lösung

Die Enthalpieänderung (Wärmetönung) ΔH setzt sich aus folgenden Anteilen zusammen:

a) *Innere* Energieänderung bei der Abtrennung eines Protons, bezogen auf den Gaszustand. Diesen Energieanteil bezeichnen wir mit Protonenablöse-Energie (PAE). Die Protonenaffinität (PA) ist die auf den Gaszustand bezogene *freie Arbeits*energie zur Abtrennung eines Protons:

$$RYH \rightarrow RY^- + H^+ \, (+ PAE)_{RYH}; \quad RYH^+ \rightarrow RY + H^+, \, (+ PAE)_{RYH^+}$$

$$PAE - PA = - T \frac{d\,(PA)}{dT} \tag{6}$$

$\frac{d\,(PA)}{dT}$ ist im allgemeinen Null[2]).

[2]) G. Briegleb, „Die Naturwissenschaften“ [*30*] (1942) 436 und [*31*] (1943) 62. Vergleiche Näheres in einer ausführlichen Veröffentlichung an anderer Stelle.

b) *Hydratationswärmen-Differenz* vor und nach der Dissoziation:

Insgesamt gilt also:

$$\begin{aligned} \Delta H_{RYH} &= PAE_{RYH} + Hy_{YHS} - Hy_{S^-} - Hy_{H^+} \\ \Delta H_{RYH^+} &= PAE_{RYH^+} + Hy_{RYH^+} - Hy_{RY} - Hy_{H^+} \end{aligned} \tag{6b}$$

Die PAE *einfacher unsubstituierter* Säuren und Basen lassen sich aus Kreisprozessen berechnen[1]). Z. B. für eine Säure R·YH in Wasser.

$$PAE_{R\cdot YH} = L - \lambda_v + (1-\alpha)\,\Delta H + Hy_{H^+} + Hy_{X^-} \tag{8}$$

L = Lösungswärmen, λ_v = innere Verdampfungswärme, α = Dissoziationsgrad der Säure in Wasser.

Die Hydratationswärme des H^+ ist nur mit geringer Genauigkeit angebbar. Bei der Betrachtung über Säure und Basenstärke und PAE interessiert aber in erster Linie die *relative Abstufung* der Säuren-Basenstärke in Abhängigkeit von der Konstitution.

Man muß sich auf einen bestimmten, mittleren, nach verschiedenen Methoden berechneten Wert von Hy_{H^+} festlegen und darauf die anderen Hydratationswärmen beziehen. Man bekommt relative, gegeneinander abgestimmte Hydratationswärmen, mit denen man auf einheitliche Weise in richtiger relativer Abstufung die PAE berechnen kann.

Wir haben im Mittel für die Bildungsenthalpie von H_3O^+ aus H^+ und H_2O 184 kcal berechnet[3]) und für die Hydratationswärme des H_3O^+: $Hy_{H_3O^+}$ = 93 kcal, so daß für die Hydratationswärme des Protons der Wert 277 kcal angesetzt wird. Man berechnet dann mit Hilfe der einfachen thermochemischen Gleichung

$$PAE_{H_2O} = N + Hy_{H^+} + Hy_{OH^-} - \lambda_v \tag{9}$$

mit Hy_{OH^-} = 111 kcal, der Neutralisationswärme = 13,45 kcal, und der inneren Verdampfungswärme λ = 9,9 kcal: PAE_{H_2O} = 392 kcal.

Auf diese P.A., die im *Absolutwert* nicht sehr genau sein kann (wegen der Unsicherheit in der Angabe Hy_{H^+}), haben wir alle anderen PAE normiert. Die *relative* Abstufung der PAE ist dann recht genau und führt zu in sich widerspruchsfreien Ergebnissen, deren Richtigkeit an anderen, auf ganz andersartige Weise abgeleiteten Daten überprüft werden können.

Die PAE sind für einige unsubstituierte Säuren sehr verschiedener Säurestärken, in Tabelle 1 zusammengestellt. Die ΔG sind nach (3) und die $T\Delta S$ daraus nach (4) berechnet.

---

[3]) Vergleiche G. BRIEGLEB, „loc. cit." und „Die Naturwissenschaften" [*30*] (1942) [*30*] (1942) 469.

Tabelle 1 (Alle kalorischen Angaben sind kcal)

Säure	$\mathfrak{K}_{R\cdot YH}$	PAE	$\Delta G_{RYH} = -RT \ln \mathfrak{K}$	ΔH	$-T\Delta S$	$Hy_{HS} - Hy_{S^-}$
H_2O	$1{,}98\cdot 10^{-16}$	392	21,4	+13,45	7,95	101
C_6H_5 OH	$1{,}3\cdot 10^{-10}$	386	13,5	+ 6	7,48	103
C_6H_5 COOH	$6{,}27\cdot 10^{-5}$	382	5,73	~ 0	5,73	105
$CH_3\cdot COOH$	$1{,}754\cdot 10^{-5}$	382	6,48	~ 0	6,48	105
$H\cdot COOH$	$1{,}72\cdot 10^{-}$[illegible]	382	5,11	~ 0	5,12	105
$Cl\cdot CH_2\cdot COOH$	$1{,}38\cdot 10^{-3}$	280	3,9	— 1,17	5,07	105
HCl	sehr groß	328	—	—18	—	71

Tabelle 2 enthält die entsprechenden Angaben für die Kationsäuren einiger Basen in abgestufter Basenstärke.

Die Angaben der Tabelle zeigen uns folgendes[4]):

1. SÄUREN:

Die Säurestärke nimmt von oben nach unten zu, entsprechend nehmen die Δ G-Werte ab. Δ G hängt nach Gl. (4) von Δ H und TΔ S ab. Die TΔ S-Werte zeigen von Säure zu Säure *geringe* Schwankungen und sind selbst bei großen Unterschieden in der Säurestärke relativ wenig voneinander verschieden. Dagegen zeigen die Δ H einen sehr ausgeprägten Gang von stark positiven (schwache Säuren) zu stark negativen Werten (starke Säuren). Δ H hängt nach Gl. (7) von der PAE und von der Differenz $Hy_{RYH} - Hy_{RY^-}$ der Hy-Wärmen ab. Diese Differenz ist, wie Tabelle 1 zeigt, von HCl abgesehen, recht konstant. Man kann daher den starken Gang in Δ H, vor allem auf die von der Konstitution der Säure offenbar sehr empfindlich abhängige PAE zurückführen.

Die PAE zeigt naturgemäß eine deutliche *Zunahme* mit *abnehmender* Säurestärke. Die PAE ist also in erster Linie für *größere* Unterschiede in der Säurestärke verantwortlich. Bei *feineren* Unterschieden in der Säurestärke homologer Säuren müssen aber der Gang der Hydratationswärmendifferenz

$$\Delta Hy = Hy_{RYH} - Hy_{RY^-}$$

und vor allem auch Schwankungen im Entropieglied TΔ S berücksichtigt werden.

Zum Beispiel haben Benzoesäure und Essigsäure gleiche PAE und gleiche Δ Hy-Werte. Der Unterschied in ihrer Säurestärke ist auf den Unterschied der Entropieglieder TΔ S = —5,73 bzw. —6,48 kcal zurückzuführen.

Der Aziditätsunterschied zwischen leichten und schweren Säuren R · YH und R · YD[5]) beruhen in erster Linie auch auf Unterschieden in den Hydratations-

[4]) Vergleiche G. Briegleb, „Zeitschrift für Naturforschung" [*4a*] (1949) 172 und „Zeitschrift für Elektrochemie und angewandte physikalische Chemie" [*53*] (1949) 350.

[5]) G. Schwarzenbach, „Zeitschrift für Elektrochemie" [*44*] (1938) 46.

wärmen von H^+ und D^+ und dann auch auf dem Unterschied in der Nullpunktsenergie von YH und YD[4]).

Die *relative* Abstufung der $\mathfrak{K}_S$ ist temperaturabhängig, sofern sich die $\mathfrak{K}_S$-T-Kurven überschneiden.

Bei Säuren mit *großen* Unterschieden in den Säurekonstanten sind solche Überschneidungen nicht zu erwarten.

2. BASEN [6]):

Tabelle 2 (Alle kalorischen Angaben sind kcal)

Base	$\mathfrak{K}_{RY}$	PAE	$\Delta G_{RYH^+} = -RT \ln \mathfrak{K}_{RYH^+}$	ΔH_{RYH^+}	$-T\Delta S_{RYH^+}$	$Hy_{RYH^+} - Hy_{RY}$
Piperidin	$1{,}16 \cdot 10^{-3}$	215	15,06	13,3	1,76	
$(CH_3)_2NH$	$5{,}98 \cdot 10^{-3}$	214	14,64	11,86	2,83	
$(CH_3)NH_2$	$4{,}25 \cdot 10^{-4}$	215	14,48	13,09	1,40	
$(C_2H_5)NH_2$	$3{,}40 \cdot 10^{-4}$	215	14,35	13,0	1,35	
$(CH_3)_3N$	$6{,}34 \cdot 10^{-5}$	211	13,3	8,8	4,54	≈ 75
NH_3	$1{,}66 \cdot 10^{-5}$	214	12,56	12,4	0,16	
NH_2OH	$9{,}2 \cdot 10^{-9}$	211	8,12	9,0	−0,87	
Pyridin	$2{,}04 \cdot 10^{-9}$	206	7,23	4,1	−3,17	
Anilin	$3{,}97 \cdot 10^{-10}$	209	6,26	7,1	−0,83	

In Tabelle 2 nimmt die Basenstärke von oben nach unten ab. Entsprechend nimmt die Säurestärke der zugehörigen Kationsäure zu d. h. die $\Delta G = -RT \ln \mathfrak{K}_{RYH^+}$ nehmen ab. Teilen wir ΔG nach Gl. (4) wieder in die Anteile ΔH und $T\Delta S$ auf, so läßt sich folgendes sagen. Die $|T\Delta S|$ sind bei den Basen bis zu 6 kcal kleiner als die $|T\Delta S|$ der N.S. Außerdem sind bei den N.S. die ΔS alle negativ. Die ΔH sind, im Gegensatz zu den N.S., bei den K.S. alle positiv.

Da die Differenzen der Hy-Wärmen $\Delta_{Hy} = Hy_{RYH^+} - Hy_{RY}$ konstant sind, so ist nach Gl. (6b) der Gang in ΔH vor allem auf den entsprechenden Gang der PAE zurückzuführen. Bei den Basen werden wir also auch, wie bei den Säuren, für größere Unterschiede in der Basenstärke, den Gang der PAE zu diskutieren haben. Jedoch muß, mehr noch wie bei den Säuren, die Konstitutionsabhängigkeit der $T\Delta S$-Glieder mitberücksichtigt werden. Man kann also nicht einfach sagen, daß eine stärkere Base auch eine entsprechend größere PAE der zugehörigen Kationsäure hat und umgekehrt — wie dies durchweg angenommen wurde —, sondern der Einfluß des Entropiegliedes kann unter Umständen sehr von Wichtigkeit sein.

---

[6]) G. BRIEGLEB, „Zeitschrift für Elektrochemie" [53] (1949) 350.

Die PAE der N. S. ist um mehr als 100 kcal größer als die der K.S. Das liegt daran, daß bei dem Vorgang $S^- + H^+ \rightarrow SH$ die Energie bei der Anlagerung eines Protons an S^- um den Betrag der Coulombschen Anziehung größer ist. Der Einfluß des Entropiegliedes auf die Basenstärke zeigt sich deutlich im Gang der Basizitäten der Methylamine.

Entsprechend der Basenstärke nimmt ΔG von NH_3 über Methylamin zu Dimethylamin zu und fällt dann wieder bei Trimethylamin ab, das schwächer basisch ist als Methylamin. Die PAE nimmt anfangs sehr wenig von NH_3 zu Methylamin zu, fällt dann aber unter den PAE_{NH_3}-Wert ab.

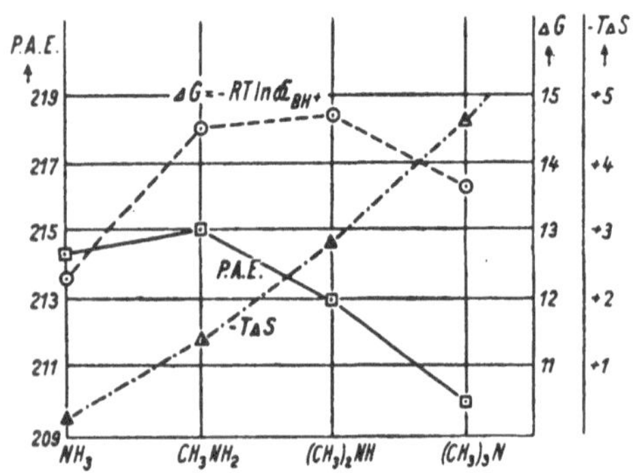

Abb. 1

Gang der ΔG-, $T\Delta S$- und PAE in kcal bei NH_3, CH_3NH_2, $(CH_3)_2NH$ und $(CH_3)_3N$.

Daß Dimethylamin und Trimethylamin trotz des Abfalls der PAE stärker basisch sind als NH_3, ist *auf ein gleichmäßiges Ansteigen der $T\Delta S$-Werte zurückzuführen*[7]).

Eine andere Frage ist: Wie ist es vom Standpunkt bestimmter Vorstellungen über die Bindung und über den Molekülbau zu verstehen, daß die PAE den in Abb. 1 zum Ausdruck kommenden Gang haben? Um den Gang der PAE zu erklären, bedarf es aber einer Reihe mehr oder weniger willkürlicher Annahmen, über die Elektronen-„donating“ und Elektronen-„attracting“-Eigenschaft der Alkylgruppe, über die Abstoßungs-Feldeffekte und sterischen Einflüsse, so daß wir verzichten, darauf näher einzugehen, weil bei einer Überlagerung mehrerer Effekte diese immer so gegeneinander ausgeglichen werden können[8]), daß die experimentellen Befunde erklärbar scheinen. Es sei denn, es bestünde die Möglichkeit, ***einen*** der Effekte sicher zu berechnen oder zu messen, was nicht der Fall ist. *Die Entropieänderung* bei der Anlagerung eines Protons beruht unter anderem auch auf einem Symmetrieunterschied des Basenkations im Vergleich zur freien Base[7]) (Abb. 2).

---

[7]) G. Briegleb, „Z. f. El. Chem. [*53*] (1949) 350, Santi R. Palit, „Journal Indian Chemical Soc.“ [*25*] (1948) 127, versucht die Basizitätsunterschiede der Methylamine lediglich auf Grund von Unterschieden der PAE zurückzuführen, ohne Berücksichtigung des Einflusses des Entropiegliedes. Palit nimmt also an, daß die PAE zum Beispiel des Methylamins größer ist als die des Dimethylamins, indem er PAE und K_B miteinander proportional setzt, was nach den Ergebnissen (Abb. 1) nicht ohne weiteres berechtigt ist.

[8]) Wie z. B. bei Santi R. Palit, loc. cit.

Wir haben somit den interessanten Tatbestand, daß die Basizität von der *Symmetrie der Base und des Basenkations abhängig ist.*

Der auf einer *Symmetrieänderung* beim Übergang $B + H^+ \rightarrow BH^+$ beruhende Entropieeffekt, der eine in der Reihenfolge Trimethylamin, Pyridin, Dimethylamin, Methylamin (Anilin) anwachsende Entropie*abnahme bedeutet*, über-

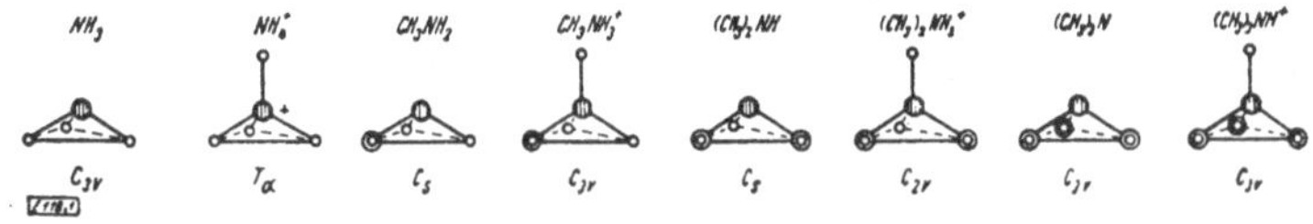

Abb. 2 Symmetrie-Änderung beim Übergang $B + H^+ \rightarrow BH^+$ bei einfachen Alkylaminen (Punktgruppen-Symmetrie der Basen und Basenkationen)

lagert sich dem „Orientierungs"-Anteil der Entropie, der auf einer unterschiedlichen Orientierung der Wassermoleküle vor und nach der Protonabspaltung beruht.

Der „Orientierungseffekt" des Vorgangs $B + H^+ \rightarrow BH^+$, der infolge der im Vergleich zu BH^+ stärkeren Hydratation von H^+ eine Zunahme der Entropie und der „Symmetrieeffekt", der eine Abnahme der Entropie hervorruft, sind also einander entgegengesetzt. Das hat zur Folge, daß bei nur schwach positivem Entropie-Orientierungsanteil dieser durch den *negativen* Beitrag des Entropie-Symmetrieeffektes soweit abgeschwächt werden kann, daß unter Umständen die Entropieänderung insgesamt sogar schwach negativ wird, wie es zum Beispiel bei Pyridin und Anilin der Fall ist.

Bei den *Kationsäuren* liegen vor und nach der Proton-Dissoziation Ionen vor: $BH^+ \rightarrow B + H^+$. Demzufolge wird im allgemeinen die auf einer Hydratation beruhende Abnahme der Entropie im Verlaufe der Dissoziationsreaktion bei den Kationsäuren im Absolutbetrag kleiner sein als bei den Neutralsäuren, bei denen gemäß $RYH + H_2O \rightarrow H_3O^+ + RY^-$ aus zwei Neutralmolekülen zwei Ionen entstehen.

III. PAE und chemische Konstitution von Säuren

1. EINFACHE, UNSUBSTITUIERTE SÄUREN

Wir haben jetzt danach zu fragen, wie die PAE von der Konstitution der Säure abhängt.

Im einfachsten Fall, zum Beispiel bei Wasser oder einem Alkohol $R \cdot OH$, kann man den Vorgang der Protonenablösung in folgende Teilvorgänge zerlegt denken:

$$PAE_{CH_3OH} = (BE)_{-OH} + (IE)_H - (EA)_{RO} \quad (10)$$

$$392 = 110 + 312 - 30 \text{ kcal.}$$

(BE = Bindungsenergie, IE = Ionisierungsenergie, EA = Elektronenaffinität.)

Die Carboxylgruppe

$$(PAE)_{-COOH} = (BE)_{OH} + (IE)_{H} - (EA)_{-COO} \quad (11)$$

Die BE der OH-Bindung ist in der Carboxylgruppe etwa der in den Alkoholen gleich. Die Schwingungsfrequenzänderung der OH-Schwingung beim Übergang HOH zu COOH beträgt nur ca. 4%, was etwa einer halben kcal entspricht. Es ist aber die EA von —COO im Vergleich zu R·O verändert um den Betrag des Mesomerieenergieunterschiedes von —COOH und $—COO^{-}$ [9])

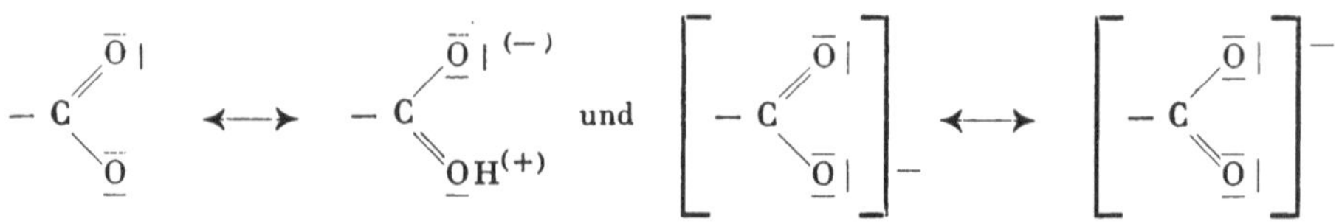

Die Mesomerieenergie des $—COO^{-}$-Ions ist infolge der Symmetrie, gegenüber der in der undissozierten COOH-Gruppe vergrößert. COO^{-} hat also einen kleineren inneren Energieinhalt als COOH. Die innermolekularen Abstände sind im COO^{-}, im Gegensatz zu COOH, vollständig ausgeglichen. (Siehe Tabelle 3.)

Tabelle 3 Bindungs-Abstände in Å

	Alkohole	Aldehyde	COOH	COO^{-}
C—O	1,43	—	1,43	1,26
C=O	—	1,20	1,24	

Aus der Differenz der PAE (Tabelle 1) $PAE_{-H \cdot OH} - PAE_{-COOH} = 392 - 382$ ergibt sich als Mesomerieenergiegewinn bei der Dissoziation der COOH-Gruppe ein Betrag von 10 kcal.

Um diesen Betrag unterscheidet sich die EA von R · O und —COO. WIRTZ[10]) berechnet damit in guter Übereinstimmung, auf ganz anderem Wege 11 bis 12 kcal. PAULING gibt für den Mesomerieanteil den niederen Wert 8 kcal an. Er übergeht bei seinen Betrachtungen den Einfluß der Solvatation und der Entropieänderung.

Phenol

Der Mesomerieenergiegewinn beim Übergang von Phenol zum Phenolat

Phenol *Phenolat*

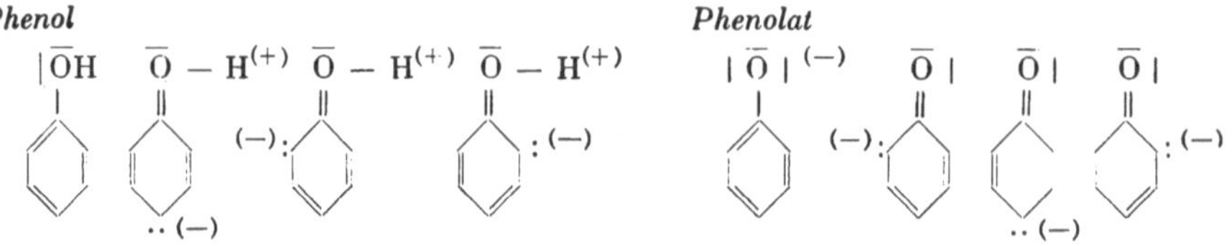

[9]) L. PAULING, „The Nature of the Chemical Bond".

[10]) K. WIRTZ, „Zeitschrift für Naturforschung" [2a] (1947) 264.

ist nicht so groß wie beim Übergang $COOH \rightarrow COO^-$. Aus der Differenz der in Tabelle 1 angegebenen PAE von HOH und Phenol ergibt sich ein Mesomeriegewinn 392 — 386 = 6 kcal. Die Bindungsenergie der OH-Bindung in HOH und Phenol ist kaum voneinander verschieden. ν_{OH} in Wasser $= 3756\,cm^{-1}$ und ν_{OH} in Phenol $= 3704\,cm^{-1}$.

Pauling berechnet unter Vernachlässigung ev. Hydratationseinflüsse einen Mesomerieenergiegewinn ΔE_M beim Phenol-Phenolat-Übergang einfach aus der Differenz der Δ G-Werte von Wasser und Phenol in Wasser als Lösungsmittel:

$$\Delta E_M = - RT \ln \frac{\mathfrak{K}_{H_2O}}{\mathfrak{K}_{PhOH}} = 8 \text{ kcal}$$

Enole

Schwarzenbach deutet die Säurenatur der Enole durch einen Mesomerieeffekt z. B.:

Acetylaceton

Enol

Enolat

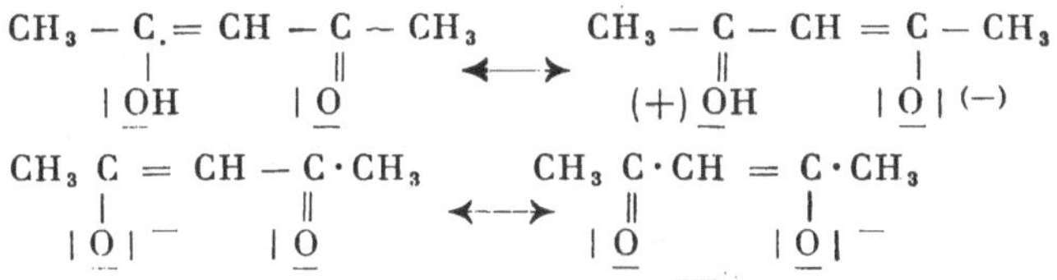

$$\mathfrak{K}_{Enol} = 5{,}8 \cdot 10^{-3}$$

Dihydroresorzin

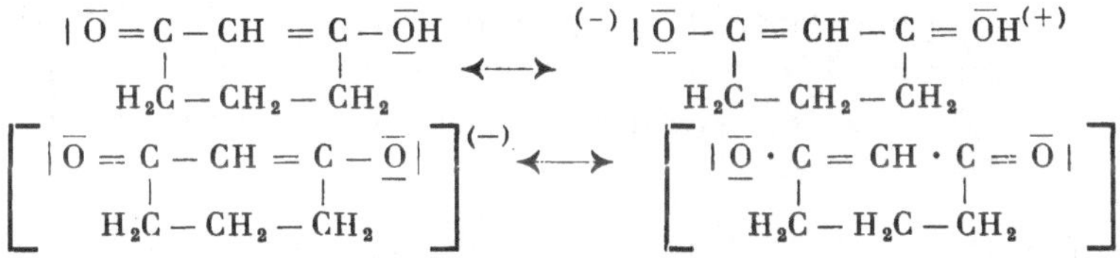

$$\mathfrak{K}_{Enol} = 5{,}5 \cdot 10^{-6}$$

Ungeklärt bleibt der Unterschied in den Säurekonstanten des Acetylacetons und Dihydroresorzins. Man könnte bei Acetylaceton den Einfluß einer inneren Wasserstoffbrückenbindung auf die Säurestärke vermuten,

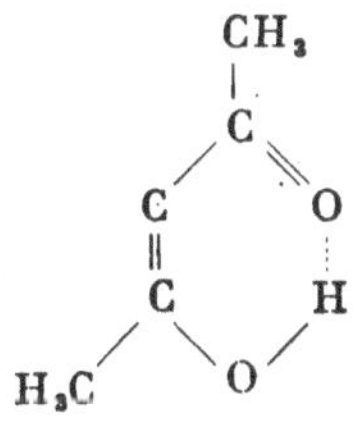

wodurch die Abtrennung des Protons erschwert würde. In wäßriger Lösung dürfte aber dieser Chelatring durch den Einfluß der Hydratation geöffnet sein. Der Unterschied in den Dissoziationskonstanten der Enolsäure von Acetylaceton und Dihydroresorzin bleibt vorerst ebenso ungeklärt wie auch überhaupt der Lösungsmitteleinfluß auch auf das Keto-Enolgleichgewicht, das in Wasser bei Acetylaceton zuungunsten und bei Dihydroresorzin zugunsten des Enols liegt. Im *Gas*zustand hat Acetylaceton 95% Enolgehalt[11]).

2. SUBSTITUIERTE SÄUREN

Es sollen hier nur am Beispiel der substituierten Benzoesäuren einige prinzipielle Gesichtspunkte kurz erläutert werden, die bei der Beurteilung des Einflusses von Substituenten maßgebend sind.
Durch eine polare Gruppe zum Beispiel in einer p-Benzoesäure werden zwei Effekte verursacht, die die PAE beeinflussen.

Feldeffekt

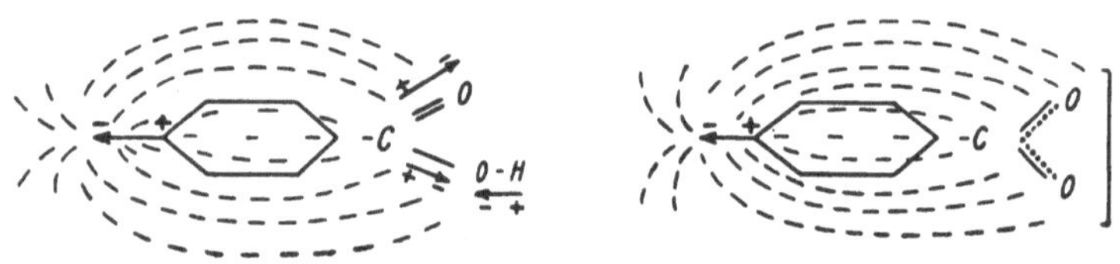

Abbildung 3 (schematisch)

Das Dipolmoment der COOH-Gruppe und das des polaren Substituenten beeinflussen sich *vor* der Dissoziation gegenseitig mit einer Dipol-Dipol-Energie $(G_F)_{\mu\mu}$ und nach der Dissoziation mit einer Wechselwirkungsenergie $(G_F)_{e\mu}$ zwischen dem Dipolmoment und der freien Ladung der COO^--Gruppe. (G_F bedeutet die freie Feldenergie.)

Mesomerieeffekt

A. a) Der Phenylkern hat mesomere Strukturen. Der Mesomerieenergieinhalt ist vor und nach der Dissoziation der am Phenylkern haftenden COOH-Gruppe verschieden.

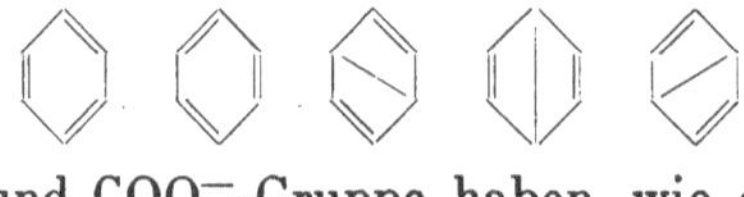

b) Die COOH- und COO^--Gruppe haben, wie oben beschrieben, eine Mesomerieenergiedifferenz.

[11]) W. STROHMEIER und I. HÖHNE, „Zeitschrift für Naturforschung" [7 b] (1952) *184* und eine ausführliche Betrachtung über K-, E-Tautomerie von G. BRIEGLEB und W. STROHMEIER in „Zeitschrift für angewandte Chemie" [*64*] (1952) 409.

Die Effekte A. a) und b) werden durch den polaren Substituenten beeinflußt.

B. Der Substituent gibt mit dem Phenylkern ein mesomeres System, zum Beispiel:

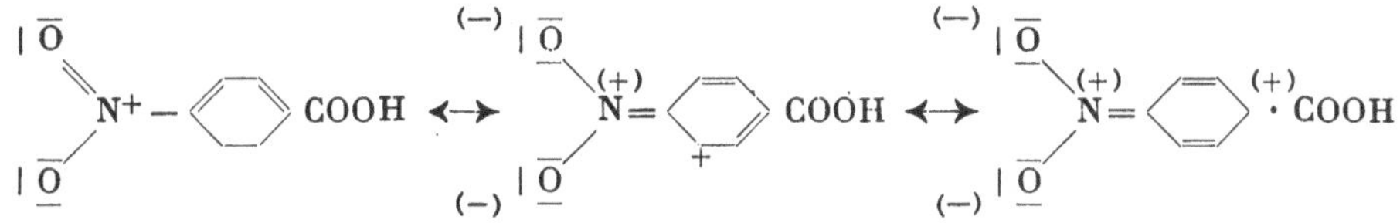

Auch die durch B. bedingten Mesomerieenergien sind vor und nach der Dissoziation der COOH-Gruppe verschieden.

Die durch A. und B. bedingte Differenz der freien Mesomerieenergien der Säure vor und nach der Dissoziation im *unsubstituierten* und *substituierten* Molekül bezeichnen wir mit $\underset{s-u}{\triangle}\Delta G_M$. Dabei ist ΔG_M die Mesomerieenergiedifferenz vor und nach der Dissoziation und $\underset{s-u}{\triangle}$ gibt den Substituenteneinfluß auf ΔG_M an.

Insgesamt läßt sich für die Differenz der freien Energieänderung bei der Säuredissoziation einer substituierten und einer unsubstituierten Säure folgende Beziehung ableiten[12]:

$$\underset{s-u}{\triangle}\Delta G = -RT\ln\frac{\mathfrak{K}_s}{\mathfrak{K}_{us}} = -RT\ln\mathfrak{K}_{rel} =$$

$$= \left(\frac{1}{\varepsilon_{eff}}\right)_{solv}\underbrace{\left[(G_F)_{e\mu}-(G_F)_{\mu\mu}\right]}_{G_F} + \underset{s-u}{\triangle}\Delta G_M$$

$$\underbrace{+\left[(G^*_{solv})_{X\cdot R\cdot YH}-(G^*_{solv})_{X\cdot RY^-}\right]-\left[(G^*_{solv})_{RYH}-(G^*_{solv})_{RY^-}\right]}_{=\underset{s-u}{\triangle}\Delta G_{solv}} \tag{12}$$

Die G^*_{solv} haben folgende Bedeutung:

Beim Übergang der Säure resp. des Säureanions vom Gas in den gelösten Zustand sind folgende zwei Vorgänge zu unterscheiden:

a) α Anziehung und Umorientierung der Solvatmoleküle einschließlich Lückenbildungsarbeit, um für das gelöste Molekül Platz zu machen[13]).

---

[12]) Vergleiche G. BRIEGLEB, „Die Naturwissenschaften“ [*31*] (1943) 62 und eine ausführliche Mitteilung an anderer Stelle.

[13]) H. ULICH, „Zeitschrift für Elektrochemie [*36*] (1930) 497 und „Handbuch der chemischen Physik“ [*6*] II (1933) 138; E. LANGE, Zeitschrift für Elektrochemie *43* (1937) 370 u. *44* (1938) 542 u. 562; W. M. LATIMER, K. S. PITZER und W. V. SMITH, „Journal of the Chemical Society“ [*60*] (1938) 1829; ELLEY und EVANS „Transactions of the Faraday Society“. [*34*] (1938) 1093; GURMEY, „Journal Chem. Phys.“ [*6*] (1938) 499. Ferner EUCKEN, „Lehrbuch der physikalischen Chemie“ III, Leipzig 1948, „Zeitschrift für Elektrochemie“ [*51*] (1948) 6; G. KORTÜM, „Lehrbuch der Elektrochemie“ (1948).

β Es ändert sich die elektrische Feldenergie eines Ions beim Übergang vom Gas in die Lösung. Es verschwindet das Feld des Ions im Vakuum und es wird dafür ein Feld im Dielektrikum des Lösungsmittels aufgebaut[14]). Dieser von BORN abgeleitete Anteil der Solvatationsenergie ist

$$\frac{N_L z^2 e_o^2}{2 r_{Io}} \left(1 - \frac{1}{\varepsilon}\right)$$

($z \cdot e_o$ = Ionenladung, r_{Io} = Ionenradius, ε = Dielektrizitätskonstante des Mediums).

b) Es ändert sich der primär auf den Gaszustand bezogene Feldeffekt, d. h. die COULOMBsche Feldwirkung von X auf COOH bzw. COO^-, dadurch, daß sich beim Lösen der undissozierten Säuren resp. des Anions XRY^- der Säure X·RYH zwischen YH resp. Y^- und X das Dielektrikum des L.M. schiebt. Ein Teil der Kraftlinien geht durch das Molekül und ein anderer Teil durch das L.M.

Den Anteil a) bezeichnen wir mit (G^*_{solv}), der Anteil b) ist

$$\left(1 - \frac{1}{\varepsilon_{eff}}\right) (G_F)_{e\mu} \quad \text{resp.} \quad \left(1 - \frac{1}{\varepsilon_{eff}}\right) (G_F)_{\mu\mu}$$

Es ist:

$$\begin{aligned} \text{a)}\ & (G^*_{solv})_{X \cdot R \cdot YH} + \left(1 - \frac{1}{\varepsilon_{eff}}\right) (G_F)_{\mu\mu} = (G_{solv})_{X \cdot R \cdot YH} \quad \text{und} \\ \text{b)}\ & (G^*_{solv})_{X \cdot R \cdot Y^-} + \left(1 - \frac{1}{\varepsilon_{eff}}\right) (G_F)_{e\mu} = (G_{solv})_{X \cdot R \cdot Y^-} \end{aligned} \tag{13}$$

wobei die (G_{solv}) — (ohne Stern) — die experimentell meßbaren, effektiven, freien Solvatationsenergien sind.

KIRKWOOD und WESTHEIMER[15]) und SARMOUSAKIS[16]) verwenden in Anlehnung an eine von BJERRUM[17]) für zweibasische Säuren abgeleitete Beziehung die Gleichung:

$$- RT \ln \mathfrak{K}_{rel} = \frac{1}{\varepsilon_{eff}} (G_F)_{e\mu} \tag{14}$$

$$\frac{1}{\varepsilon_{eff}} = \frac{f_1}{\varepsilon} + \frac{f_2}{\varepsilon_i} \tag{15}$$

ε_{eff} ist eine effektive Dielektrizitätskonstante, ε ist die makroskopische experimentell gemessene Dielektrizitätskonstante des Lösungsmittels, ε_i ist

14) M. BORN, Zeitschrift für Physik [*1*] (1920) 45.

15) J. G. KIRKWOOD und F. H. WESTHEIMER „Journal of chemical Physics“ [*6*] (1938) 506; F. H. WESTHEIMER und J. G. KIRKWOOD, ebenda [*6*] (1938) 513; F. H. WESTHEIMER und SHOOKHOFF, „Journal of the American chemical Society“ [*61*] (1939) 555, 1977.

16) J. N. SARMOUSAKIS, „Journal of chemical Physics“ [*12*] (1944) 277.

17) N. BJERRUM, Zeitschrift für physikalische Chemie [*106*] (1923) 219.

die innere Dielektrizitätskonstante des gelösten Moleküls. *Solvatationseinflüsse werden nicht berücksichtigt.*

SARMOUSAKIS erweitert die Theorie von WESTHEIMER und KIRKWOOD und gibt den p- und m-substituierten Säuren ebenfalls die Symmetrie eines Rot. Ellipsoids. Das Proton und der Dipolschwerpunkt liegen auf dem zentral. Rot. Kreis des Rot. Ellipsoids. ζ, η und Φ sind sphärische Koordinaten. r ist der Abstand des dissoziierenden Protons vom Dipolschwerpunkt.

Es ist:

$$\log \mathfrak{K}_{rel} = \frac{1}{2,3\,kT} \left[\frac{e \mid \mu_\zeta \mid \cos\left(\frac{\mu}{\xi} i_1, r\right)}{r^3 \varepsilon_\zeta}\right] - \frac{e \mid \mu_\Phi \mid \cos\left(\frac{\mu}{\Phi} i_2, r\right)}{r^2 \varepsilon_\Phi} \qquad (14a)$$

i_1 ist der Einheitsvektor, der vom Kreismittelpunkt in Richtung des auf den Dipolschwerpunkt gerichteten Radius zeigt. i_1 hat mit dem auf das dissoziierende Proton gerichteten Radius r den Winkel Φ. i_2 ist der Einheitsvektor, der als Tangente an den Rot. Kreises in Richtung des zunehmenden Φ zeigt. μ_ζ und μ_Φ sind die Dipolkomponenten in Richtung i_1 und i_2 und ε_ζ und ε_Φ sind effektive Dielektrizitätskonstanten, die den Dipolkomponenten $\frac{\mu}{\xi}$ und $\frac{\mu}{\Phi}$ entsprechen und sind folgendermaßen definiert:

$$\frac{1}{\varepsilon_\zeta} = \frac{g_1}{\varepsilon_i} + \frac{g_2}{\varepsilon} \quad \text{und} \quad \frac{1}{\varepsilon_\Phi} = \frac{h_1}{\varepsilon_i} + \frac{h_2}{\varepsilon} \qquad (15a)$$

f_1 und f_2, Gl. (15), in der WESTHEIMER-KIRKWOODschen Theorie werden als komplizierte Funktionen von Winkel und Abstandsvariablen und dem Wirkungsradius der Säureaniongruppe berechnet. Zur Berechnung der g und h in Gl. (15a) werden komplizierte Entwicklungen in Termen bestimmter LEGENDREscher Polynome verwendet. Zur Auswertung der Gl. (14a) u. (15a) von SARMOUSAKI müssen einige mehr oder weniger willkürliche Annahmen und Voraussetzungen gemacht werden bezüglich der einzelnen Parameter, die zum Teil völlig willkürlich so gewählt werden, daß Übereinstimmung zwischen $(\mathfrak{K}_{rel})_{ber}$ und $(\mathfrak{K}_{rel})_{exp}$ erreicht wird. Für die m- und p-Säuren werden dieselben Voraussetzungen zugrunde gelegt und Unterschiede zwischen $(\mathfrak{K}_{rel})_{ber}$ und $(\mathfrak{K}_{rel})_{exp}$ auf Resonanzeffekte zurückgeführt.

ε_i wird willkürlich $= 2$ gesetzt, wie es auch WESTHEIMER und KIRKWOOD tun.

Unter Berücksichtigung aller durch die vielen Parameter und Voraussetzungen bedingten Unsicherheiten bei der Auswertung der Gleichungen von WESTHEIMER und KIRKWOOD und SARMOUSAKI möchten wir der Ansicht von WYNNE-JONES[18]) zustimmen, daß „almost any theory containing two

[18]) W. F. K. WYNNE-JONES und G. S. RUSHBROOKE, „Transactions of the Faraday Society" [*40*] (1944) 99.

semiarbitrary parameter could be made to agree with experiment at one point"[19]).

Außerdem ist von einer allgemeinen Theorie zu erwarten, daß sie nicht nur die Konstitutionsabhängigkeit der Säure-Basenstärke in *Wasser* als L. M. bei *einer* Temperatur wiedergibt, sondern sowohl die T-Abhängigkeit als auch die *Lösungsmittel*-Abhängigkeit der absoluten und *relativen* Säurestärke.

Es zeigt sich nämlich, daß die *relative* Säurestärke zum Beispiel substituierter Benzoesäuren von L. M. zu L. M. verschieden sein kann. Abb. 4 zeigt diese Abhängigkeit der relativen Säurestärke vom L. M. am Beispiel der Halogen-Benzoesäuren. Solche Effekte sind nur unter Mitberücksichtigung von Solvatationseinflüssen zu erfassen [Gl. (12) und weiter S. 81].

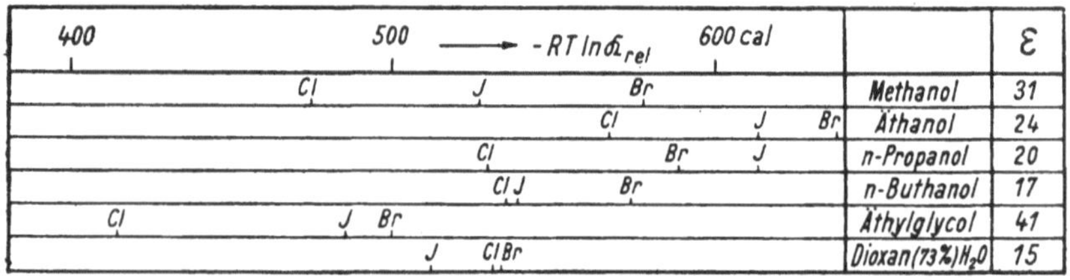

Abb. 4 Rel. Säurestärken: $-RT\ln \frac{\mathfrak{K}_s}{\mathfrak{K}_{u.s.}}$ von Halogen-Benzoesäuren in verschiedenen L.M. nach Messungen von KILPATRICK[20] ($\varepsilon \equiv$ Dielektrizitätskonstante)

EUCKEN[21]) und SCHWARZENBACH[22]) verwenden die Beziehungen

$$- RT \ln \mathfrak{K}_{rel} = \frac{1}{\varepsilon_{eff}} (G_F)_{e\mu} \tag{16}$$

wobei ε_{eff} eine summarische, effektive D. K. ist, welche kleiner ist als die makroskopische D.K. des Wassers.

---

[19]) In einer neuesten Arbeit von C. H. JUDSON und M. KILPATRICK „Journal of the American chemical Socity" [*71*] (1949) 3110 wird am Beispiel substituierter Phenole vereucht, durch ein besonderes Auswertungsverfahren die durch die Ungenauigkeit der Parameter der SARMOUSAKIschen Gleichung gegebenen Unsicherheiten zu einem gewissen Grade zu umgehen. Es werden aber Sovatationseinflüsse nicht berücksichtigt. Wir werden auf die Arbeit von JUDSON und KILPATRICK noch in einem anderen Zusammenhange an anderer Stelle eingehen.

[20]) J. H. ELLIOT und KILPATRICK, „Journal of physical Chemistry" [*45*] (1940) 454, 466, 472, 485.

[21]) A. EUCKEN, „Zeitschrift für angewandte Chemie" [*45*] (1932) 203.

[22]) G. SCHWARZENBACH, „Helv. Chem. Acta" [*16*] (1933), 522, 529, G. SCHWARZENBACH und EGGLI, ebenda [*17*] (1934) 1183.

Diese Beziehung hat ebenfalls wie die von WESTHEIMER nur ganz spezielle Gültigkeit, da sie den in manchen Fällen bei Homologen beobachtbaren Vorzeichenwechsel von $\ln \mathfrak{K}_{rel}$ bei ansteigender Temperatur nicht zu erklären vermag und außerdem ebensowenig eine Umkehr in der Reihenfolge der Säurestärke von homologen Säuren beim Wechsel des L.M. Um solcherlei Effekte erklären zu können, ist es erforderlich, die Solvatationseinflüsse mit zu berücksichtigen und insbesondere den Einfluß der Störung der Solvatation der Säuregruppe durch die Solvatation des polaren Substituenten (vgl. weiter unten S. 80). Wir gehen von Gl. (12) aus und verzichten darauf, ε_{eff} theoretisch zu berechnen. Dagegen läßt sich recht genau G_F berechnen.

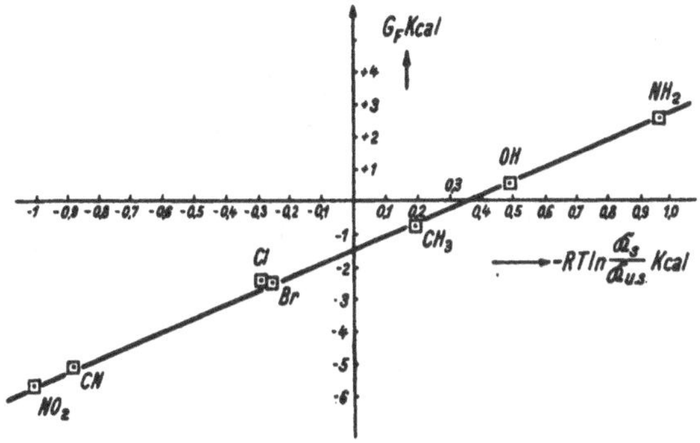

Abb. 5 p-substituierte Benzoesäure G_F gegen $- RT \ln \mathfrak{K}_{rel}$ nach Gl. (12).

In Abb. 5 ist $\triangle\Delta G = - RT \ln \mathfrak{K}_{rel}$ gegen G_F für verschiedene p-substituierte Benzoesäuren aufgetragen. Man sieht eine deutlich lineare Abhängigkeit[23]). Die damit in Abb. 5 zum Ausdruck kommende mittlere Konstanz von $1/\varepsilon_{eff}$ in Wasser als Lösungsmittel bedeutet im Bereich der Genauigkeit der Berechnung von G_F, daß bei den p-Säuren geringe Schwankungen in f_1 und f_2 Gl. (15), die sicher vorhanden sind, sich nicht so empfindlich in ε_{eff} auswirken. Darin kommt bei Wasser, im Gegensatz zu nichtwäßrigen Lösungsmitteln, der häufig auch bei anderen Phänomenen beobachtete nivellierende, das heißt Substitutionseinflüsse ausgleichende, Einfluß der hohen D. K. des Wasser zum Ausdruck.

Dagegen ist in nichtwäßrigen Lösungsmitteln der Einfluß der Substituenten auf die Solvatation der Säuregruppe wesentlich mehr differenziert.

Die $\underset{s-u}{\triangle\Delta} G$-Gerade geht nicht durch den Nullpunkt. Das bedeutet nach Gl. (12) einen endlichen Betrag von $\underset{s-u}{\triangle\Delta} G_M + \underset{s-u}{\triangle\Delta} G_{solv}$.

Man kann annehmen, daß bei p-substituierten Säuren bei der Kleinheit der Wassermoleküle die Solvatation der Gruppen —YH und —Y^- einerseits und der

[23]) Die CH_3-p-Benzoesäure ordnet sich in die Gerade nur ein, wenn man den H negativen Charakter zuschreibt, was auch in einem anderen Zusammenhang wiederholt schon einmal diskutiert worden ist. T. H. HAVELOCK, Philosophical Magazine *4* (1927) 721. C. D. NIVEN, ebenda *3* (1927) 1314; W. HEROLD, Zeitschrift für physikalische Chemie (B) *18* (1932) 265. COULSON, Transactions of the Faraday Soziety *38* (1942) 433; A. D. WALSH, ebenda *43* (1947) 60; R. MECKE, Zeitschrift für El. Chemie und angew. Chemie *54* (1950) 38.

polaren Gruppe X andererseits sich nicht beeinflussen (vgl. Abb. 6), so da in Gl. (12) das Solvatationsglied $\underset{s-u}{\triangle\varDelta} G_{solv}$ Null oder nahezu Null wird.

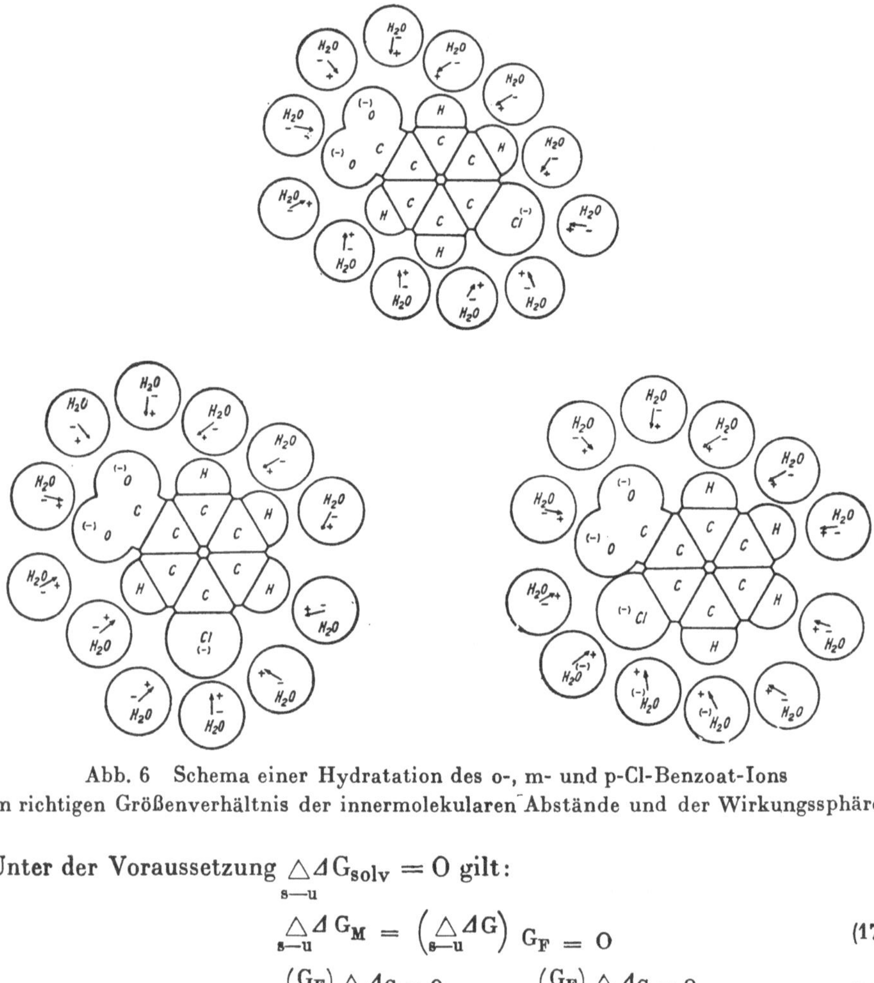

Abb. 6 Schema einer Hydratation des o-, m- und p-Cl-Benzoat-Ions im richtigen Größenverhältnis der innermolekularen Abstände und der Wirkungssphäre.

Unter der Voraussetzung $\underset{s-u}{\triangle\varDelta} G_{solv} = 0$ gilt:

$$\underset{s-u}{\triangle\varDelta} G_M = \left(\underset{s-u}{\triangle\varDelta} G\right)_{G_F = 0} \tag{17}$$

$$\varepsilon_{eff} = - \frac{(G_F)_{\triangle\varDelta G = 0}}{\triangle\varDelta G_M} = - \frac{(G_F)_{\triangle\varDelta G = 0}}{(\triangle\varDelta G)_{G_F = 0}} \tag{18}$$

Daraus berechnet man für T = 298° ein mittleres $\underset{s-u}{\triangle\varDelta} G_M = 0{,}39$ und $(\varepsilon_{eff})_{t=25} = 4{,}1$.

In Abb. 7 ist $\underset{s-u}{\triangle\varDelta} G$ gegen $1/\varepsilon_{eff}\, G_F$ aufgetragen.

Im Bereich AB überwiegt der Einfluß des Feldeffektes. Der Feldeffekt hat negative Beträge und erhöht die Säurestärke im Vergleich zur Benzoesäure. Der Mesomerie-Effekt $\underset{s-u}{\triangle\varDelta} G_M$ ist positiv und wirkt dem Feldeffekt entgegen.

Im Bereich BC überwiegt $\underset{s-u}{\triangle \varDelta} G_M$, so daß die Säurestärke der substituierten Säuren kleiner ist als die der Benzoesäure.

Ab C ist G_F positiv. $\underset{s-u}{\triangle \varDelta} G_M$ und G_F überlagern sich im *gleichen Sinne* und vermindern die Säurestärke.

Abb. 8 zeigt, daß bei m-substituierten Säuren $\underset{s-u}{\triangle \varDelta} G$ gegen G_F nicht mehr linear mit G_F geht.

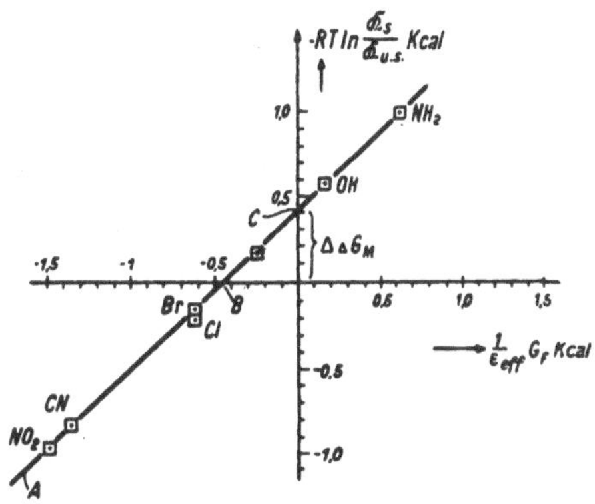

Abb. 7 p-substituierte Benzoesäuren. $-RT \ln \mathfrak{K}_{rel}$ gegen $1/\varepsilon_{eff} \cdot G_F$.

Das beruht darauf, daß man bei den m-Säuren in (12) $\underset{s-u}{\triangle \varDelta} G_{Hydr.}$ nicht mehr vernachlässigen kann. Der Einfluß des Hydratationsgliedes bringt zum Ausdruck, daß bei den m-Säuren die Hydratation des Substituenten X und die Hydratation der Säuregruppe YH resp. Y^- nicht mehr voneinander unabhängig sind (vgl. Abb. 6).

In Lösungsmitteln mit größeren L. M.-Molekülen wird der Effekt der gegenseitigen Solvatationsbeeinflussung noch größer sein. $\underset{s-u}{\triangle \varDelta} G^{solv}$ kann dann je nach dem L. M. und je nach dem Substituenten positive und negative Beträge annehmen. Das kann dann zur Folge haben, daß sogar die Reihenfolge der relativen Säurestärke je nach dem L. M. verschieden ist (vgl. zum Beispiel Abb. 4, Seite 78).

m-substituierte Benzoesäuren

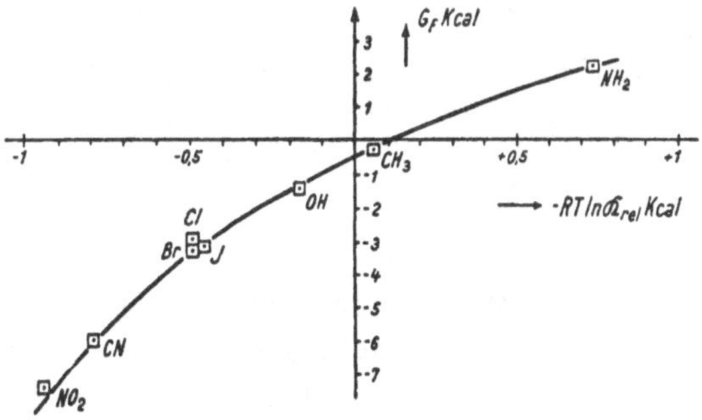

Abb. 8 m-substituierte Benzoesäuren.

$$\underset{s-u}{\triangle \varDelta} G = -RT \ln \frac{\mathfrak{K}_s}{\mathfrak{K}_{us}} \text{ gegen } G_F$$

Lösungsmittelabhängigkeit der relativen Säurestärke

Man vermag von Gl. (12) ausgehend eine Beziehung abzuleiten, die den Einfluß des L. M. auf die relative Säurestärke wiedergibt.

Trägt man log $\mathfrak{K}_{rel}$ gegen $\frac{1}{\varepsilon}$ auf, so bekommt man Kurven, die, je nach dem Substituenten, Maxima und Minima haben können.

$$\log \mathfrak{K}_{rel} = \log (\mathfrak{K}_{rel})_{max} - D\left[\left(\frac{1}{\varepsilon}\right)_{max} - \frac{1}{\varepsilon}\right]^2 \tag{19}$$

D ist eine Konstante[24]). Gl. (19) läßt sich in der Form

$$\log \mathfrak{K}_{rel} = E + F \cdot \frac{1}{\varepsilon} - D\left(\frac{1}{\varepsilon}\right)^2 \tag{20}$$

schreiben. Die Konstanten E und F haben folgende Bedeutung:

$$E = \log (\mathfrak{K}_{rel})_{max} - D\left(\frac{1}{\varepsilon}\right)^2_{max}, \quad F = 2D\left(\frac{1}{\varepsilon}\right)_{max} \tag{21}$$

In Abb. 9, S. 83 sind die gemessenen log $\mathfrak{K}_{rel}$ als Funktion von $\frac{1}{\varepsilon}$ für verschiedener L.M. eingetragen. Die ausgezogenen Kurven sind nach (20) berechnet und gleichen sich den Meßwerten befriedigend an.

KILPATRICK[25]) stellt die Gleichung auf:

$$\log (\mathfrak{K}_{rel}) = \log (\mathfrak{K}_{rel})_\infty + A\left(\frac{1}{\varepsilon}\right) \tag{22}$$

die aber die L. M. Abhängigkeit von $\mathfrak{K}_{rel}$ nur im Bereich kleiner $1/\varepsilon$ einigermaßen wiedergibt.

Schließlich läßt sich auch f_2 von Gl. (15) berechnen[24]). Es gilt

$$f_2 = -\frac{2D \cdot 2{,}3 \cdot RT}{\varepsilon_m \cdot G_F} \tag{21 a}$$

Tabelle 4

	D Gl. (20)	E = $\log(\mathfrak{K}_{rel})_{\varepsilon=\infty}$ Gl. (20)	F Gl.(20)	f_2 in Gl. (15) ber. nach Gl. (21a)	ε_{max}	$\log(K_{rel})_{max}$	A	$\log(K_{rel})_{\varepsilon=\infty}$
							Gl.(12) n. KILPATRICK	
NO_2	232	0,452	26	5,92	17,85	1,18	14	0,575
F	123	−0,099	12,9	7,5	19	0,24	16,5	−0,009
Cl	146,3	0,024	15,2	7,7	19,25	0,42	8,5	0,104
Br	167	0,053	16,7	7,64	20,0	0,47	8,7	0,128
J	204	−0,01	19,58		20,8	0,46	8,2	0,141
CH_3	− 55,5	−0,0713	−5,55	10,10	20,01	−0,21	−0,6	−0,164
OH	− 77	−0,301	−8,94	15,35	17,85	0,56	−7,1	−0,270

Bei größeren Werten von ε geht (20) in (22) über. Man kann in diesem Bereich einen angenähert geradlinigen Verlauf von log $\mathfrak{K}_{rel}$ als Funktion von $1/\varepsilon$ annehmen, allerdings geben Gl. (20) und (22) verschiedene Werte für $(\log \mathfrak{K}_{rel})_\infty$.

[24]) Über die genauere Bedeutung von D und über die Ableitung von (19) vergleiche eine ausführliche Mitteilung an anderer Stelle.

[25]) M. KILPATRICK, „Chemical Reviews" [*30*] (1942) 159.

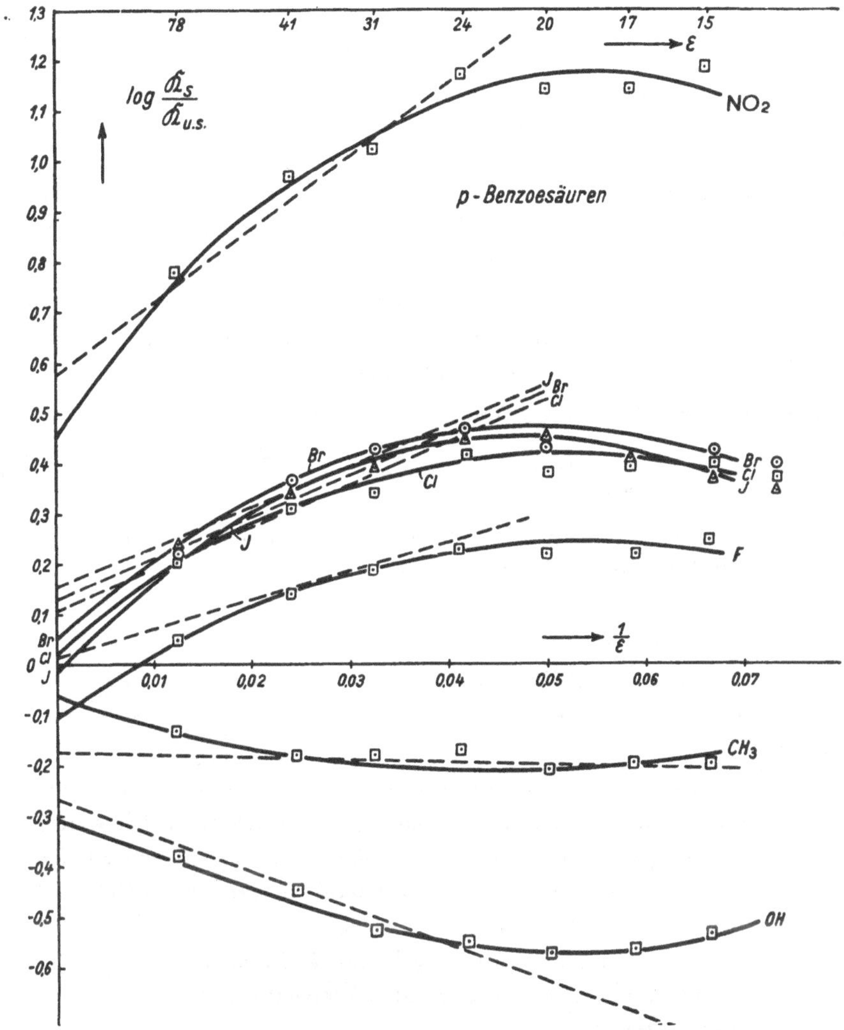

Abb. 9 log $\frac{\mathfrak{K}_s}{\mathfrak{K}_{u \cdot s}}$ von p-substituierten Benzoesäuren in verschiedenen Lösungsmitteln nach Gl. (19), als Funktion der reziproken Dielektrizitätskonstanten der Lösungsmittel. Die eingetragenen Punkte sind Meßpunkte [26]).

(Die Geraden nach ELLIOT und KILPATRICK sind in Abb. 9 gestrichelt eingetragen. Tabelle 4 enthält die Konstanten D, E und F und außerdem die Konstante A nach ELLIOT und KILPATRICK (Gl. 22).)

[26]) Nach Messungen von J. H. ELLIOT und M. KILPATRICK, „Journal of physical Chemistry", [45] (1941), 454, 466, 472, 485; und G. BRIEGLEB und A. BIEBER, „Zeitschrift für Elektrochemie", *55* (1951) 250.

In gleicher Weise lassen sich auch für m- und o-Benzoesäuren die $\log \mathfrak{K}_{rel}$ als Funktion von $1/\varepsilon$ darstellen. Allerdings übersieht man bei den o-Säuren nicht mehr die physikalische Bedeutung der Konstanten in einer solchen Weise, daß man diese zur Berechnung von effektiven Diel. Konstanten heranziehen kann. Das liegt vor allem auch daran, daß bei den o-Säuren G_F nicht mehr so genau angebbar ist wegen der großen Nähe der miteinander wechselwirkenden Gruppen YH und X resp. Y^- und X. Es treten unter anderem auch direkte Überlagerungen von Ladungswolken auf.

Bei den m- und p-substituierten Säuren kann man mit der Konstanten D unter Mitbenutzung der effektiven Diel. Konstanten des Wassers $\varepsilon_{eff} = 4{,}1$ (bei $t = 25^0$) ε_{eff} für irgend ein anderes L.M. berechnen.

Für irgend eine p- oder m-Benzoesäure $X-C_6H_4 \cdot COOH$ gilt:

$$\left(\frac{1}{\varepsilon_{eff}}\right)_{L.M.} = \left(\frac{1}{\varepsilon_{eff}}\right)_{H_2O} - D_{XC_6H_4COOH} \cdot \frac{2 \cdot 2{,}3 \cdot RT}{(\varepsilon_m)_X (G_F)_X} \tag{23}$$

So bekommt man zum Beispiel für p-substituierte Benzoesäuren folgende über alle möglichen X gemittelten Werte für ε_{eff} (Tabelle 5):

Tabelle 5

	H_2O	Glykol	CH_3OH	C_2H_5OH	n-Propanol	n-Buthanol	Dioxan 73,5 % Wasser 27,5 %
ε	78	41	31	24	20	17	15
ε_{eff}	4,1	3	2,6	2,1	1,8	1,6	1,5

Man sieht eine durchaus sinngemäße Abstufung der effektiven Dielektrizitätskonstanten. Die ε_{eff} entsprechen ihrer Größe nach einer reinen Elektronenpolarisation. Die in den makroskopischen Dielektrizitätskonstanten enthaltenen Orientierungsanteile kommen in unmittelbare Umgebung des Moleküls nicht mehr zur Geltung, da die dem gelösten Molekül unmittelbar benachbarten L.M. Moleküle bereits in bestimmter Weise durch zwischenmolekulare Feldwirkung orientiert sind.

Wenn man ε_{eff} kennt, kann man auch den Einfluß der Solvatation auf die relative Säurestärke berechnen, das heißt den Term $\underset{s-u}{\triangle \Delta} G_{solv}$ in Gl. (12).

Für p-Säuren bekommen wir auf diese Weise die in Tabelle 6 angegebenen Werte.

Man sieht, daß der Einfluß des Solvatationsgliedes auf die relative Säurestärke um so größer wird, je größer die Solvatmoleküle werden, wie es modellmäßig durchaus zu erwarten ist, da bei großen Solvatmolekülen die Solvatation der Säuregruppe nicht mehr unabhängig ist von der des polaren Substituenten X.

Ferner ist aus Tabelle 6 abzulesen, daß die Solvatationsglieder nicht unabhängig vom Substituenten sind und sogar ihr Vorzeichen wechseln können im gleichen L.M. je nach dem Substituenten. Es ist somit *nicht berechtigt, in nichtwäßrigen L. M. den Solvatationsanteil einfach Null zu setzen, wie das bisher immer getan wurde.* Nur in wäßriger Lösung ist bei p-Säuren der Solvatationsanteil zu vernachlässigen, nicht aber bei m-Säuren und schon gar nicht bei o-Säuren.

Tabelle 6 $\underset{s-u}{\triangle\Delta}\, G_{solv}$ in cal [Gl. (12)] für p-substituierte Benzoesäuren in verschiedenen Lösungsmitteln

	H_2O	$(CH_2OH)_2$	CH_3OH	C_2H_5OH	C_3H_7OH	C_4H_9OH	Dioxan 73,5% Wasser 27,5%
ε_{eff}	4,1	3,11	2,59	2,1	1,8	1,6	1,5
F	~ 0	—	295	390	586	755	848
Cl	~ 0	889	172	362	541	733	907
Br	~ 0	0	66	230	477	690	1247
J	~ 0	0	101	235	432	699	893
NO_2	~ 0	223	531	832	1317	1759	2000
OH	~ 0	−512	~ 0	~ 0	− 60	−125	− 219

IV. Protonenaffinität, Mesomerieenergie und Basizität einfacher Basen[27])

Acetamid

Der Carboxylgruppe entspricht die $CONH_2$-Gruppe, zum Beispiel im Acetamid. Auffallend ist die sehr kleine Basizität $K_B = 3 \cdot 10^{-15}$. Es ist nicht mit Sicherheit zu entscheiden, ob das Proton sich an O oder an N anlagert. Bei Anlagerung an O hat man zu überlegen, wieso die Basizität der sehr schwach basischen C = O-Gruppe durch Nachbarschaft von NH_2 erhöht wird. Man könnte für die gegenüber der C=O-Gruppe in den Ketonen erhöhte Basizität der —C=O-Gruppe im Acetamid einen Mesomerieeffekt verantwortlich machen.

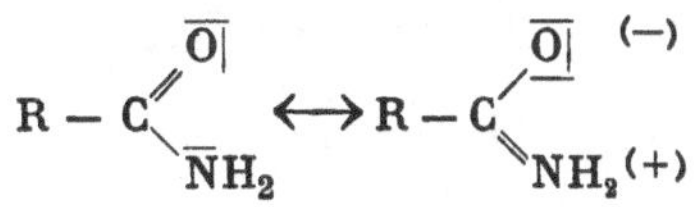

Acetamid

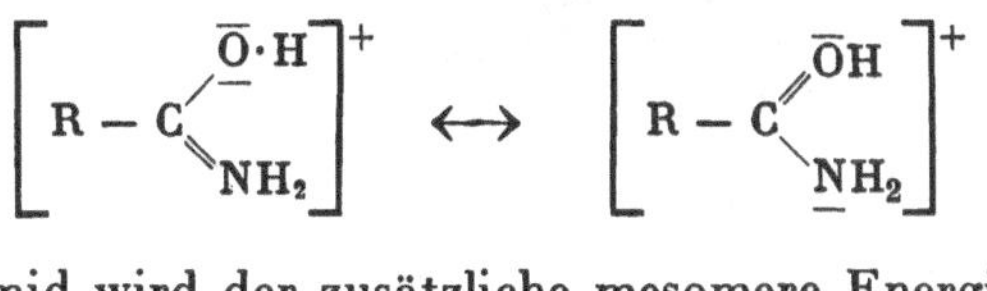

Acetamidinium

Beim Acetamid wird der zusätzliche mesomere Energiebeitrag geringer sein als im Acetamidinium-Ion, da im ersteren Falle in der einen mesomeren Grenz-

[27]) Vergleiche G. BRIEGLEB, „Zeitschrift für Elektrochemie" [53] (1949) 350.

form eine Trennung positiver und negativer Ladungsanteile eintritt, dagegen im Acetamidinium-Ion nicht. Aber auch hier wird der Mesomerieenergiebeitrag wegen der Unsymmetrie der beiden mesomeren Grenzzustände nur gering sein, was mit der geringen Basizität im Einklang wäre.

Würde sich dagegen das Proton an den N anlagern, so wäre zu überlegen, wieso durch die Nachbarschaft der C = O-Gruppe die Basizität der NH_2-Gruppen so stark *vermindert* wird, etwa im Vergleich zu einer NH_2-Gruppe im Methylamin.

1. Mesomerie nicht möglich.

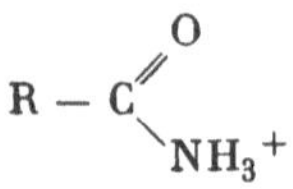

2. Induktion stabilisiert N-Oktett und erleichtert die Abtrennung des Protons.

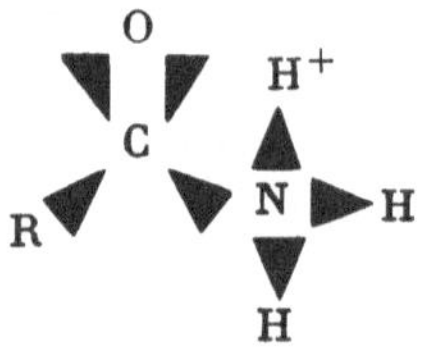

3. (μ,e) – Feldeffekt erniedrigt Bindungsenergie des Protons durch Abstoßungseffekt.

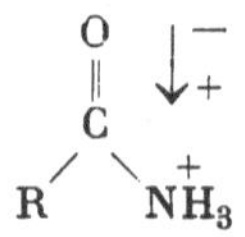

Durch die genannten Effekte verringert sich die PAE im Acetamid im Vergleich zu den primären Aminen von 214 kcal auf 197 kcal.

Im Harnstoff haben wir dieselben Effekte und Möglichkeiten zur Erklärung der geringen Basizität.

Harnstoff:

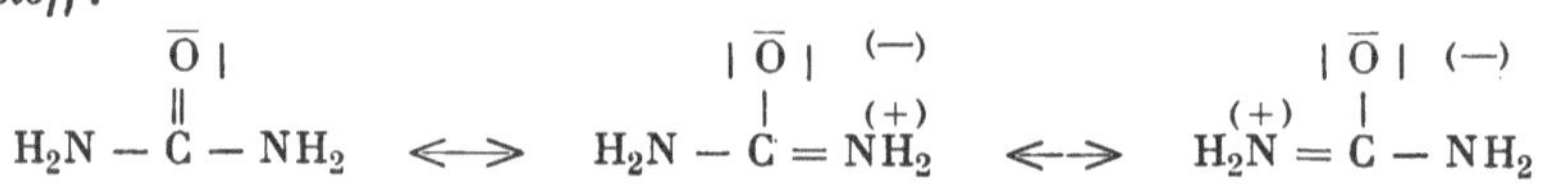

a) Das Proton lagert sich an die – C=O-Gruppe an.

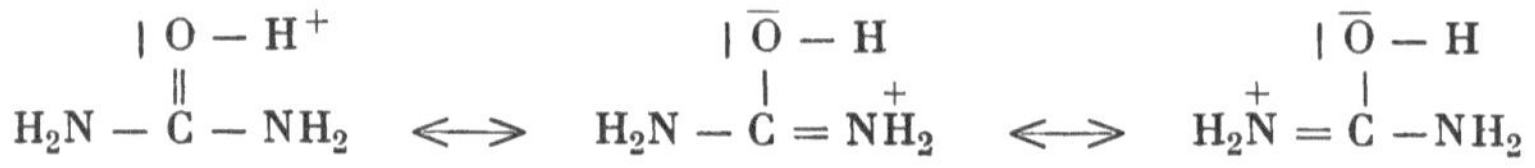

Die Mesomerie im Kation ist im Vergleich zur Neutralbase aus den oben beim Acetamid genannten Gründen begünstigt, was eine Erhöhung der PAE, also der Basizität zur Folge hat.

b) Das Proton lagert sich an die NH_2-Gruppe an.

1. Mesomerie nicht möglich.

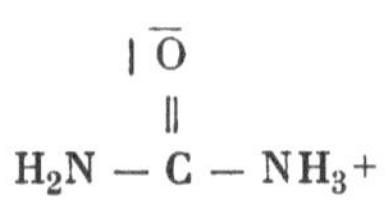

2. Induktion stabilisiert N-Oktett und erleichtert die Abtrennung des Protons.

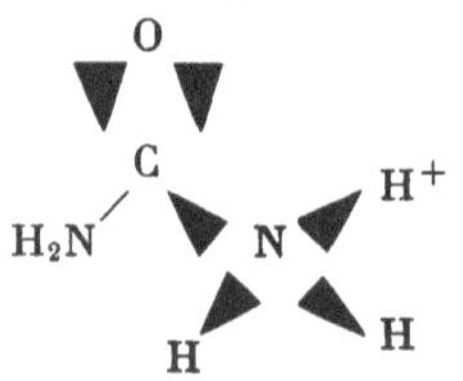

3. (μe–) Feldeffekt erniedrigt Bindungsenergie des Protons durch Abstoßungseffekt.

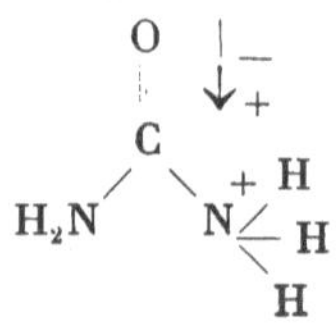

Guanidin

Anders wie bei Harnstoff verhält sich das Guanidin (Imidoharnstoff): Hier sind die möglichen mesomeren Grenzformen des Kations so symmetrisch, daß bei der Anlagerung des Protons sich die innere Energie erheblich verringert und die Protonenbindung stabilisiert. Somit ist Guanidin eine starke Base: $K_B = 3{,}18 \cdot 10^{-1}$.

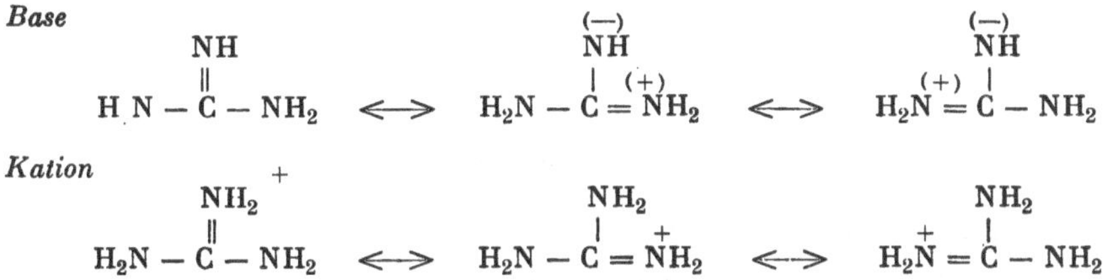

Acetamidin

Aus demselben Grunde ist Acetamidin $K_B = 2{,}59 \cdot 10^{-2}$ eine starke Base.

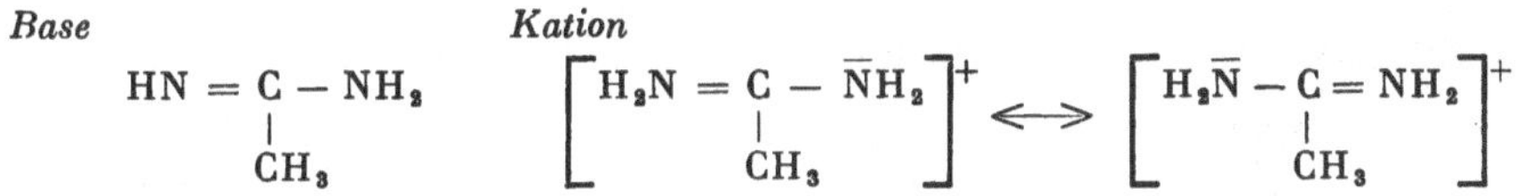

Glutakon-Diäthylimid

Wie das Acetamidin hat auch das Diimid des Glutakonaldehyds ein mesomersymmetrisches Basenkation,

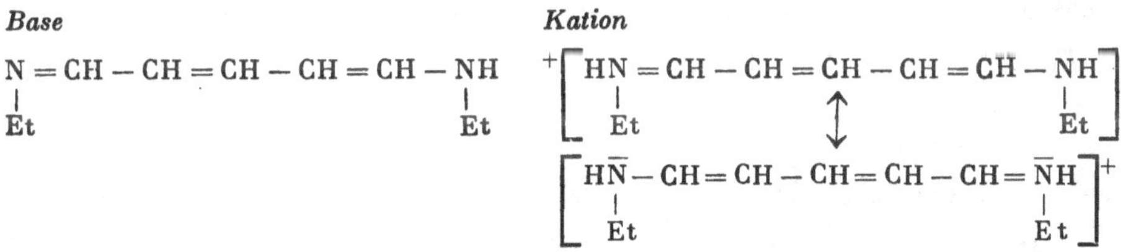

und ist dementsprechend eine rel. starke Base: $K_B = 8 \cdot 10^{-4}$, worauf SCHWARZENBACH [28]) besonders hingewiesen hat.

Anilin

Beim Anilin, dessen PAE wir mit der des Methylamin vergleichen, können wir den Vorgang der Protonenanlagerung, genau wie beim Acetamid, wieder in zwei Teilprozesse zerlegt denken:

$$PAE_{An} = PAE_{-NH_2} - \Delta BE = 215 - \Delta BE \qquad (24)$$

[28]) G. SCHWARZENBACH, „Helvetica Chimica Acta" [23] (1940) 1180.

Der Hauptteil der ΔBE ist aber die Resonanzenergie, das ist der Beitrag der „kanonischen Zustände“ im Anilin,

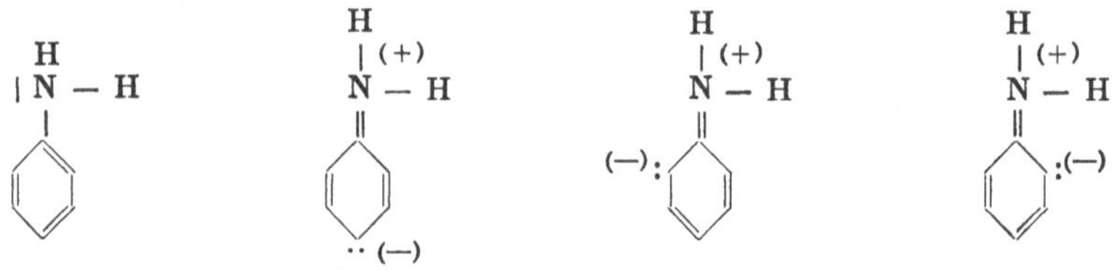

I II III IV

die im Anilinium-Ion nicht mehr vorhanden sind.

Setzen wir näherungsweise $\Delta \mathrm{BE} = \mathrm{E}_{\mathrm{Res.}}$, so läßt sich aus (24) mit $\mathrm{PAE}_{\mathrm{Anilin}} = 209$ Kcal (Tab. 2) die den kanonischen Zuständen entsprechende Resonanzenergie des Anilin zu

$$(\Delta\, \mathrm{E}_{\mathrm{Res.}})_{\mathrm{Anilin}} = 6 \text{ kcal}$$

berechnen.

Pauling[9]) berechnet auf zweierlei Weise die innere Resonanz ebenfalls zu 6 kcal.

a) Aus Bildungsenthalpien und atomaren Bindungsenergien.

b) Aus dem Verhältnis der Basenkonstanten von $CH_3 \cdot NH_2$ und $C_6H_5NH_2$ unter Vernachlässigung des Entropiebeitrages.

Dem Anilin entsprechen α- und β-Naphthylamin ($\mathfrak{K}_B = 1 \cdot 10^{-10}$ und $\mathfrak{K}_B = 2 \cdot 10^{-10}$), da diese Verbindungen nahezu dieselbe Anzahl kanonisch-mesomerer Zustände I bis IV unter Beteiligung der π-Elektronen des N zeigen wie Anilin.

Der maßgebliche Einfluß der Resonanz auf die PAE- und Basizitätserniedrigung des Anilins, im Vergleich zu den Alkylaminen, geht auch daraus hervor, daß Benzylamin $C_6H_5 \cdot CH_2{-}NH_2$ ($\mathfrak{K}_B = 2{,}35 \cdot 10^{-5}$) eine um fünf Zehnerpotenzen größere Basizität als Anilin hat. Im Benzylamin ist eine Resonanz mit dem Phenylkern, unter Beteiligung der π-Elektronen des N durch die CH_2-Gruppe unterbrochen.

Im *Phenylanilin* (Diphenylamin) $C_6H_5 \cdot NH \cdot C_6H_5$ ist dagegen die Zahl der kanonischen Mesomeriezustände unter Miteinbeziehung der N-π-Elektronen verdoppelt. Die PAE und Basizität muß daher besonders klein sein, was in der Tat der Fall ist, $\mathfrak{K}_B = 7{,}5 \cdot 10^{-14}$.

Bei den aromatischen Amidinen zum Beispiel bei *Diphenyl-Acetamidin* (D.A.)[28])

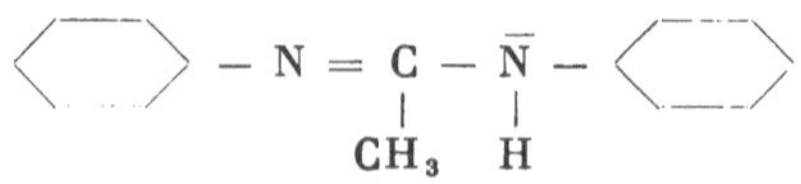

hat sowohl die rechte als auch die linke N-Phenylgruppe, die beim Anilin beschriebenen Möglichkeiten mesomerer Zustände I bis IV. Zum Beispiel:

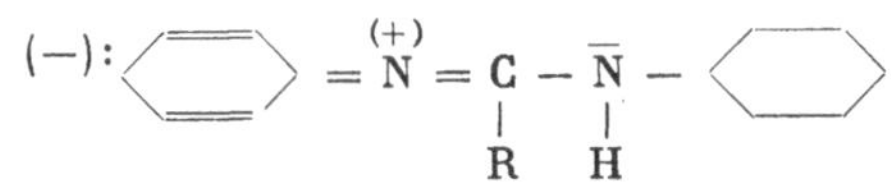

usw., oder

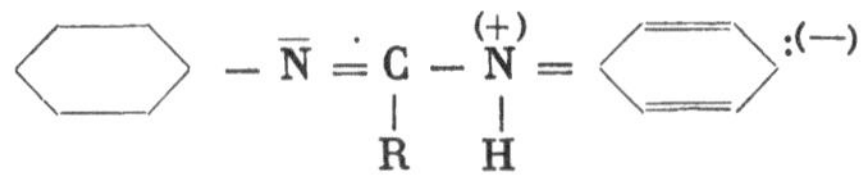

usw.

Bei dem Basenkation BH^+ kommen zu diesen mesomeren Möglichkeiten noch die beiden symmetrischen Formen:

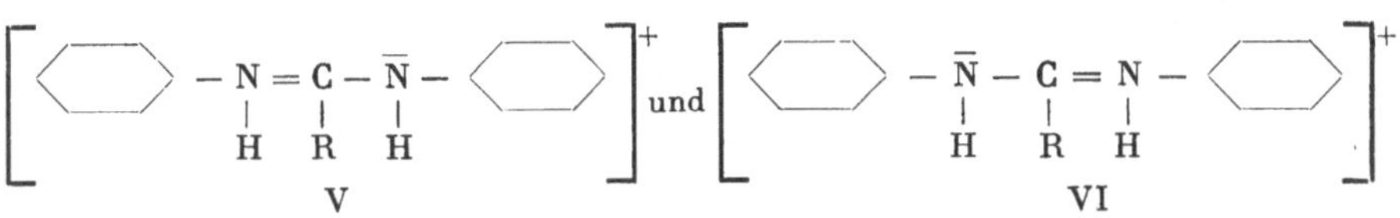

Jede der mesomeren Formen V und VI hat die Mesomeriemöglichkeiten I bis IV des Anilins. Bei V die $HN \cdot C_6H_5$-Gruppe rechts und bei VI die $HN \cdot C_6H_5$-Gruppe links. Daher werden also im Diphenyl-Acetamidin, im Gegensatz zu Anilin, durch die Mesomerie V, VI, die Mesomerien I bis IV bei der Anlagerung des H^+ nicht unterdrückt. Es wird also somit der für die kleine PA des Anilins ausschlaggebende Grund der Resonanz*verhinderung* durch die Protonenanlagerung beim D.A. hinfällig. Daher nimmt es nicht wunder, daß D.A. eine wesentlich höhere Basizität ($\mathfrak{K}_B = 2 \cdot 10^{-6}$) als Anilin hat. Die Basizität bleibt aber um ca. eine Zehnerpotenz kleiner als die der aliphatischen, tertiären Amine. Dies könnte möglicherweise mit der am N stehenden Doppelbindung in Zusammenhang stehen. Andererseits kann aber schon ein Entropieeffekt die geringe Basizitätserniedrigung verursachen. Es behindert nämlich die Mesomerie V, VI die freie Drehbarkeit in der Kette 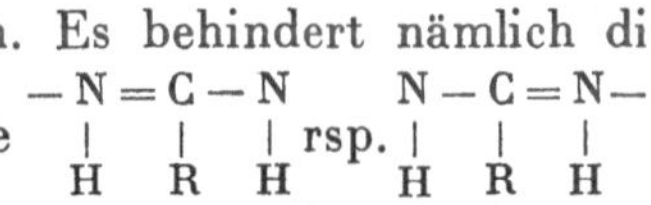, was eine Entropieabnahme beim Übergang $B + H^+ \rightarrow BH^+$ zur Folge hat, also eine Abnahme der Basizität.

1. HETEROZYKLISCHE N-BASEN

Der Einbau eines N in einen aromatischen Ring hat zwei Einflüsse auf die PA zur Folge.

Pyridin

Pyridin ($\mathfrak{K}_B = 2{,}04 \cdot 10^{-9}$) mit tertiär gebundenem N zeigt, im Vergleich zu NH_3 resp. Trimethylamin, einen auffallenden Abfall in der PAE und in der Basizität.

1. Offenbar scheint der direkte Einbau des N in ein aromatisches, resonanzfähiges System zur Folge zu haben, daß das Bindungselektronenpaar der N - H-Bindung stärker an das N gebunden wird als es etwa im Anilin der Fall ist, dadurch wird das H als Proton leichter abspaltbar (vgl. Abb. 10a).
2. Es ist außerdem durchaus möglich, daß durch die positive Ladung des in den Kern eingebauten N^+ die mesomeren, kanonischen Strukturen im Pyridinkern zur chemischen Bindung gestört werden durch eine Asymmetrisierung der Ladungsverteilung im Pyridinkern (vgl. Abb. 10b).

Der durch die Effekte 1 und 2 bedingte Abfall der PAE des N beim direkten Einbau in einen aromatischen Ring muß um so größer sein, je größer die Zahl der konjugiert ungesättigten Bindungen ist. Daher ist die Basenkonstante von Chinolin ($\mathfrak{K}_B = 3 \cdot 10^{-10}$) um zwei Zehnerpotenzen kleiner als die von Pyridin[29]).

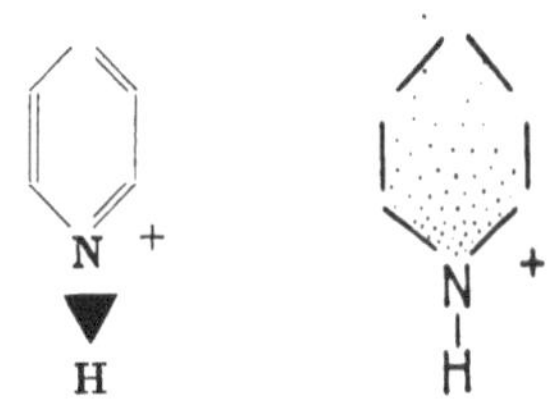

a Abb. 10 b

Imidazol und *Benzimidazol*

Ähnliche Verhältnisse liegen beim Imidazol und Benzimidazol

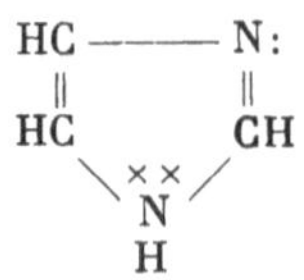

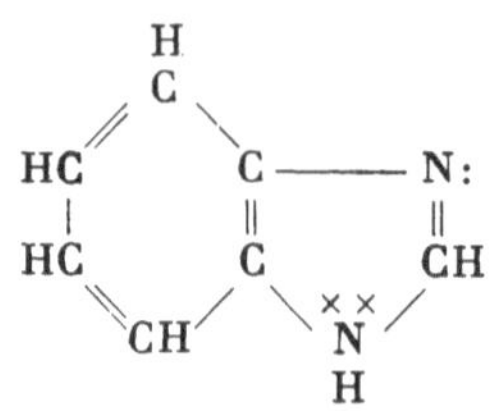

mit zwei ungesättigten Bindungen im aromatischen Ring vor. Das N-Methyl-Imidazol ($\mathfrak{K}_B = 2{,}2 \cdot 10^{-7}$) mit tertiär gebundenem N hat eine Basizität, die zwischen der des Trimethylamin und des Pyridins liegt (vgl. die Werte in Tab. 2). Die PA des N ist durch den Einbau des N in ein ungesättigtes Ringsystem erniedrigt, aber nicht in dem Maße wie bei Pyridin, welches mehr zu kanonisch-mesomeren Zuständen Anlaß gebende π-Elektronen hat. Durch die Vermehrung der Zahl der konjugierten π-Elektronen der Verbindung, also etwa beim Übergang von Imidazol zu Benzimidazol, ist nach den am Pyridin und Chinolin gemachten Erfahrungen ein weiterer Abfall der

[29]) Vergleiche auch S. R. Palit, „Journal of the Indian Chemical Society" [*25*] (1948) 127 und Anm. 27.

Basizität zu erwarten, was in der Tat der Fall ist. Benzimidazol ($\mathfrak{K}_B=3{,}4 \cdot 10^{-9}$). Es können die unter 1 und 2 beim Pyridin genannten Gründe dafür verantwortlich gemacht werden.

Auf der anderen Seite ist zu erwarten, daß der Beitrag der mesomeren Strukturen

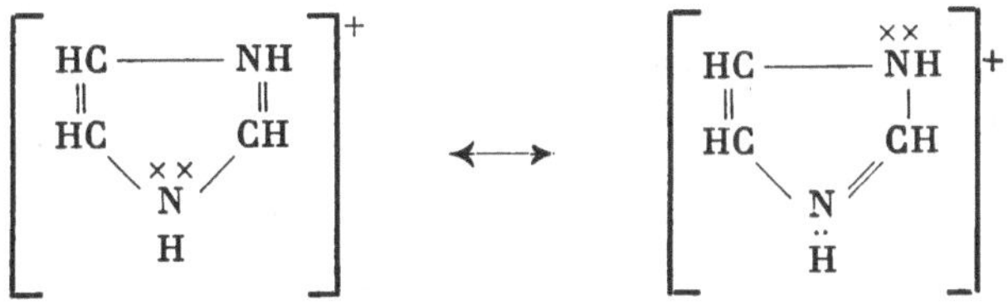

bzw.

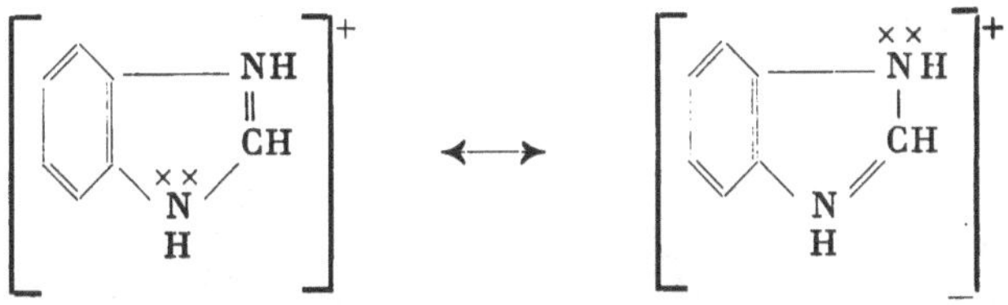

im Basen*kation* begünstigt ist, wegen der im Gegensatz zur Base im Kation vorhandenen Symmetrie in der NCN-Kette. Dies würde im Vergleich zu Trimethylamin eine *Erhöhung* der PA, also der Basizität, erwarten lassen. Jedoch scheint sich dieser Mesomerieeffekt nicht gegen die genannten, die PAE *erniedrigenden* Effekte durchzusetzen. Dies könnte damit zusammenhängen, daß nach SCHWARZENBACH[28]) die Mesomerie aus „sterischen Gründen" im Fünferring gehemmt sein soll.

V. Sterische Effekte und Säure-Basen-Stärke

Die die Basizität und Azidität beeinflussenden Mesomerieeffekte sind davon abhängig, ob die Molekülteile mit solchen Bindungen und Molekülgruppen, deren π-Elektronen an einem mesomeren Bindungszustand beteiligt sind, zueinander eine für die quantenmechanische Koppelung der Elektronenzustände günstige ebene räumliche Lage annehmen können. Wir wollen dies am Beispiel des 2-, 4-, 6-Trinitroanilins I und des N-Dimethyl-2-, 4-, 6-Trinitroanilins II erläutern.

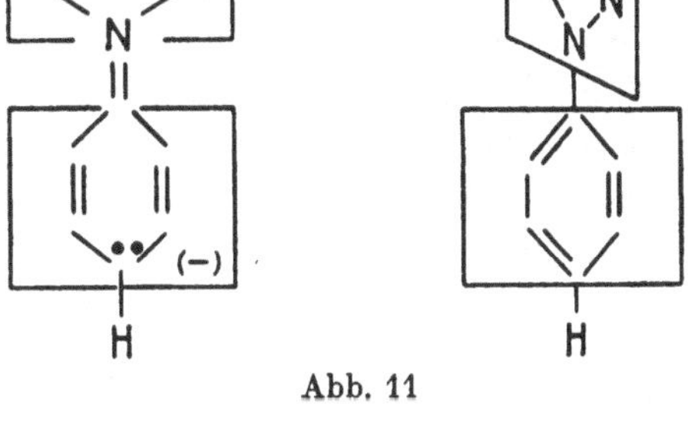

Abb. 11

Damit sich die Mesomerie im Anilin ausbilden kann, muß die H-N-H-

Ebene mit der des Phenylkerns parallel sein (vgl. Abb. 11). Es müßte nun möglich sein, durch Substituenten in 2,6-Stellung und durch Methylierung am N zu erreichen, daß sich aus Gründen der sterischen Behinderung, die CH_3-N-CH_3-Ebene *nicht* mehr zur Phenylkernebene parallel stellen kann.

Die Basenkonstante von 2-,4-,6-Trinitroanilin ($\mathfrak{K}_B = 5 \cdot 10^{-24}$) ist viel geringer als die des Anilins. Es überlagern sich zwei Effekte

a) der für die geringe Basizität maßgebende Mesomerieeffekt,

b) die vorwiegend COULOMBsche Feldwirkung der NO_2-Gruppen,

die auch für die Basizitätsverringerung beim Übergang von Anilin zu o-, m- und p-Nitranilin maßgebend sind ($\mathfrak{K}_B = 7{,}4 \cdot 10^{-15}$, $1{,}3{,}10^{-13}$ und $4{,}10^{-12}$).

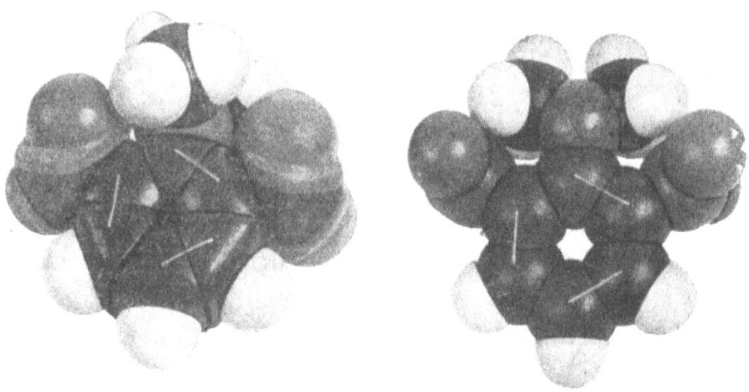

a b

Abb. 12 Kalottenmodelle des N-Dimethyl-2·6-Dinitroanilin

a) Modell mit neu berechneten STUART-Kalotten[30])

b) Modell mit bisher üblichen STUART-Kalotten

Geht man aber zum N-Dimethylpikramid (II) über, so zeigt das Modell mit den neuberechneten Atomkalotten, daß sich die CH_3-N-CH_3-Ebene nicht mehr zur Phenylkernebene parallel stellen kann (vgl. Abb. 12).

Es entfällt für (II) die unter a) genannte, für die geringe Basizität (z. B. von Anilin) maßgebende Ursache, nämlich die in der freien Base mögliche Elektromerie und deren Unterbindung durch Anlagerung eines Protons im Basenkation. Daher muß (II) etwa eine Basenkonstante haben, die im Vergleich zu (I) um den Betrag größer ist, wie die der Alkylamine im Vergleich zu Anilin. Das sind etwa fünf Zehnerpotenzen. In derTat hat II ($\mathfrak{K}_b = 2 \cdot 10^{-19}$) eine um 10^5 größere Basenkonstante als I.

---

[30]) G. BRIEGLEB, „Fortschritte der Chemischen Forschung", Bd. 1 (1950), Heft 4, S. 642.

Abb. 13 zeigt, daß sich der Basizitätsunterschied von I und II auch im Absorptionsspektrum dokumentiert. Der Ausfall mesomerer Zustände bei II, an denen π-Elektronen des N beteiligt sind, hat eine in bezug auf Lage und Zahl der Absorptionsbanden prinzipielle Veränderung der Absorption von II im Vergleich zu I zur Folge.

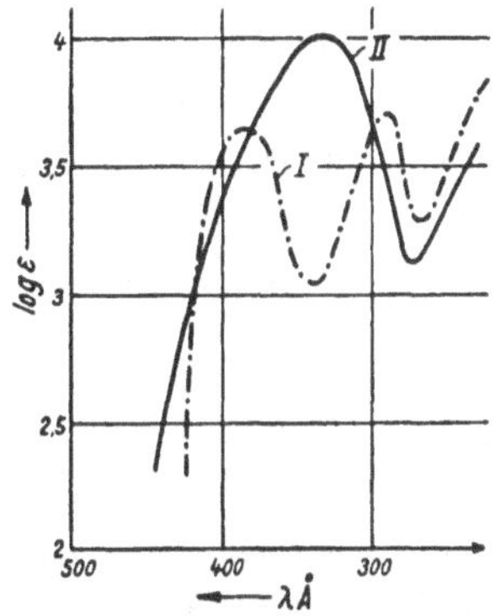

Abb. 13

Absorptionskurven log λ
I. ——— 2-, 4-, 6-Trinitroanilin
II. —·—·— N-Dimethyl-2-, 4-, 6-Trinitroanilin (c = 10^{-3} Mol/L)

Darüber hinaus eröffnet sich eine Möglichkeit, die mehr COULOMBsche Wirkung der NO_2-Gruppen auf die Basizität von -NH_2 („Feldeffekt") von den mesomeren Effekten abzutrennen. Man kann den Basizitätsunterschied zwischen Dimethylpikramid II und Anilin, wegen Fortfalls des Mesomerieanteils bei II, zu überwiegendem Anteil auf einen Feldeffekt zurückführen[31]).

G. THOMSON[32]) untersucht im Anschluß an Überlegungen von WHELAND[33]) den Einfluß der *sterischen Behinderung* auf die Basizität von Xylidinen und N-Dimethylxylidinen. In Tabelle 7 sind die von THOMSON bei t = 25° in 25%igem Alkohol gemessenen Basenkonstanten zusammengestellt.

Bei IV_b, VI_b und VII_b, noch mehr aber bei V_b kann sich die $N(CH_3)_2$-Gruppe

Tabelle 7

a) bezieht sich auf die nicht-methylierte Base und b) auf die dimethylierte Base

	III	IV	V	VI	VII	VIII
	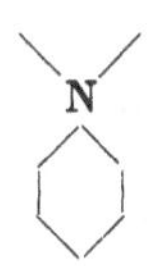	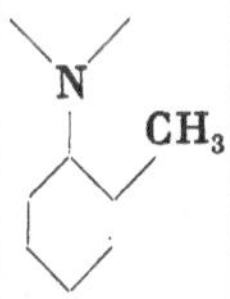	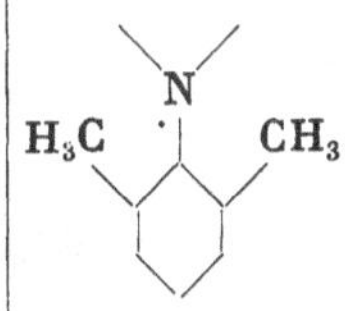	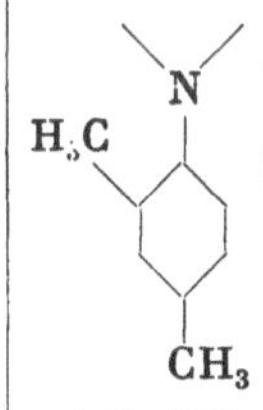	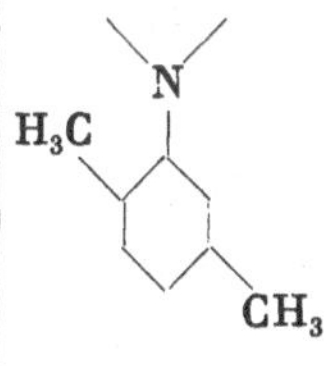	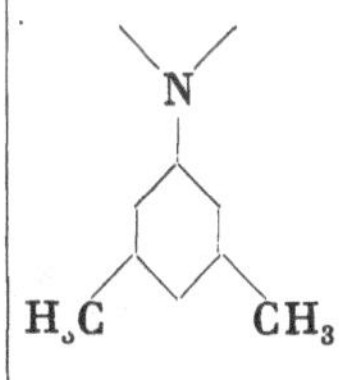
	Anilin	o-Toluidin	m-2-Xylidin	m-4-Xylidin	p-Xylidin	m-5-Xylidin
a)	$1,8 \cdot 10^{-10}$	$9,6 \cdot 10^{-11}$	$2,65 \cdot 10^{-11}$	$4,1 \cdot 10^{-10}$	$1,48 \cdot 10^{-10}$	$3,04 \cdot 10^{-10}$
b)	$1,8 \cdot 10^{-10}$	$1,18 \cdot 10^{-9}$	$4,13 \cdot 10^{-10}$	$1,92 \cdot 10^{-9}$	$1,56 \cdot 10^{-9}$	$3,04 \cdot 10^{-10}$

31) Vergleiche auch die Untersuchung von G. WHELAND, R. H. BROWNELL und E. G. MAYER, „Journal of the American Chemical Society" [*56*], 827 (1934) über Beeinflussung der Säurestärke von 2,6- und 3,5-Dimethyl-4-nitro und 4-Cyanophenolen.

32) G. THOMSON, „Journal of the Chemical Society London. 4 (1946), 1113.

33) G. W. WHELAND, „The Theoric of Resonance" (1944).

nicht mehr zum Phenylkern genau parallel stellen, wohl aber bei VIII. Entsprechend ist bei IV, VI, VII und V $(\mathfrak{K}_B)_a < (\mathfrak{K}_B)_b$. Zunächst überraschend scheint aber, daß V_b nahezu die gleiche Basizität hat wie VIII_b. Dies veranlaßt THOMSON anzunehmen, daß die Behinderung der Mesomerie infolge sterischer Verdrehung der $N(CH_3)_2$-Gruppe keinen solchen starken, wenn überhaupt einen Einfluß auf die Basizität hat, wie ein solcher von WHELAND vermutet wurde. Auch ist ja der Unterschied in den Basenkonstanten $(\mathfrak{K}_B)_a$ und $(\mathfrak{K}_B)_b$ bei IV, V, VI und VII im Vergleich zu dem entsprechenden Unterschied von I und II nur relativ gering. Wir wollen dazu folgendes bemerken:

Der Vergleich von VIII_a und V_a mit III zeigt, daß, unabhängig von sterischen Effekten, zwei CH_3-Gruppen in 2,6-Stellung zur NH_2-Gruppe die Basizität von III *erniedrigen*, dagegen in 3,5-Stellung die Basizität von III *erhöhen*. Daher braucht die Erhöhung der Basizität beim Übergang von V_a zu V_b, infolge sterischer Behinderung der Mesomerie, nicht die Basenkonstante von VIII_b zu überschreiten. Dennoch bleibt die Zunahme der Basenkonstante von V_a nach V_b evident.

Daß der Grad der Zunahme von a) nach b) bei IV, V, VI und VII nicht annähernd so groß ist, wie der beim Übergang von I nach II, erscheint auf Grund neuerer Molekülmodelle[30]) plausibel.

Wie Abb. 14 zeigt, läßt sich mit den neuberechneten, dimensionsgerechten STUART-Kalotten nachweisen, daß der Verdrehungswinkel der H_3C-N-CH_3-Ebene mit der Phenylkernebene bei II erheblich größer ist als bei V.

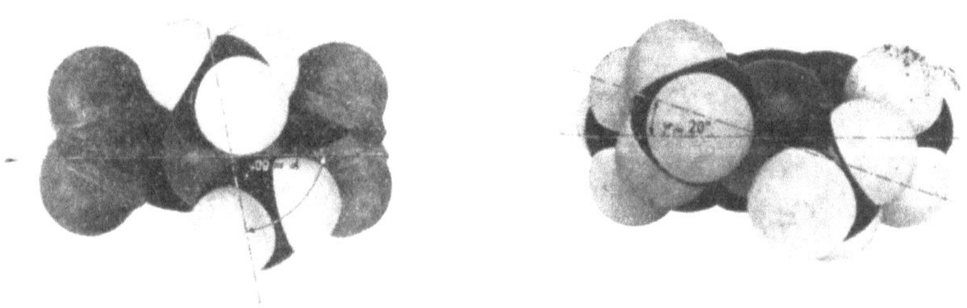

a Abb. 14 b

a) Dimethylpikramid II b) N-Dimethyl-m-2-Xylidin V_b

Atomkalottenmodelle frontal in Richtung der Phenylkern-Achse mit maßstabsgerechten, inneratomaren Abständen, nach neuen Prinzipien neu berechnet.

Der Grad der Aufhebung der Mesomerie, infolge sterischer Verdrehung der $N(CH_3)_2$-Gruppe gegen die Phenylkernebene, ist aber vom Winkel der Verdrehung abhängig[34]). Bei dem relativ kleinen Verdrehungswinkel im Fall V kann bei einer mit steigender Temperatur zunehmenden Anzahl von Molekeln die $N(CH_3)_2$-Gruppe durch energiereiche Stöße zum Durchdrehen gebracht werden[35]).

Schließlich muß noch berücksichtigt werden, daß die Basizität nicht allein vom Grad der durch Mesomerie, also auch durch sterische Effekte beeinflußbaren Protonen-Ablöseenergie des Protons vom N abhängig ist, sondern auch von der Entropie*änderung* der Reaktion: $BH^+ + H_2O = B + H_3O^+$ in wäßriger Lösung (vgl. S. 71) Diese Entropieänderung kann bei tertiären und primären Aminenrecht erheblich verschieden sein und hängt ebenfalls davon ab, ob und wie weit die $N(CH_3)_2$-Gruppe in 2,6-substituierten Aminen sterisch blockiert ist.

---

[34]) Vergleiche ähnliche Überlegungen bei K. ZIEGLER, „Zeitschrift für angewandte Chemie" [*61*], 168 (1949) und neuerdings E. MÜLLER, „Zeitschrift für angewandte Chemie" [*64*], (1952) 233, der den Einfluß der Resonanz auf die Radikalbildungstendenz zum Beispiel des Hexaphenyläthans dahingehend überprüft, ob und wie weit die bei der Radikalbildung entstehenden Triphenylmethyle wirklich eben-scheibenförmig sein können. Die Frage, wie weit mesomere Effekte durch Verdrehung der miteinander konjugierten Systeme verringert oder ganz aufgehoben werden können, bedarf einer prinzipiellen Klärung. Sollte in der Tat die Mesomerie-Energie mit cos ψ gehen [nach SEEL, [*31*], 504 (1943)], so ständen nach den Modellen in den von uns behandelten Beispielen II und V_b die Einflüsse der mesomeren Effekte auf die Basizität — d. h. also auf — RT ln K_B — im Verhältnis cos φ_{II}/cos φ_V = 0,94/0, 173 = 5,4, wie es auch de facto der Fall ist. Vergleiche dazu auch J. GUY, „Journal Chim.-Phys. Physico Chim. biol." [*46*], 469, 949.

[35]) Mit dieser Art Phänomenen hängt auch unmittelbar die Frage der mehr oder weniger starken Razemisierungstendenz atropisomerer Moleküle zusammen.

Über die Dissoziationsenergie und Elektronenaffinität des Fluors

Von E. WICKE

INHALT

I. Die spektroskopischen Verhältnisse

Die genauesten Methoden zur Ermittlung der Dissoziationsenergie zweiatomiger Molekeln sind die spektroskopischen. Man bestimmt hierbei im allgemeinen zunächst die Dissoziationsgrenze eines angeregten Molekelzustandes aus den Absorptionsbanden, die dem Elektronenübergang vom Grundzustand der

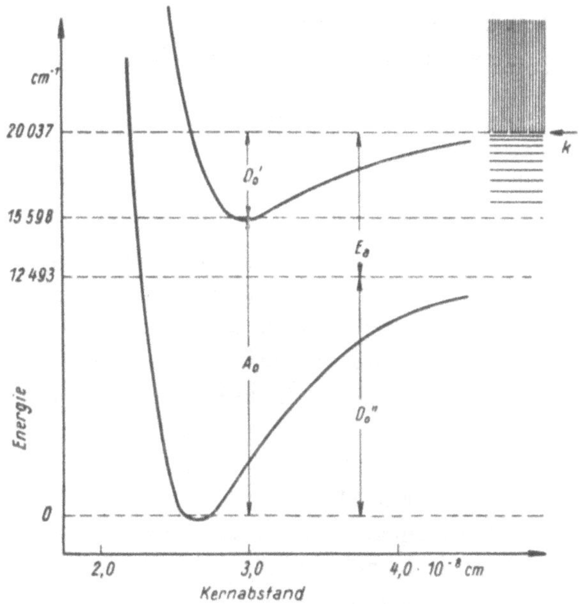

Abb. 1 Potentialmuldenbild des $^3\Pi_0{}^+ \leftarrow {}^1\Sigma^+$-Übergangs beim Jod. Rechts schematisch das Absorptionsspektrum, mit der Bandenfolge unterhalb, der kontinuierlichen Absorption oberhalb der Konvergenzstelle K (Dissoziationsgrenze des angeregten Zustandes).

Molekel zu diesem angeregten Zustand entsprechen. Abbildung 1 zeigt das betreffende Potentialmuldenschema für die Jodmolekel; D_0' ist die Dissoziationsenergie des angeregten Zustandes, A_0 seine Anregungsenergie gegenüber dem Grundzustand, $D_0' + A_0$ seine Dissoziationsgrenze. Dieser Wert kann am genauesten dann festgelegt werden, wenn es möglich ist, das Zusammenrücken der Absorptionsbanden bis zur Konvergenzstelle K, dem Beginn des Kontinuums, optisch zu beobachten. Beim Jod ist dies zum Beispiel der Fall, da der Übergang vom Nullniveau des Grundzustandes fast genau in die Dissoziationsgrenze des angeregten Zustandes führt, so daß hier das Maximum der Absorption liegt. (Elektronenübergang bei gleichbleibendem Kernabstand nach dem Franck-Condon-Prinzip, vergleiche Abbildung 1). Häufig lassen sich jedoch nur bis in die Nähe der Konvergenzstelle diskrete Absorptionsbanden beobachten; um die energetische Lage dieser Grenze selbst zu erhalten, ist dann eine in günstigen Fällen nur kurze Extrapolation erforderlich. In Abb. 2 (S. 103) ist am Beispiel der bis in unmittelbare Nähe der Konvergenz beobachtbaren Absorptionsbanden der ClF-Molekel das Prinzip einer solchen Extrapolation gezeigt[1]). — Nach Ermittlung der Dissoziationsgrenze $D_0' + A_0$ des angeregten Molekelzustandes ist noch die Kenntnis der Anregungsenergien E_a der atomaren Dissoziationsprodukte erforderlich, um aus:

$$D_0'' = D_0' + A_0 - E_a \tag{1}$$

die Dissoziationsenergie D_0'' des Grundzustandes zu erhalten, vergleiche Abbildung 1.

Bei den angeregten Zuständen der Halogenmolekeln, deren diskrete Bandenabsorption vom Grundzustand aus zur Bestimmung der Dissoziationsenergie benutzt wurde, handelt es sich stets um $^3\Pi_{0^+}$-Zustände. Diese angeregten Molekeln liefern als Dissoziationsprodukte ein normales Atom im $^2P_{3/2}$-Zustand und ein solches, das sich im oberen Zustand $^2P_{1/2}$ des Dubletts befindet, in welches der Atomgrundzustand der Halogene aufspaltet. Die Aufspaltung beträgt beim Jod 7600 cm^{-1}, Brom 3685 cm^{-1}, Chlor 881 cm^{-1} und beim Fluor 407 cm^{-1}. Aus den gemischten Halogenmolekeln JBr und JCl entsteht jeweils das leichtere Atom im angeregten, das schwerere im normalen Zustand. — Auf diese Weise ist es bisher gelungen, die Dissoziationsenergien des J_2 (35,55 kcal/mol), des Br_2 (45,44) und des Cl_2 (57,19) sowie die des JCl (49,65) und des JBr (41,90 kcal/mol) optisch sehr genau zu ermitteln. Nimmt man auch bei der Dissoziation des ClF das leichtere Atom als das angeregte, so ergibt sich für die Dissoziationsenergie der (wahrscheinlichste) Wert von D (ClF) = 60,3 kcal/mol. Doch ist die andere Möglichkeit — angeregtes Cl und normales F — die zu D (ClF) = 58,9 kcal/mol führt, zur Zeit nicht sicher auszuschließen (vgl. S. 107, Anm. 19).

[1]) Nach L. Wahrhaftig, „Journal of Chemical Physics" [10] (1942), 248.

Beim Fluor ist diese Methode bisher nicht anwendbar, da hier eine vom Molekelgrundzustand ausgehende diskrete Bandenabsorption bisher nicht beobachtet werden konnte. Die betreffenden $^3\Pi_0{}^+ \leftarrow {}^1\Sigma^+$-Übergänge, die bei den höheren Halogenen die im Sichtbaren liegende Bandenabsorption hervorrufen, sind nach den Auswahlregeln für RUSSEL-SAUNDERS-Kopplung verboten, da sich hiernach beim Elektronenübergang der Spin nicht ändern darf. Doch wird mit steigender Ordnungszahl der die Molekel zusammensetzenden Atome diese Kopplung und damit das Übergangsverbot stetig schwächer, so daß der Übergang beim Jod und Brom ohne weiteres beobachtet werden kann. Aber bereits beim Cl_2 und in noch stärkerem Maße beim ClF ist die Bandenabsorption sehr schwach, so daß mit erheblichen Schichtdicken und unter Umständen erhöhtem Druck gemessen werden muß, um sie bei diesen Molekeln noch zu erhalten. Beim Fluor tritt dieser verbotene Übergang sicher so selten auf, daß er kaum noch zu beobachten sein dürfte.

Man hat bisher vom Grundzustand der Fluormolekel ausgehend lediglich eine kontinuierliche Absorption feststellen können[2]); doch ist bislang nicht bekannt, zu welchem angeregten Zustand sie führt. Bei den höheren Halogenen sind jeweils zwei Maxima der kontinuierlichen Absorption festgestellt worden. Beim Jod ist das Hauptmaximum ganz überwiegend dem Übergang in den $^3\Pi_0{}^+$-Zustand zuzuordnen[3]), der auch für die wesentlichste Bandenabsorption (Abbildung 1) den oberen Zustand bildet. Beim Br_2 und Cl_2 sind bei den beiden gemessenen Maxima außer diesem $^3\Pi_0{}^+$-Zustand noch zwei weitere angeregte Zustände ($^3\Pi_1$ und $^1\Pi$) beteiligt[3])[4]), von denen $^1\Pi$ einen reinen Abstoßungsast ohne Potentialminimum darstellt. Allem Anschein nach gilt dies auch für den oberen Zustand der kontinuierlichen Absorption des Fluors, der betreffende Übergang ist wahrscheinlich überwiegend $^1\Pi \leftarrow {}^1\Sigma^+$.

Anläßlich der Messung dieser Absorption stellte VON WARTENBERG a. a. O. an Hand der damals bekannten Absorptionsmaxima der Halogene fest, daß die Wellenlängendifferenzen zwischen Absorptionsmaximum und Konvergenzgrenze vom J_2 zum Cl_2 mit abnehmendem Atomgewicht linear zunehmen. Diesen empirischen Zusammenhang benutzte er zur Extrapolation der Konvergenzgrenze des Fluors und erhielt daraus als Dissoziationsenergie $D(F_2) = 63$ kcal/mol. Obwohl diese Extrapolation theoretisch nicht begründet werden kann, und dabei Absorptionsmaxima miteinander in Beziehung gesetzt

[2]) H. v. WARTENBERG, G. SPRENGER und J. TAYLOR, „Zeitschrift für physikalische Chemie", Bodenstein-Festband (1931), 61.

[3]) R. S. MULLIKEN, „Journal of Chemical Physics" [4] (1936), 620.

[4]) N. S. BAYLISS, „Transactions of the Faraday Society" [33] (1937), 1339; N. S. BAYLISS und A. L. G. REES, „Journal of Chemical Physics" [7] (1939), 854.

wurden, die, wie man heute weiß, verschiedenen angeregten Zuständen zuzuordnen sind, galt dieser Wert lange Zeit als der zuverlässigste[5]).

II. Weitere Hinweise für die Dissoziationsenergie des Fluors

Elektronenaffinität des F. Eine seiner stärksten Stützen fand der angegebene VON WARTENBERGsche Wert in dem Zusammenhang mit der Elektronenaffinität A_J^- des Fluoratoms. Für die Gitterenergie von Fluoriden des Typs MeF gilt:

$$A_\Phi = B\,(MeF) + L\,(Me) + \tfrac{1}{2}\,D\,(F_2) + A_J^+ - A_J^- \qquad (2)$$

(B(MeF) = thermochemische Bildungswärme des Fluorids, L(Me) = Sublimationswärme des Metalls, A_J^+ = Ionisierungsarbeit des Metallatoms).
Bei den einfach gebauten Alkalifluoriden läßt sich die Gitterenergie A_Φ in bekannter Weise auf elektrostatischer Grundlage berechnen[6]). Hieraus ergibt sich vom LiF bis zum CsF mit $D(F_2) = 63$ kcal/mol die Elektronenaffinität des Fluoratoms zu $A_J^- = 94$ kcal/mol[7]). Dieser Wert schließt sich recht befriedigend der Reihe der übrigen Halogene: J = 72, Br = 81, Cl = 87 kcal/mol an und entspricht dem stark elektronegativen Verhalten des Fluors in chemischen Verbindungen. Außerdem stimmt er mit dem Betrag überein, den VON ANGERER und MÜLLER aus den Spektren von Alkalifluoriddämpfen ableiteten[8]). Zwar ist gerade diese Untersuchung später verschiedentlich angegriffen worden[9]), doch ist bemerkenswert, daß die gleichzeitig mit derselben Methode erhaltenen Elektronenaffinitäten von J, Br und Cl den besten heute bekannten Werten sehr nahe kommen. — Jede Erniedrigung der Dissoziationsenergie der Fluormolekel unter den VON WARTENBERGschen Wert zieht nach Gl. (2) eine halb so große Erniedrigung der Elektronenaffinität des Fluoratoms nach sich, da man die übrigen Glieder dieser Gleichung bei den Alkalifluoriden verhältnismäßig genau und sicher kennt.

Chlormonofluorid. Während des Krieges gelang es einerseits WAHRHAFTIG a. a. O. in USA, andererseits und unabhängig davon SCHMITZ und SCHUMACHER[10]) in Deutschland, das Bandenspektrum des ClF zu beobachten und

---

[5]) Vergleiche zum Beispiel G. M. MURPHY und J. E. VANCE, „Journal of Chemical Physics" [7] (1939), 806.

[6]) M. L. HUGGINS, ebenda [5] (1937), 143.

[7]) Vergleiche A. EUCKEN, „Lehrbuch der Chemischen Physik", Bd. II, 2 S. 550 ff.

[8]) E. v. ANGERER und A. MÜLLER, „Physikalische Zeitschrift" [26] (1925), 643.

[9]) L. A. MÜLLER, „Annalen der Physik" [82] (1927), 39; J. FRANCK, H. KUHN und G. ROLLEFSON, „Zeitschrift für Physik" [43] (1927), 155.

[10]) H. SCHMITZ und H. J. SCHUMACHER, „Zeitschrift für Naturforschung" [2a] (1947), 359.

daraus die Dissoziationsenergie dieser Molekel abzuleiten, vergleiche Abbildung 2. Etwa zur gleichen Zeit wurde durch direkte Vereinigung der elementaren Gase in der kalorimetrischen Bombe für die Bildungswärme des ClF ein Wert von B(ClF) = 11,6 ± 0,4 kcal/mol ermittelt[11]). Durch Kombination dieser Daten ergibt sich aus:

$$D\,(ClF) = B\,(ClF) + \tfrac{1}{2}\,D\,(Cl_2) + \tfrac{1}{2}\,D\,(F_2) \tag{3}$$

die Dissoziationsenergie des Fluors zu

$$D\,(F_2) = 2.60{,}3 - 2.\,11{,}6 - 57{,}2 = 40{,}2\ \text{kcal/mol},$$

also erheblich geringer[12]). Für die Elektronenaffinität des F folgt hieraus

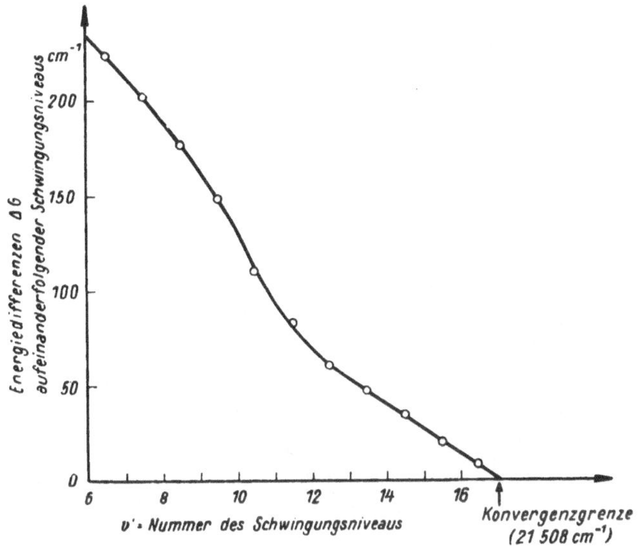

Abb. 2 Die Schwingungsquanten ΔG des angeregten Zustandes beim $^3\Pi_0{}^+ \leftarrow {}^1\Sigma^+$-Übergang des ClF. Dissoziationsenergie des Grundzustandes: $D_0'' = (D_0' + A_0) - E_a = 21\,508 - 407\ \text{cm}^{-1}$, entsprechend 60,3 kcal/mol. [für angeregtes $F\,(^2P_{1/2})$]

nach Gl. (2): A_J^- (F) = 83 kcal/mol; sie sollte also kleiner sein als die des Chlors und etwa der des Broms entsprechen. Dieses Ergebnis erscheint auf den ersten Blick etwas unglaubwürdig. Doch ist nicht daran zu zweifeln, daß die Bildung von ClF aus den Elementen als Flammenreaktion bzw. Explosion erheblich exotherm verläuft. Auch die Deutung des ClF-Spektrums dürfte sichergestellt sein, nachdem durch Ultrarot- und Raman-Messungen die aus

---

[11]) E. WICKE, „Nachr. Gött. Ges. Wiss.“ (1946), 89.

[12]) H. SCHMITZ und H. J. SCHUMACHER, „Zeitschrift für Naturforschung“ [2a] (1947) 362 erhielten für die Bildungswärme des ClF durch Umsetzen mit NaCl: B (ClF) = 15 ± 0,5 kcal/mol und gaben hiernach für D (F_2) den noch niedrigeren Wert 33,4 kcal/mol an.

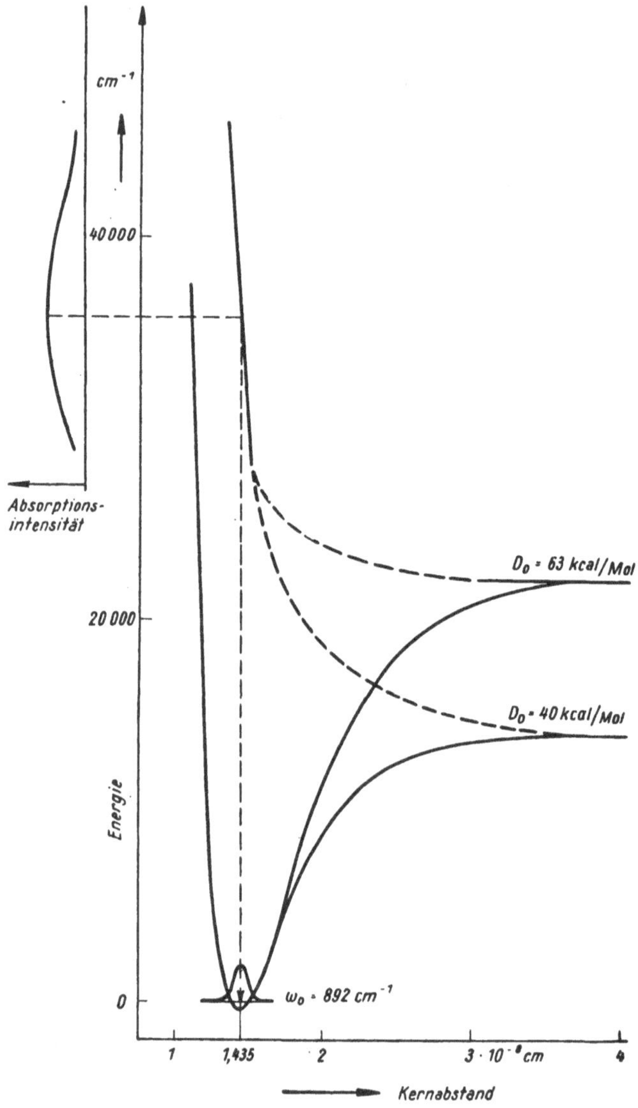

Abb. 3 Auswertung der kontinuierlichen Absorption des Fluors (oben links) zur Konstruktion der Potentialkurve (Abstoßungsast) des betreffenden angeregten Zustandes.

der Folge der Elektronenschwingungsbanden ermittelte Grundschwingungszahl ω_e (ClF) $= 793$ cm^{-1} bestätigt werden konnte[13]).

[13]) E. A. JONES, T. F. PARKINSON und T. G. BURKE, „Journal of Chemical Physics" [*18*] (1950), 235

Kontinuierliche Absorption des F_2. Es sei angenommen, daß diese Absorption, wie sie durch VON WARTENBERG gemessen wurde, einem einzigen Elektronenübergang entspricht, das heißt, daß ihr nur *ein* angeregter Zustand der F_2-Molekel zuzuordnen ist (sehr wahrscheinlich $^1\Pi$). Dann kann man aus dem Verlauf der Absorptionskurve mit Hilfe der Eigenfunktion der Grundschwingung des F_2 die Potentialkurve dieses angeregten Zustandes innerhalb des bei der Absorption ausgemessenen Frequenzbereiches konstruieren[14]). Abbildung 3 zeigt das Ergebnis dieser Konstruktion. Für die Grundschwingung des F_2 wurde hierbei der aus den Raman-Messungen von ANDRYCHUK[15]) folgende Wert von $\omega_0(F_2) = 892\ cm^{-1}$ benutzt. Die beiden gezeichneten Potentialmulden des Grundzustandes sind Morsefunktionen für die beiden zur Diskussion stehenden Werte der Dissoziationsenergie. Welcher der beiden Asymptoten der gezeichnete Abstoßungsast zustrebt, ist hiernach nicht sicher zu entscheiden. Immerhin erscheint eine Extrapolation zu der unteren Asymptote zwangloser als eine solche zu der oberen, insbesondere, wenn man den angeregten Zustand als reinen Abstoßungsast annimmt, wie in Abbildung 3 gestrichelt eingezeichnet[15a]).

Kraftkonstanten und Trennungsenergien. Mit Hilfe der soeben angegebenen Grundschwingungszahl des Fluors läßt sich seine Dissoziationsenergie in einfacher Weise abschätzen. Für die Schwingungsfrequenz zweiatomiger Molekeln gilt bekanntlich:

$$\nu_0 = \sqrt{\frac{k}{m_r}},$$

k = Kraftkonstante, $m_r = \frac{m_1 \cdot m_2}{m_1 + m_2}$ = reduzierte Molekelmasse.

Setzt man voraus, daß die Potentialmulden verschiedener zweiatomiger Molekeln einigermaßen ähnlich verlaufen, so kann man:

$$\nu_0 = C \sqrt{\frac{D}{M_r}} \tag{4}$$

D = Dissoziationsenergie, M_r = reduzierte Molmasse

setzen, worin der Wert von C für die verschiedenen Molekeln etwa derselbe sein sollte [EUCKEN[16])]. In Tabelle 1 sind die C-Werte für eine Reihe zwei-

14) Näherungsverfahren nach J. G. WINANS und E. C. G. STÜCKELBERG, „Proc. Nat. Acad. Amer." [*14*] (1928), 867; vergleiche auch G. HERZBERG, „Spectra of Diatomic Molecules", 2. Auflage 1950.

15) D. ANDRYCHUK, „Journal of Chemical Physics" [*18*] (1950), 233.

15a) Eine quantentheoretische Berechnung der angeregten Zustände der F_2-Molekel bestätigte die hier gegebene Darstellung, vergleiche F. SCHLÖGL, „Zeitschrift für Physik" [*131*] (1952) 505.

16) A. EUCKEN, „Liebigs Annalen d. Chemie" [*440*] (1924), 111; „Energie- und Wärmeinhalt", Bd. VIII, 1 v. Wien-Harms, Handbuch der Experimentalphysik, S. 701, Leipzig 1929.

atomiger Molekeln zusammengestellt, die sich im periodischen System in der Nachbarschaft des Fluors befinden.

In den Horizontalreihen bleiben hiernach die C-Werte annähernd konstant, während sie in den Spalten von unten nach oben ansteigen. Auf diese Weise läßt sich der unbekannte C-Wert des Fluors zwischen 13 und $11{,}5 \cdot 10^{12}$ eingabeln, was einer Dissoziationsenergie von $D(F_2) = 40 - 50$ kcal/mol entspricht.

Tabelle 1 $C \cdot 10^{-12}$ nach Gl. (4)
(ν_0 in sek^{-1}; D in kcal/mol)

C_2 13,1	N_2 12,4	O_2 12,2	F_2 ?
	PN (10,3)	SO {11,4; 10,1}	ClF 10,6
	P_2 {8,5; 9,4}	S_2 9,8	Cl_2 9,4
	As_2 8,2	Se_2 9,4	Br_2 9,1
		Te_2 8,3	I_2 8,6

Aus einer Reihe von Trennungsenergien von 7-Elektronen-Systemen

$$D\,(H_3C \ldots CH_3) = 90 \text{ kcal/mol}$$
$$D\,(H_2N \ldots NH_2) = 60^{17)} \text{ kcal/mol}$$
$$D\,(HO \ldots OH) = 52 \text{ kcal/mol}$$

folgt ebenfalls ein Wert ähnlicher Größe, während $D(F_2) = 63$ kcal/mol in diese Reihe nicht hineinpaßt.

Wärmeleitfähigkeit des F_2. Die Wärmeleitfähigkeit eines Gases bietet eine sehr empfindliche Nachweismethode beginnender Dissoziation, da die Dissoziationsprodukte, längs des Temperaturgefälles diffundierend, ihre gesamte Dissoziationsenergie transportieren. Mit beginnender Dissoziation steigt daher die Wärmeleitfähigkeit verhältnismäßig steil an. Mit der Schleiermacherschen Hitzdrahtmethode (radiales Temperaturgefälle um einen elektrisch geheizten Draht) ist dieser Effekt zum Beispiel beim J_2 und Br_2, aber auch beim N_2O_4, verhältnismäßig leicht nachzuweisen. Beim Fluor sollte er mit einer Dissoziationsenergie von 40 kcal/mol unter normalen Drucken bei Temperaturen um 500° C auftreten. Messungen mit einem geheizten Nickeldraht in einem auf normaler Temperatur befindlichen Glaszylinder zeigten bis zu Drahttemperaturen von 1000° C hinauf diesen Effekt nicht[18]). Allerdings

[17]) Nach M. Szwarc, „Journal of Chemical Physics" [*17*] (1949), 505.
[18]) E. Wicke, „Zeitschrift für Elektrochemie" [*53*] (1949), 212.

waren die Messungen oberhalb 500° C infolge unreproduzierbarer Änderungen des Drahtwiderstandes, hoher Strahlungsverluste u. a. recht unsicher. Zur Zeit werden solche Wärmeleitmessungen in einem ganz aus reinem Nickel gefertigten Gefäß mit großer Sorgfalt wiederholt. Dabei wird das gesamte Meßgefäß auf entsprechende Temperatur gebracht und der zentrisch ausgespannte Draht nur um wenige Grade gegenüber der Zylinderwand überhitzt. Diese Methode ist naturgemäß wesentlich empfindlicher als die vorher erwähnte, bei der über den gesamten Temperaturabfall vom geheizten Draht bis zur kalten Gefäßwand integriert wurde. Allerdings konnten diese genaueren Messungen bisher nur bis zu 400° C hinauf erstreckt werden[19]).

III. Elektronegativität und Elektronenaffinität

Obwohl es bisher nicht gelungen ist, eine Dissoziation des Fluors an Hand seiner Wärmeleitfähigkeit nachzuweisen, scheint es nach dem Vorhergehenden unumgänglich, für die Dissoziationsenergie dieser Molekel einen verhältnismäßig geringen Wert anzunehmen. Die außerordentliche Aggressivität des Fluors kann dann darauf zurückgeführt werden, daß die Molekel so leicht in die Atome aufspaltet wie etwa Jod, andererseits aber bei der Verbindungsbildung mit anderen Elementen erhebliche Reaktionswärmen freisetzt. Folgende Gegenüberstellung von Dissoziationsenergien bzw. mittleren Valenzenergien (in kcal/mol) möge hiervon einen Eindruck geben:

D (HF) = 136	$\bar{E}$ (C—F) = 109
D (H_2) = 103	$\bar{E}$ (C—H) = 86
D (HCl) = 102	$\bar{E}$ (C—Cl) = 75
D (HO) = 100,5	

Diese hohen Bindungsenergien kommen bekanntlich dadurch zustande, daß sich beim Fluor den homöopolaren Bindungsanteilen starke Ionenbindungen überlagern. Fluorwasserstoff ist beispielsweise ebenso stark polar wie die Molekeln von Alkalihalogenid-Dämpfen. Wie an anderer Stelle ausgeführt[20]), deutet ein Vergleich der Ionenradien, Polarisierbarkeiten, magnetischen

[19]) Inzwischen wurden sie bis zu 515° C (E. U. FRANCK, und E. WICKE, „Zeitschrift für Elektrochemie" [*55*] (1951) 643) und neuerdings bis über 700° C ausgedehnt, ohne daß sich ein Anzeichen beginnender Dissoziation zeigte. Andererseits ergaben Explosionsmessungen von F_2-H_2- und von F_2-Cl_2-Gemischen (H. FRIZ, Dissertation Göttingen 1952) tatsächlich $D(F_2) = 37{,}1 \pm 1$ kcal/mol (bezogen auf 0° abs). Dieses Ergebnis steht in guter Übereinstimmung mit Angaben von R. N. DOESCHER, „Journal Chem. Physics" [*20*] (1952) 330, der aus gasthermometrischen Messungen $D(F_2) = 37{,}7 \pm 0{,}4$ kcal/mol (bei etwa 650° C) ableitete, und mit dem Bandenspektrum des ClF, wenn man für dessen optischen Zerfall normales F und angeregtes Cl annimmt (vgl. S. 100). Weshalb sich bei den Wärmeleitfähigkeitsmessungen die Dissoziation des Fluors nicht bemerkbar macht, ist z. Z. Gegenstand besonderer Untersuchungen.

[20]) E. WICKE, „Die Naturwissenschaften" [*33*] (1946), 132.

Suszeptibilitäten u. a. auf eine besonders dichte Packung der Elektronenhülle des Fluors hin, d. h. sie ist dichter, als man aus der Reihe der höheren Halogene erwarten sollte. Daher stellt das Fluor als Bindungspartner ein Zentrum besonders konzentrierter heteropolarer Kraftwirkungen dar, das die Elektronenhüllen seiner Nachbarn stark zu deformieren und beträchtliche Ionenbindungen zu entwickeln vermag.

Auf solche heteropolare Bindungsanteile gründet sich der Begriff der „Elektronegativität" nach Pauling [21]). Dieser Begriff beschreibt somit das Verhalten von Atomen, die sich im Zustand der Bindung an andere Elemente befinden. Er hat daher mit den betreffenden freien Atomen ebenso wenig zu tun wie etwa der „Valenzzustand" gebundener Atome mit den angeregten Elektronenzuständen freier Atome[22]). Es ist durchaus möglich, daß die Elektronegativität gebundenen Fluors — die nach wie vor die stärkste aller Elemente bleibt — mit der Elektronenaffinität des freien Fluoratoms nicht parallel geht.

Bei der Bindung zweier Fluoratome miteinander fallen die Ionenanteile der Bindungsenergie fort, die sich ergebende Bindungsfestigkeit innerhalb der F_2-Molekel ist daher verhältnismäßig klein (geringe gegenseitige Überlappung der verhältnismäßig starren Elektronenhüllen). Auch ist der Einbau eines weiteren (achten) Elektrons in die ohnehin schon dicht gepackte Elektronenhülle eines freien Fluoratoms energetisch nicht so begünstigt, wie man nach den beträchtlichen Polarisierungseffekten gebundenen Fluors annehmen sollte. Es dürften hier bei der unmittelbaren Einlagerung des zusätzlichen achten Elektrons in die Elektronenhülle des F-Atoms Abstoßungskräfte wirksam werden, welche die Elektronenaffinität des freien F-Atoms auf einen geringeren Betrag herabdrücken, als man nach dem Verhalten des Fluors in chemischen Bindungen erwarten sollte. Ähnliche Verhältnisse sind wahrscheinlich bei dem im periodischen System benachbarten Sauerstoff anzunehmen. Der Reihenfolge der Elektronenaffinitäten entsprechend, sind die Halogene und der Sauerstoff in folgender Weise anzuordnen:

$$Cl = 87, \quad F = 81, \quad Br = 81, \quad J = 72, \quad O = 53{,}5^{23)} \text{ kcal/mol},$$

während die Reihe der Elektronegativitäten der betreffenden Atome im gebundenen Zustand nach Pauling vom Fluor und Sauerstoff angeführt wird.

Göttingen, 26. 10. 1951 *E. Wicke.*

[21]) L. Pauling „The Nature of the Chemical Bond" Ithaca, New York und London, 2. Auflage, (1948).

[22]) Pauling betont selbst („Journal of the American Chemical Society" [*54*] (1932), 3582, daß die Eigenschaft der „Elektronegativität" nicht analog ist der Elektronenaffinität der Atome.

[23]) M. Metlay und G. E. Kimball, „Journal of Chemical Physics" [*16*] (1948), 774.

Alte und neue Probleme der Physikalischen Chemie des Sinterns [1]

Von F. SAUERWALD

[1]) Vergleiche auch den Vortrag über Sintervorgänge auf dem Internationalen Kongreß in Graz 1948 (referiert in der „Österreichischen Chemikerzeitung" [49] (1948) S. 183) und „Metallwirtschaft" [20] (1940) S. 649 und 671).

INHALT

I. Einleitung

Die physikalisch-chemischen Vorgänge, die zum Beispiel eine *Metallkeramik*, das heißt den Aufbau von Metallkörpern aus Metallpulvern, ermöglichen, sind die *Sintervorgänge*. Solche Sintervorgänge kommen bei den verschiedenartigsten Stoffsystemen vor, sie sind deshalb auch recht verschiedenartiger Natur, und der Begriff des Sinterns ist von vornherein im älteren Sprachgebrauch nicht gerade sehr eindeutig bestimmt. Im allgemeinen sieht man

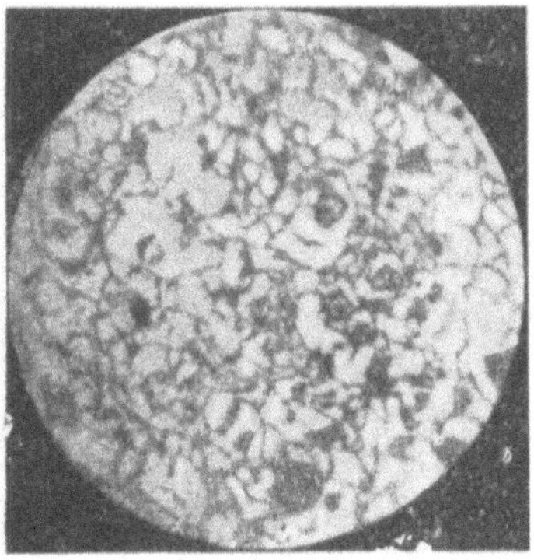

Abb. 1 a

Abb. 1 b

Abb. 1a Fe gesintert bei 760° 660 ×
Abb. 1b Fe gesintert bei 1205° 660 ×

als *charakteristisch* für einen Sintervorgang an, daß Partikel, die zunächst ein loses *Pulverhaufwerk* bilden, unter dem Einfluß bestimmter Bedingungen, vor allem erhöhter Temperatur, zu einem *festeren und dichteren Konglomerat* ohne Aufgabe ihres wesentlich festen Zustandes zusammentreten und schließlich einen ausgesprochen festen Körper bilden. Mit zunehmender Temperatur, der ein Pulver zur Erzielung der Sinterung ausgesetzt war, tritt eine *Steigerung* von *Festigkeit* und *Dichte* ein. Mit der Zunahme der Dichte ist natürlich im allgemeinen eine *Schrumpfung* der äußeren Dimensionen des Körpers verbunden. Dies sind die wesentlichsten äußerlich erkennbaren Effekte der Sinterung. Im Mikroskop ist der Aufbau gesinterter Körper aus den einzelnen Pulverkörnern, neben denen noch Poren vorhanden sind, leicht erkennbar (Abbildung 1a). Die Körner können bei höheren Temperaturen wachsen (Abbildung 1b). Die Poren nehmen, wie die Abbildung auch erkennen läßt, gewöhnlich dabei an Zahl ab

Es können diese Vorgänge unter Vermittlung geringer Mengen einer flüssigen Phase oder zähamorpher Stoffe geschehen oder auch nicht. Treten nur feste Phasen auf, so tritt das Typische des Sintervorganges besonders deutlich hervor, während im ersteren Falle der Vermittlung durch geringe Reste von Flüssigkeiten die anderweitig bekannten Gesetze der Kristallisation von Flüssigkeiten oder Lösungen wesentlich bestimmend für die Bildung des Festkörpers sind; es sind dies dieselben, die auch für die Bildung eines Gesamtkörpers nur aus einer flüssigen Phase maßgebend sind, sie enthalten daher nichts für die Sinterung besonders Charakteristisches.

Wir werden uns deshalb, um das Wesentliche des einfachsten Sintervorganges erkennen zu können, hauptsächlich mit den *Sintervorgängen ohne Vermittlung einer flüssigen Phase* befassen, für die früher auch wegen ihrer grundsätzlichen Bedeutung eine besondere Bezeichnung als Frittvorgänge vorgeschlagen worden war.

Eine der wesentlichsten Beobachtungen, die man frühzeitig bei der systematischen Untersuchung der Sintervorgänge machen konnte, war die, daß zum Beispiel *ein bestimmtes Metall*, in Form verschiedener Pulver, in *sehr verschiedenem Maße* einer *Sinterung fähig* ist. Um die wesentlichsten Gesetze, die die Sinterung bestimmen, ermitteln zu können, suchte man sich natürlich zunächst *die* Pulver aus, die die besten Sinterungseffekte zeigten, die also am leichtesten Festkörper mit gut beobachtbaren Strukturen und guten Festigkeiten ergeben. Es gelang dadurch in der Tat wohl, das Wichtigste zunächst zu erkennen, aber ebenso wesentlich wird es für den Verlauf der Entwicklung auch sein, die größere Mannigfaltigkeit der Faktoren zu ermitteln, die in der Gesamtheit der Erscheinungen, auch der im technischen Sinne ungünstigen, enthalten ist. Dies ist sowohl von Bedeutung für die wissenschaftliche Durchdringung des Gebietes, als auch für den darauf fußenden technischen Fortschritt. In der Tat kann man als *ein* Kennzeichen der jetzigen Erforschung der Pulvermetallurgie auch hervorheben, daß jetzt, nachdem *früher die Hauptfaktoren* in ihrer grundsätzlichen Wirksamkeit wenigstens qualitativ festgestellt worden sind, man sich wesentlich der Frage zuwendet, durch *welche besonderen Strukturgegebenheiten* in den Pulvern die besonderen Eigenschaften eines individuellen Metallpulvers, besonders hinsichtlich seiner Verarbeitbarkeit, gegeben sind. — Daher jetzt die verhältnismäßig große Anzahl von Untersuchungen über die Definierbarkeit, Preßbarkeit und Sinterfähigkeit der auf verschiedenem Wege hergestellten Pulver. Es soll deshalb auch im folgenden — ausgehend von den allgemeinsten Vorstellungen über die einfachsten Sintervorgänge — die Frage behandelt werden, welche Kenntnisse uns die Physikalische Chemie, insbesondere die Physikalische Chemie der Oberflächen, an die Hand gibt, um die *Abwandlungen der grundsätzlichen Sintervorgänge durch weitere Faktoren* verstehen zu können, ein Versuch, der bereits in einer früheren Abhandlung[2]) begonnen worden war.

Ein *weiteres* Kennzeichen der jetzigen Entwicklung, die augenblicklich, besonders in Amerika, eine Rolle spielt, ist der Versuch, den Ablauf der Sintervorgänge *theoretisch auch quantitativ zu deuten.*

II. Die einfachsten Grundphänomene beim Sintern

Die allereinfachsten Vorbedingungen für das Sintern sind dann gegeben, wenn zwei Oberflächen, die zwei möglichst weitgehend im Strukturgleichgewicht befindlichen Pulverteilchen angehören, einander in Reichweite der atomaren Kraftfelder gegenübergestellt werden. Es können dann erstens die atomaren Kraftfelder der jeweils obersten Atomschichten miteinander in Wechselwirkung treten und gewissermaßen ineinander einschnappen, und zweitens kann eine Einordnung der Atome der einen Oberfläche in die andere stattfinden, wenn die freie Energie in der Anordnung der letzteren geringer ist und die Beweglichkeit der Atome entsprechend der herrschenden Temperatur für einen solchen Vorgang ausreicht. Die beiden verschiedenartigen Vorgänge kann man kurz auch als erstens *Adhäsion oder Adsorption* und zweitens *Kristallisation bezeichnen.*

Unter den einfachsten Bedingungen, die kurz unter dem Namen „*Strukturgleichgewicht*“ zusammengefaßt sind, hängen diese Vorgänge von weiteren Faktoren nicht ab. Es wird darunter ein Zustand verstanden, der jeder einzelnen Oberfläche ein Höchstmaß von Stabilität verleiht. Es herrschen dann also an den einzelnen der betrachteten Oberflächen und auch im Innern jedes Pulverteilchens keine Instabilitäten, die in einzelnen Teilchen bereits Tendenzen zu Veränderungen mit sich bringen würden, also *kein Übermaß an Fehlstellen* über das für einen Realkristall Charakteristische hinaus, *keine zu feine Unterteilung* bzw. Aufrauhung der Oberfläche, die thermodynamisch eine Instabilität mit sich bringen würde, *keine* Instabilität auf Grund mechanischer *Deformationsvorgänge*, ebenso *keine äußeren mechanischen Drucke.* Zur Definition einer solchen einfachsten Oberfläche gehört ferner das *Fehlen* von Beladungen mit *Fremdstoffen*, insbesondere auch adsorbierten Gasen.

Diese einfachen Verhältnisse sind experimentell gar nicht einfach zu verwirklichen. Man näherte sich ihnen weitgehend, als man[3]) reinstes Cu_2O - Pulver mit MgO gemischt in Wasserstoff reduzierte und 50° über den Schmelzpunkt des Kupfers erhitzte. Es entstanden kugelförmige Kupferpartikeln mit 0,07

[2]) F. Sauerwald, „Kolloidzeitschrift“ [*104*] (1943) S. 144.

[3]) F. Sauerwald und L. Holub, „Zeitschrift für Elektrochemie“ [*39*] (1933) S. 750.

bis 0,14 mm Durchmesser und möglichst glatter Oberfläche, die meist Einkristalle darstellten. Durch Schlämmen und Behandlung mit verdünnter Essigsäure wurden sie von der Magnesia befreit, die sie bei der Herstellung am Zusammensintern hatte hindern sollen. An diesem Pulver wurden Sinterversuche in Wasserstoffatmosphäre angestellt und festgestellt, daß sie *ohne jeden mechanischen Druck einen Zusammenhalt* auch schon beim Sintern bei tiefen Temperaturen im Haufwerk geben und daß sie ein — wenn auch träges — *Kristallisationsvermögen* im oben beschriebenen Sinne bei genügend hoher Temperatur aufwiesen. Abbildung 2 zeigt, wie ein Kristallit eines Kügelchens in eine andere Kugel hineingewachsen ist. Also sind zwischen weitgehend im Gefügegleichgewicht befindlichen Partikeloberflächen die beiden obengenannten Grundphänomene nachgewiesen. Die vorhandene H_2-Atmosphäre (s. u.) dürfte keinen Einfluß auf diese grundsätzliche Feststellung gehabt haben.

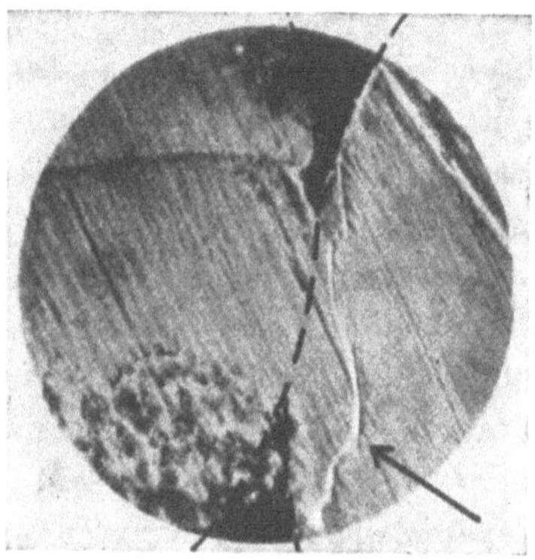

Abb. 2 Gestrichelt: alte Kugeloberflächen; Pfeil: neue Kristallitengrenze

Ähnliche in dieser Weise möglichst gut definierte kugelförmige Partikel für Sintervorgänge haben in neuerer Zeit besonders in amerikanischen Arbeiten[4]) [5]) weitere Anwendung bei quantitativen Versuchen erfahren.
Doch bedürfen selbst diese einfachen Formulierungen gewisser ergänzender Betrachtungen vom Standpunkt der neuesten Erkenntnisse über Oberflächenstrukturen. *Wie sehen die möglichen reinen Oberflächen von Metallkristallen aus*[1])? Und wie beschaffen sind die Kräfte, die in ihnen und zwischen ihnen wirken?

Es ist zunächst die Frage, ob *abgesehen von der thermischen Bewegung* der Gitterbausteine auch unter den einfachsten Bedingungen eine „*glatte*" Oberfläche von Kristallen möglich ist. Diese Frage wäre für unsere Probleme wohl die wichtigste, denn von ihrer Beantwortung hängen die Möglichkeit der *Annäherung zweier fester Oberflächen* und ihr Ausmaß offenbar ab. Sie ist bei Ionenkristallen, die uns ja aber wenigstens zunächst weniger interessieren, besser studiert und beantwortet als bei Metallkristallen. Die freien Oberflächenenergien bzw. Anlagerungsenergien verschieden indizierter Ober-

---

[4]) G. C. KUCZYNSKI, „Metals Transactions". Febr. 1949, S. 169.
[5]) J. H. DEDRICK und A. GERDS, „Journal of Applied Physics" [*20*] (1949) S. 1042.

flächen eines Kristalls sind zum Teil sehr verschieden. Daraus folgt, daß verschiedene Flächen eines Kristalls verschieden leicht entstehen können und daß beliebige makroskopische Flächen im allgemeinen in atomaren Dimensionen aus aneinandergereihten Treppen der stabilsten Flächenarten bestehen. Bei NaCl zeigt sich so, daß eine makroskopische (110) Fläche aus Treppen aus kleinen Würfelflächen (100) besteht. Mit anderen Worten, es ist im allgemeinen eine *atomare Rauhigkeit* der Kristalloberflächen anzunehmen. Auch bei den nicht polaren Metallkristallen dürfte nach Feststellungen von COCHRANE und von LAUE[6]) allgemein etwas Derartiges vorliegen, wenn diese auch nur an dünnen Schichten gemacht worden sind. Aus den (110) Ebenen, die etwa bei Co makroskopisch eine Oberfläche darstellen, ragen oktaedrisch begrenzte Vorsprünge bis zu $6 \cdot 10^{-7}$ cm heraus, deren Grenzflächen voll mit Atomen besetzt sind. Diese Vorsprünge sind bis etwa 20 Atomgitterparameter des Co oder 25 Atomdurchmesser hoch.

Eine *Aufrauhung in etwas gröberen Dimensionen* wird außerdem noch wahrscheinlich gemacht dadurch, daß ein Kristall nicht im ganzen homogen ausgebildet wird, sondern im allgemeinen aus Gitterblöcken besteht, deren Orientierung ein wenig gegeneinander verschoben ist. Wie sich dies auf die Oberfläche auswirken kann, kann man einer Abbildung von GRAF[7]) entnehmen, wo die hier als Lamellen gezeichneten Blöcke verschieden aus der Oberfläche herausragen. Diese Blöcke haben eine Dicke von 10^{-3} bis 10^{-4} mm und können im Mikroskop beobachtet werden.

Schon aus diesen für die Gleichgewichtsformen von Kristalloberflächen geltenden Beobachtungen geht hervor, daß die *Berührung* selbst makroskopisch ebener *kristalliner Oberflächen*, in atomaren Dimensionen gesehen, eine nur an verhältnismäßig *wenig Punkten mögliche* Annäherung auf Reichweite der Atomkräfte bedeutet, wenn nicht gerade zufällig zum Beispiel die Oberflächen gleich einfach indiziert sind. Infolgedessen ist — besonders bei tiefer Temperatur — die Herstellung von Bindungen zwischen solchen Oberflächen durch bloße Annäherung ein verhältnismäßig seltenes und unwahrscheinliches Ereignis. Die Problematik dieser Fragen und unser geringes Wissen darüber wird schon hier klar.

Nun aber zu den *kinetischen Zuständen an der Oberfläche.* Bei genügend tiefen Temperaturen werden ebenso wie im Kristallinnern Platzwechsel in *einer* Kristalloberfläche, geschweige denn *zwischen* zwei Kristalloberflächen, verhältnismäßig sehr selten sein. Wir haben bei Erhöhung der Temperatur zunächst nur damit zu rechnen, daß die *Amplituden der Atomschwingungen*

---

[6]) Annalen der Physik [*29*] (*937*) 211.

[7]) „Zeitschrift für Elektrochemie" [*104*] (1943) S. 148

größer werden und damit naturgemäß die *Reichweite der Anziehungskräfte* der Atome, die selbst als wesentlich temperaturunabhängig angesehen werden können, etwas vergrößert wird. Damit wird offenbar die gegenseitige Adhäsion von Oberflächen etwas erleichtert. Tritt sonst keine Veränderung in den Oberflächen ein, so geht mit sinkender Temperatur die erzielte Adhäsion jedenfalls *wieder zurück*. Ist die Haftwirkung jedoch so groß, daß die Schwere oder Reibung bei einer notwendigen Verformung der angehefteten Partien bei sinkender Temperatur überwunden werden kann, so kann die erzielte Adhäsion *verbleiben*.

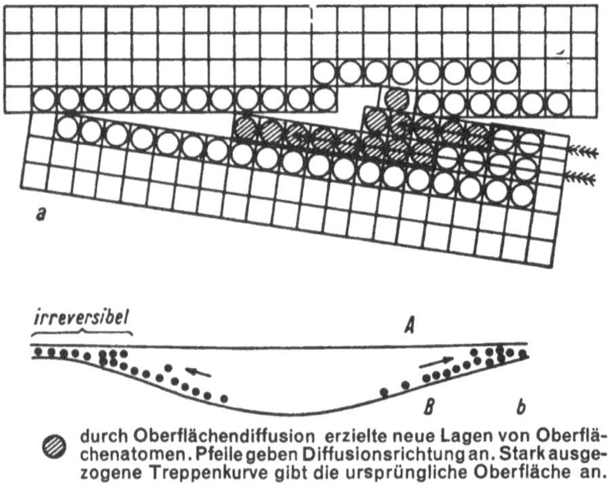

Abb. 3 Wanderung von Oberflächenatomen

Hier, wie auch bei den folgenden Überlegungen, ist daran zu denken, daß häufig die Amplituden der Atomschwingungen entsprechend der Symmetrie des Raumgitters verschieden groß nach verschiedenen Richtungen sind und auch hier also verschiedene Netzebenen sich verschieden verhalten.

Während nun im Kristallinnern bei einer nicht zu stark erhöhten Temperatur Platzwechsel noch verhältnismäßig selten sein werden, wird ein solcher *Platzwechsel an der Oberfläche*, einfach deshalb, weil eben hier mehr Platz ist, bei derselben Temperatur schon sehr lebhaft sein können. Dies muß naturgemäß dazu führen, daß die Zahl der Bindungen zwischen zwei gegenüberstehenden Oberflächen schnell zunimmt.

Aus der Skizze (Abbildung 3a) ist zu ersehen, daß durch die Platzwechsel (neue Lage der in die Richtung der Pfeile gewanderten Atome: schraffiert gezeichnete Atomquerschnitte) in der Oberfläche die Zahl der zuerst vorhandenen Bindungsmöglichkeiten stark zugenommen hat. Das Wesentliche ist dabei, daß die *Zahl der Atome hoher Beweglichkeit durch diesen Vorgang* — solange die Temperatur konstant bleibt — mit der Zeit *abnehmen wird*. Besonders *die* Atome, die bei dem Platzwechsel an Stellen gelangen, wo sie von den *beiden* sich gegenüberstehenden Gittern festgehalten werden, werden nämlich ihre hohe Beweglichkeit dadurch einbüßen, und der Vorgang der so erfolgten Verbesserung der Adhäsion wird also bei Wiedererniedrigung der Temperatur *nicht* reversibel sein, und das ist für die technische Ausnutzung dieses Vorganges von grundsätzlicher Bedeutung. Es werden auf diese Weise also zunächst die beweglichsten Oberflächenatome an Stellen geführt, wo sie fester gebunden sind, und für uns sind dabei, wie gesagt, die Atome die wichtigsten, bei denen die festere Bindung dadurch zustande kommt, daß diese Atome in das Kraftfeld *beider* Gitter geraten. *Auf diesem Wege ist eine Vergrößerung der adhärierenden Flächen vorstellbar unter Abtragung der freibleibenden Oberflächenteile.* Eine wesentliche *Verdichtung* des ganzen Kristallitensystems braucht *auf diesem Wege offenbar nicht zu erfolgen,* denn die Ausfüllung der engen, keilförmigen Hohlräume wird durch die Abtragung der freien Oberflächen kompensiert, und die Kanten der beiden gegenüberstehenden Kristallite A und B bleiben in derselben Entfernung voneinander (Abbildung 3b).

Sein Ende findet dieser Vorgang, wenn die Enge der Spalten mit Atomen angefüllt ist, so daß weitere Oberflächenatome nicht mehr in den beiderseitigen Anziehungsbereich gelangen und daher nicht mehr irreversibel festgehalten werden, sondern auch wieder zurückgelangen können. Die engen, spaltenförmigen Teile der Kristallzwischenräume wirken gewissermaßen als Fallen für freibewegliche Oberflächenatome. Sind sie ausgefüllt, ist keine Veranlassung mehr zur Veränderung der Oberflächengestaltung vorhanden. Als direkte experimentelle Beobachtungen dieses Vorganges zwischen zwei Flächen könnte man wohl die im übernächsten Absatz beschriebenen Versuche ansehen. Vielleicht lassen sich auch gewisse Beziehungen herstellen zu den Aufwachsversuchen, über die zuletzt A. NEUHAUS berichtet hat[7a]).

Bei *weiterer Temperaturerhöhung* wird die Platzwechselmöglichkeit sowohl im Kristallinnern wie an der Oberfläche weiter erhöht. Es muß schließlich ein Punkt erreicht werden, wo die verschiedene Oberflächenenergie der ja im allgemeinen verschieden indizierten sich gegenüberstehenden Oberflächen sich dahingehend geltend machen muß, daß die *stabilere Fläche sich dauernd* die in größerer Anzahl vorhandenen *beweglichen Atome* der instabileren Fläche eingliedert. Das heißt, diese Fläche wird in den anderen Kristall hineinwachsen. Es wird (Abbildung 2) damit dann eine Vergrößerung des Kornes mit Oberflächen stabiler Lagen verbunden sein, d. h. es tritt eine *allgemeine Sammelkristallisation* (Abbildung 1b) ein, und damit ist das zweite Hauptphänomen der Sinterung in sein Endstadium getreten. Wie man aus dieser

---

7a) A. NEUHAUS, „Zeitschrift für angewandte Chemie“ [*64*] (1952) S. 158.

Schilderung ersieht, ist eine Neubildung von Körnern durch die Bildung neuer Kristallkeime nicht notwendig. Natürlich sind Keimbildungen nicht völlig ausgeschlossen, aber doch offenbar ohne vorhergehende Verformung (s. u.) kaum beobachtet.

Besonders in Amerika ist versucht worden, die genannten Vorgänge quantitativ zu erfassen und insbesondere zu entscheiden, welche Art von Diffusion — Diffusion der Oberflächenatome oder Diffusion aus dem Volumen der Teilchen heraus — die entscheidende Rolle spielt und ob neben den Diffusionsvorgängen noch andere Bewegungsvorgänge im sinternden Körper an den Strukturänderungen wesentlich beteiligt sind, wie zum Beispiel ein viskoses plastisches Fließen der Teilchen insbesondere unter dem Einfluß der Oberflächenspannung (siehe auch dazu weiter unten).

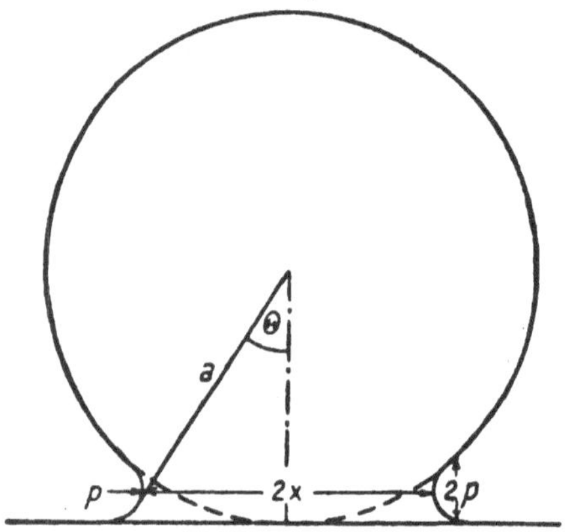

Abb. 4
Ansintern einer Kugel an eine Ebene

Die Versuche wurden teils so ausgeführt, daß in der oben beschriebenen Weise das Sintern von Kügelchen[5]) beobachtet wurde, teils das Ansintern von kleinen Kugeln an eine ebene Oberfläche[4]), teils die Veränderung der Poren in Sinterkörpern[8]) wie in Abbildung 1 beobachtet wurde. In der zweiten der genannten Abhandlungen wird verfolgt, wie der Radius x der Berührungsfläche einer Kugel mit einer Ebene in Abhängigkeit vom Radius a der Kugel durch Sinterung zunimmt (Abbildung 4). Die Auffüllung des ringförmigen Spaltes zwischen Kugel und Ebene bis zur Fläche mit dem Krümmungsradius p entspricht makroskopisch dem, was atomar in der Abbildung 3 gezeichnet worden war. Die Autoren erhalten bei der theoretischen Vorausberechnung verschiedene Abhängigkeit der Größe x in Abhängigkeit von der Zeit t bei den verschiedenen Arten des Materialtransportes, nämlich bei viskosem oder plastischen Fließen $x^2 \backsim t$, bei (oben noch nicht genannten) Verdampfungsvorgängen $x^3 \backsim t$, bei Volumendiffusion $x^5 \backsim t$, bei Oberflächendiffusion

[8]) F. N. RHINES, C. E. BIRCHENALL, L. A. HUGHES, „Journal of Metals", Febr. 1950, Bd. 188, S. 378. Vergleiche auch die Diskussion der verschiedenen Standpunkte bei P. SCHWARZKOPF, „Powder Metallurgy Bulletin" [5] (1950) S. 4; H. H. HAUSNER, „The Sylvania Technologist" [3] (1950) S. 7.

$x^7 \backsim t$. Die experimentellen Ergebnisse stimmen insbesondere während der *größten Zeitspanne* und bei *höheren Temperaturen* am besten mit der Rechnung für die *Volumendiffusion* überein, außerdem soll am *Anfang des Sinterns die Oberflächendiffusion* wesentlich sein. Auch die beiden anderen Arbeiten kommen im wesentlichen zu denselben Ergebnissen, was mit dem oben gegebenen Bild der Vorgänge übereinstimmt.

Empirisch hat sich ergeben, daß die *Temperaturabhängigkeit der Adhäsion* und *die der Kornvergrößerung von verschiedener Art* ist. Die Adhäsion nimmt von tiefen Temperaturen an mit steigender Temperatur langsam und stetig in einem großen Temperaturintervall zu. Die Kornvergrößerung ist in ihrem Auftreten an ein viel engeres Intervall gebunden, indem sie ziemlich plötzlich auftritt. Es kommt dies offenbar daher, daß für eine gewisse Temperatursteigerung immer nur wenig neue Adhäsionsverbesserungen möglich sind, aber diese doch in einem stetigen Zusammenhang mit der Temperaturerhöhung stehen. Dies ist deshalb der Fall, weil eine *stetige Verteilung von zu überbrückenden* Abständen der einander gegenüberstehenden Oberflächen durch die langsame stetige Erhöhung der Schwingungsamplituden bzw. der Zahl der beweglichen Oberflächenatome mit der Temperatur gedeckt wird.

Dagegen muß zu einer allgemeinen Sammelkristallisation die Beweglichkeit einer größeren Anzahl von Atomen zum Platzwechsel ausreichen, das heißt, es muß *eine bestimmte* Entfernungsschwelle überschritten werden können. Diese Bedingung führt zu einer Art Unstetigkeit bezüglich der Temperaturabhängigkeit, denn zunächst werden Temperaturerhöhungen die *eine* notwendige Beweglichkeit nicht erreichen lassen; ist sie dann aber erreicht, dann geht die Kristallisation rapide vor sich. Die *Temperatur des Beginns der spontanen Kristallisation* wurde früher zu etwa 0.75 der abs. Schmelztemperatur gefunden[1]) [9]). Es empfiehlt sich praktisch vielfach, mit den Sintertemperaturen gerade bei oder dicht unter dieser Temperatur zu bleiben[10]). Ganz besonders wichtig ist noch der Hinweis, daß *sämtliche Adhäsionswirkungen* wesentlich *unspezifischer Art* in ihrer Hauptwirkung sind; das heißt, es treten gar keine spezifischen Wirkungen chemischer Affinität wesentlich in Erscheinung. Sie treten ein zwischen ähnlichen *und* sehr verschiedenartigen Stoffen. Und dies ist ja gerade einer der wesentlichsten Vorzüge der metallkeramischen Methode, daß man Körper aus Pulverkomponenten bilden kann,

---

[9]) F. SAUERWALD, „Zeitschrift für anorganische Chemie" [*122*] (1922) S. 277.

[10]) Weitere Festlegungen wichtig erscheinender Temperaturbereiche beim Sintern: G. F. HÜTTIG, „Kolloidzeitschrift" [*98*] (1942) S. 6, 263.

deren Zustandsdiagramm sowohl große Affinitäten zueinander als auch gar keine erkennen läßt.

Korngrenzenverschiebungen sind aber abgesehen von ihrem Auftreten in Einkomponentensystemen im Gegensatz dazu in Mehrstoffsystemen nur möglich zwischen Stoffen, bei denen eine gewisse, wenn auch nur kleine *Mischphasenbildung*, das heißt Löslichkeit, ineinander möglich ist. Denn zur Verschiebung der Korngrenzen gehört Diffusionsmöglichkeit und diese ist im allgemeinen nur bei atomarer Durchdringungsmöglichkeit, das heißt Mischphasenbildung, gegeben.

Dies sind also die Vorgänge beim Sintern unter den denkbar einfachsten Verhältnissen. Es fragt sich nun, ob und *welche Variationen eintreten*, wenn *weitere Einflußgrößen hinzukommen*. Zunächst sollen solche betrachtet werden, die lediglich den physikalischen Zustand der betrachteten Teilchen verändern.

III. Instabilitäten der Sekundärteilchen und Realstruktur ihrer Oberflächen

Man kann eine fruchtbare Diskussion der Sintervorgänge weiterhin nicht durchführen, wenn man sich die *Realstrukturen* der Pulverteilchen nicht dauernd vor Augen hält. Es sind in den folgenden Abbildungen deshalb eine ganze Anzahl älterer und neuerer Mikrophotos von Pulverteilchen wiedergegeben, die die zum Teil durch die verschiedenen Herstellungsverfahren bedingten *außerordentlichen Mannigfaltigkeiten in der Ausbildung der Pulverteilchen erkennen lassen*. Außer der Gestaltung der einzelnen Körner ist noch die Größenverteilung innerhalb eines Pulvers von besonderer Bedeutung, die natürlich bei der praktischen Verarbeitung in gewissen Grenzen geregelt werden kann. Abbildung 5[11]) zeigt ein extremes Beispiel von sehr *unregelmäßig* geformten Einzelpartikeln und einen sehr großen Unterschied in der Größe der Partikel. Elektrolytisch hergestellte Cu-Pulver sind sehr unterschiedlich in Größe, Form und Aufbau. Man findet mittlere Durchmesser von 0,005 bis 0,1 mm. Sie können kompakt und glatt, aber auch ganz unregelmäßig und porös gestaltet sein und aus wenig oder vielen Primärteilchen bestehen. Abbildung 6 gibt nach GOETZEL[12]) ein durch Reduktion mit CO gewonnenes Pulverteilchen wieder. Charakteristisch für dieses ist die *Zerklüftung der Partikel*, die weit ins Innere reicht und von Gasaustritt bei der Reduktion herrührt. Ein Eisenpulver, das nach dem Hametagverfahren, also einem ziemlich gewaltsamen *mechanischen* Zerkleinerungsverfahren, gewonnen wurde, ist zum Teil trotzdem verhältnismäßig gleichmäßig gestaltet. Der Natur des Her-

---

11) C. L. HARDY, „Metal Progress" (1936) S. 64.
12) C. GOETZEL, „Dissertation", Columbiauniversität (1939).

stellungsverfahrens nach gibt die *Druckverdüsung* im allgemeinen auch *relativ einfach*[13]) ausgebildete Oberflächen. (Abbildung 7). Die *Vermahlung spröden* Eisenpulvers gibt kantige Partikel[14]). Reduktion mit Gasen gibt wie bei Cu poröse Gebilde, die gelegentlich recht gleichmäßig ausfallen. Eine Sondergestaltung erfährt im Gegensatz zu allen diesen Pulvern zum Beispiel das Karbonyleisen, das aus *kleinen Kugeln* von *schalenförmigem* Aufbau besteht. Daß aber auch dieser sehr verschiedenartig sein kann, zeigt die elektronenmikroskopische Aufnahme (Abbildung 8)[14b]). Diese Untersuchungsmethode wird übrigens weiterhin von wesentlicher Bedeutung sein.

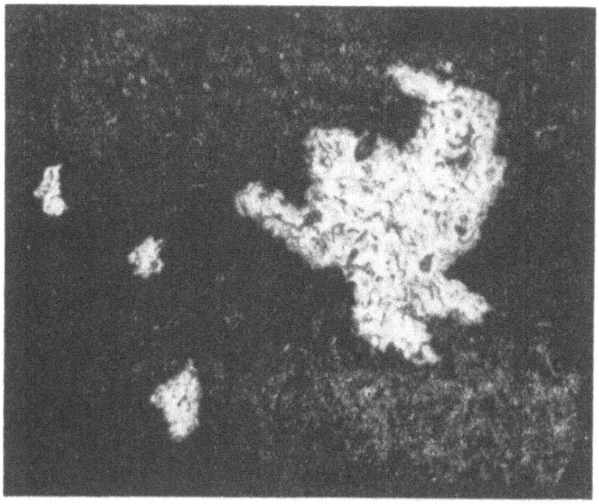

Abb. 5 Cr-Pulverteilchen 500×

Wir haben also große Extreme, von einfachen Formen, die unserem zu Anfang besprochenen Idealfall nahekommen, bis zur stärksten Unregelmäßigkeit in der Gestalt und im Aufbau bei den realen Pulvern und müssen uns fragen, welchen Einfluß das auf die Sintervorgänge haben kann.

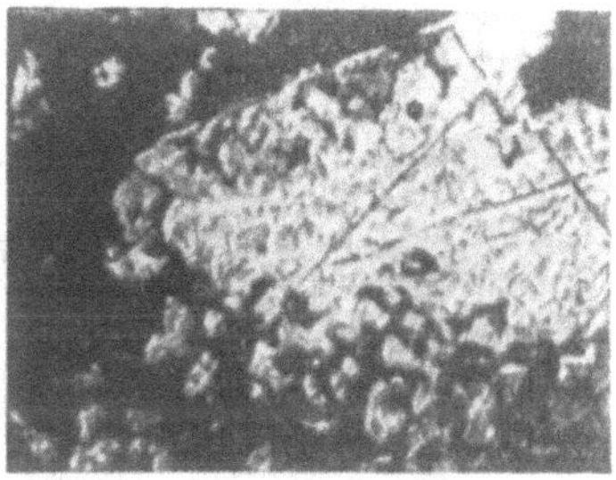

Abb. 6
Ein Cu-Pulverteilchen 1000 ×

Die verhältnismäßig am wenigsten wirksame Einflußgröße in der Natur von Pulverteilchen ist *Unterteilung* derselben in Kristallite, die als *Primärteile* bezeichnet werden, von denen wir die Pulverteilchen als Sekundärteile unterscheiden, besonders wenn es sich um einen normalen Aufbau aus Kristalliten *nicht zu geringer* Größe handelt. Ein bedeutender Einfluß kann vorliegen, wenn Primärteilchen oder die Pulverteilchen selbst so klein sind, daß sich eine *Instabilität auf Grund* der THOMSON-

---

13) F. EISENKOLB, „Archiv für Metallkunde" [*1*] (1947) S. 327.

14) J. C. CHASTON, „Metall Treatment" [*4*] (1938) S. 49, nach KIEFFER-HOTOP, „Pulvermetallurgie", Springer-Verlag, Berlin.

14b) L. DELISLE, „Mikroskopie" [*4*] (1949) S. 5.

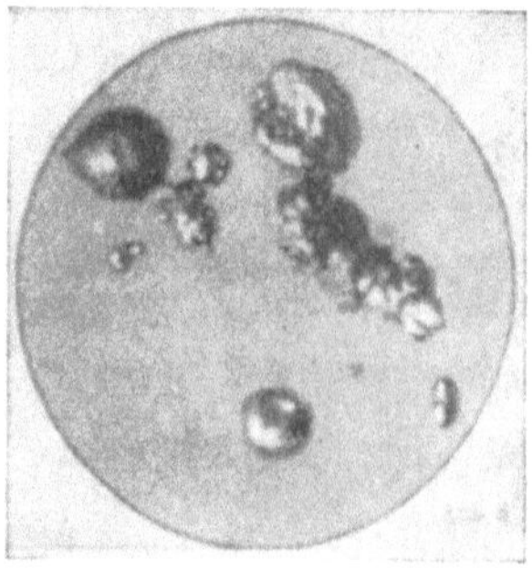

Abb. 7
Fe-Pulverteilchen 50 ×

schen Gleichung geltend macht. Bekanntlich ist die freie Energie kleiner Partikel, wenn sie etwa *einen Durchmesser von* 10^{-3} *mm unterschreiten*, merklich erhöht. Dann können Platzwechsel und alles damit Zusammenhängende wesentlich erleichtert und beschleunigt sein und damit auch die beschriebenen Sintervorgänge.

In unmittelbaren Zusammenhang damit bringen kann man den Einfluß der Instabilität des Raumgitteraufbaues durch vermehrte *Lockerstellen, Fehlbesetzungen* oder auch sehr *unregelmäßige Oberflächengestaltung* in Form feiner Spitzen.

Erörtern wir zunächst bei relativ glatten Oberflächen den Einfluß von *sehr schlechtem Aufbau im Kristallinnern.* Hier kann sich das, was von I. A. Hedvall[15]) *Störstellenwanderung* genannt wurde, besonders für den Vorgang der Volumenverminderung, die *Schrumpfung*, bemerkbar machen. Wesentlich für

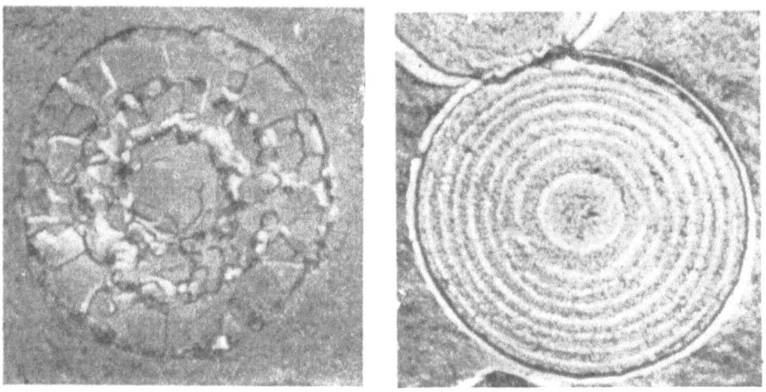

Abb. 8 Teilchen vom Karbonyleisen Original × 10 000

diese Auffassung oder für die etwa gleichwertige von F. Möglich und R. Rompe[16]) ist, daß eine Lockerstelle infolge der thermischen Bewegung wandert, — wenn sie einmal an die Oberfläche gekommen ist — dort verbleibt und nicht wieder in das Innere des Kristalls zurückdiffundieren kann, da ihre freie Energie der der Oberfläche mehr entspricht. Verwandt hiermit sind die

[15]) „Forschungen und Fortschritte" [*17*] (1941) 322. Verwandt hiermit sind die früher erwähnten Überlegungen von Rhines[8]) über die Diffusion von Poren.

[16]) „Physikalische Zeitschrift" [*44*] (1943) S. 77.

früher erwähnten Überlegungen von RHINES [8]) über die Diffusion von Poren. Dies bewirkt allgemein eine erhöhte Platzwechselbeweglichkeit, besonders auch an der Oberfläche, die die Adhäsion unterstützt. Dies alles ist aber natürlich mit einer Verdichtung des Kristallinneren verbunden, und damit liefert sie einen Beitrag zur Schrumpfung des ganzen Körpers.

Am wichtigsten scheint das Bestehen *relativ dünner Spitzen und Kanten* für das Verständnis der mit dem Sintern realer Pulver beinahe stets zu beobachtender *Schrumpfungsvorgänge*[17]) zu sein.

Die bekannte Erscheinung des *Schrumpfens* auch dickerer *metallischer Lamellen* gibt uns aber auch schon über die Wichtigkeit des Wirksamwerdens der Oberflächenspannung Aufschluß. Metallamellen von 1—0,1 μ Dicke haben bereits eine erhebliche Tendenz, unter dem Einfluß der Oberflächenspannung zu schrumpfen. Dies führt also bereits bei mikroskopisch eben noch sichtbaren Vorsprüngen in den Oberflächen von Pulverteilchen zu folgenden Erscheinungen[18]):

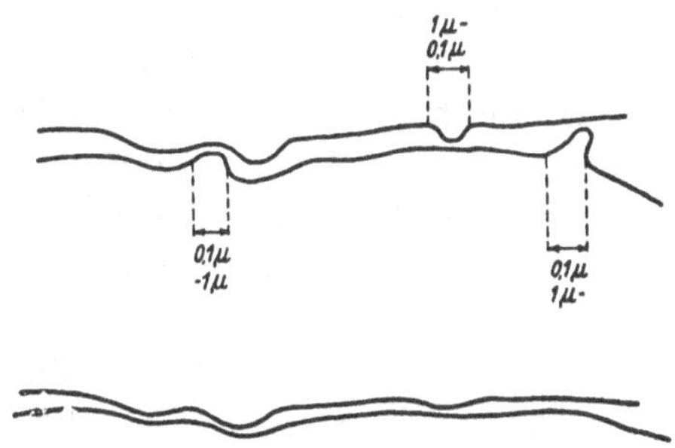

Abb. 9 Deformation von Vorsprüngen in Oberflächen

Berühren sich die rauhen realen Oberflächen von Pulverteilchen, so wie dies in Abbildung 9 angedeutet, also mit ziemlich spitzen Vorsprüngen und nicht mit so kompakten Ecken wie zunächst in Abbildung 3 angenommen, so wird bei Temperaturerhöhungen eine Schrumpfung der dazu genügend dünnen Spitzen eintreten. Schrumpfen die gezeichneten Spitzen ein, so ist damit eine erhebliche Annäherung der beiderseitigen Oberflächen ermöglicht, und das ist offenbar die *wesentlichste Komponente der meist bei realen Sinterungen festzustellenden Dichtesteigerung.* Diese Schrumpfung kann auf zwei verschiedenen Wegen erfolgen. Erstens durch Oberflächendiffusion. In den Spitzen sind nämlich, wenn man von den direkt an das Fremdgitter anstoßenden Atomen absieht, die Atome bei Dimensionen zum Beispiel unter 0,1 μ, wie schon beim Einfluß kleiner Dimensionen bemerkt, weniger fest gebunden als im kompakten Material, und es ist also erstens eine *Diffusionstendenz* zur Abtragung der Spitzen vorhanden. Zweitens kann aber auch die Spitze auf Grund der mechanisch wirkenden Oberflächenspannung durch *Gleitebenen-*

[17]) Diese hat besonders M. Y. BALSHIN untersucht. „Zhurnal Tekhnicheskoi Fiziki" [*18*] (1948) S. 1179, 1332.

[18]) F. SAUERWALD, „Zeitschrift für Metallkunde" [*20*] (1928) S. 227.

bildung oder viskoses Fließen[19]) als Ganzes schrumpfen. Haben sich diese Vorgänge abgespielt, so können an den dann eingeebneten Oberflächen die Prozesse verlaufen, insbesondere auch der nach Abbildung 3, die wir bei glatteren Oberflächen kennengelernt hatten.

Auf die Schwierigkeit, die Vorgänge des plastischen Fließens und der verschiedenen Arten von Diffusion voneinander getrennt quantitativ zu erfassen, da sie alle mehr oder weniger gleichzeitig verlaufen oder sich gegenseitig beeinflussen, macht besonders P. SCHWARZKOPF[20]) aufmerksam.

Welches *Ausmaß die Instabilität* von Pulverteilchen auf Grund starker Oberflächenentwicklung und unregelmäßiger Gitterstörungen haben kann, hat R. FRICKE[21]) durch Bestimmung der *erhöhten inneren Energie gezeigt.* Ein Mittel, um instabile Teilchen zu erhalten, ist die Reduktion von Oxyden bei möglichst tiefen Temperaturen, oder die Ausfällung aus Lösungen. Die Energieunterschiede betragen bis 3 kg cal/Mol, sind also sehr beträchtlich. Solche Teilchen werden ceteris paribus also zweifellos *erhöhte Atombeweglichkeiten* aufweisen, deren Vorteil unter Umständen den Nachteil erheblich unregelmäßiger Oberflächengestaltung wesentlich überwiegen wird. Was die Wirkung der Erhöhung der Temperaturen anbelangt, so wird es darauf ankommen, *ob die Instabilitäten innerhalb* und *an der Oberfläche der Sekundärteilchen bei der Erwärmung eventuell durch Herstellung des Normalzustandes des einzelnen Pulverteilchens schneller ausgeglichen werden, als eine Reaktion zwischen den Sekundärteilchen durch Adhäsion und besonders Kristallisation einsetzen kann.* Beim Abbau der Instabilitäten des einzelnen Pulverteilchens handelt es sich ja gewissermaßen um eine einfachste homogene Reaktion, bei der Sinterung um eine einfachste heterogene Reaktion. Es kann sehr leicht sein, daß die erstere sehr viel schneller verläuft, als die zweite, dann kann diese durch ja bereits ausgeglichene Instabilität nicht mehr gefördert werden. Über das Verhältnis dieser beiden Geschwindigkeiten weiß man bis jetzt noch kaum etwas.

Dasselbe Problem besteht hinsichtlich solcher *Instabilitäten*, mit denen Pulverteilchen von ihrer *Herstellung auf mechanischem Wege her* behaftet sein können. Erfolgt diese durch mechanische Zerreißung aus kompaktem Material, so ist mit sehr erheblichen *Kaltbearbeitungseffekten* zu rechnen. Früher wurde wahrscheinlich gemacht[22]), daß in kaltbearbeiteten Kristallen direkt die Atom-

---

[19]) Vergleiche hier besonders J. FRENKEL, „Journal physics." USSR. [*9*] (1945) S. 385 und A. J. SHALER und J. WULFF, „Physical Review" [*73*] (1948) S. 926.

[20]) „Powder metallurgy bulletin" [*3*] (1948) S. 75.

[21]) In „Handbuch der Katalyse". Bd. IV. S. 145.

[22]) F. SAUERWALD, „Lehrbuch der Metallkunde". Springer 1929. S. 137.

beweglichkeit erhöht wird, und aus diesem Grunde scheint es nicht ausgeschlossen, daß Pulver mit Kaltbearbeitungseffekten, was den möglichen Einfluß der *Atombeweglichkeit betrifft, besser* sintern als Pulver ohne solche Effekte. Allerdings kann im technischen Gesamtprozeß der Einfluß der *verringerten Plastizität*, die gleichzeitig durch die Kaltverformung gegeben wird und von deren Einfluß später noch zu reden sein wird, diesen Vorteil auch überkompensieren. Vorausgesetzt, daß die Kaltverformung auch die Oberflächenbeweglichkeit von Atomen heraufsetzt, was noch nicht feststeht, würde der *Einfluß von durch die Herstellung erzeugten Kaltverformungseffekten* sich wahrscheinlich auch nur auf die Vorgänge bei den *tieferen Sintertemperaturen*, also auf die Adhäsionsvorgänge und den Einfluß der Oberflächenbeweglichkeit hierauf, erstrecken. Da nämlich die Erholungs- und unteren Rekristallisationstemperaturen tiefer liegen als die Temperaturen der spontanen Kristallisation, ist wahrscheinlich Erholung und Rekristallisation in den Pulverteilchen bereits eingetreten und der instabile Zustand aufgehoben, ehe die spontane Sammelkristallisation sich durchsetzen kann, die als ausgesprochen heterogene Reaktion mehr Zeit braucht. Ein wichtiger Unterschied zwischen der Rekristallisation nach Kaltbearbeitung und der Sammelkristallisation ist ferner der, daß erstere unter Keimbildung erfolgt, letztere nicht. W. E. Kingston[23]) gelang es, Keimbildungen an der Berührungsstelle sich berührender Sekundärteilchen, die gepreßt waren, mit großer Wahrscheinlichkeit nachzuweisen.

IV. Der Einfluß von Druck und Pressen auf den Sintervorgang

Bei allen vorhergehenden Betrachtungen war von einer Preßbehandlung bei der Sinterung noch nicht die Rede, und das brauchte auch nicht der Fall zu sein. Die Pulvermetallurgen lassen manches Mal außer acht, daß Sintern grundsätzlich ohne Zusammenpressen der Pulver möglich ist, wenn auch die auftretende Festigkeit der entstehenden Körper nur gering zu sein pflegt. Nun gehen wir jedoch dazu über, den Einfluß eines in einer Matrize mit Stempel ausgeübten Druckes zu untersuchen.

Es ist nicht unwichtig, zum *Preßvorgang selbst* etwas zu sagen. *Bei nicht sehr starker* Kompression haben die Sekundärteilchen eine *erhebliche freie Beweglichkeit*, so daß in diesem Stadium die Druckverteilung mit einer gewissen Annäherung der in einer Flüssigkeit von einem Kolben ausgeübten entsprechen kann. Nach einer Untersuchung von H. Unkel[24]) sind horizontale Schichtlinien in einem noch mit Schmiermittel versehenen Cu-Pulver nach Pressung

[23]) Grazer Tagung 1948, s. Anm. 1

[24]) „Archiv für das Eisenhüttenwesen", Bd. 18 (1945) S. 161.

weitgehend so verblieben. Bei etwas höheren Zusammendrückungen wird dies anders: Der Bewegungsvorgang in verschiedenen Stadien ist neuerdings von J. Wulff und Mitarbeitern[25]) durch Einlegen von Bleigittern in das Pulver und Radiogramme untersucht worden. Hier sieht man, daß die Bewegung im wesentlichen, wie schon bekannt, in Richtung des arbeitenden Stempels von oben nach unten erfolgt, daß die Seitenwände und die Reibung dabei einen verzögernden Einfluß auf die Bewegung an der Wand haben, und daß horizontale Bewegungen relativ gering sind. Das Maximum der Zusammendrückung und damit auch der Dichte liegt an der Stirnfläche des beweglichen Stempels und bei einem Teil der Proben überraschenderweise in der Mitte der Bodenpartien. Ein Zusatz eines Schmiermittels scheint an der Wand meist von größerem Einfluß zu sein, als Schmierung zwischen den Teilchen. Aus diesen Ermittlungen geht hervor, daß ziemlich erhebliche Bewegungen und Verschiebungen der Teilchen gegeneinander bei einem Preßvorgang stattfinden. *Diese Beweglichkeit* kann die Pulverteilchen zunächst bis zu einem gewissen Grade vor einer plastischen Deformation schützen. Aber, wie frühere Untersuchungen[26]) gezeigt haben, wird im allgemeinen *bei höheren Drucken* auch eine *plastische Deformation*, die bei Pressung bei tiefer Temperatur mit Kaltverfestigung verbunden sein wird, auftreten. Es war dies daraus zu schließen, daß an mit 5000 Atm. gepreßten Kupferkörpern beim Sintern bei 400° eine Abnahme der Härte gegenüber dem Sintern bei 300° festgestellt wurde, während die Dichte sich umgekehrt verhielt. Von vornherein ist jedoch sehr wahrscheinlich, und dies ist von wesentlicher Bedeutung, daß diese Verformung die Partien des einzelnen Pulverteilchens in sehr verschiedenem Maße erfaßt. Wenn das Korn beinahe nur aus Zacken besteht, wie in Abbildung 5, so ist eine Deformation auch im Inneren des Kornes wahrscheinlich. Solche Formen dürften aber selten sein. Das ganze Korn wird auch deshalb weniger

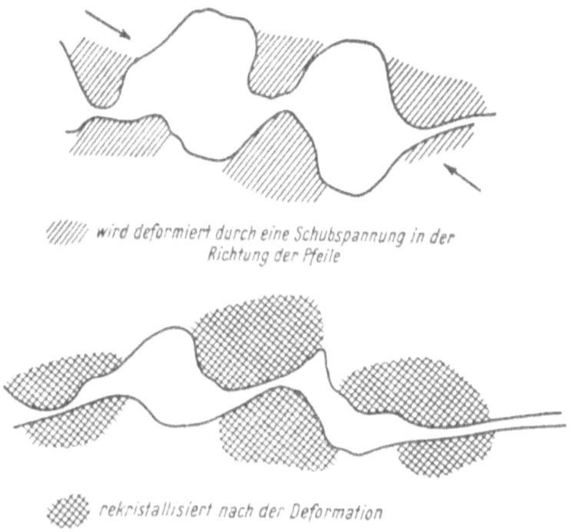

Abb. 10 Deformation und Rekristallisation an unregelmäßig geformten Oberflächen

25) „Am. Inst. of mining and Metallurg. Engineers. Techn. Publ." 2133 (1947).

26) St. Kubik und F. Sauerwald, „Zeitschrift für Elektrochemie" [*38*] (1932) S. 33.

leicht deformiert werden, weil, wenn es dazu kommen soll, der Spannungszustand im Korn gewöhnlich ein mehrachsiger sein wird und die Verformung deshalb schwerer vor sich gehen wird. Selbstverständlich werden sonst nur *vorstehende Zacken* und *Kanten* in *besonders starkem Maße deformiert*, während das Korninnere sehr viel *weniger davon betroffen* wird (Abbildung 10).
Die Deformation von Zacken und Kanten und das Ineinanderschieben derselben wird einen gewissen Anteil bei der Herstellung des Zusammenhanges des entstehenden synthetischen Körpers leisten.

Welche Rolle wird nun eine etwa eintretende Verformung und Kaltverfestigung in den Pulverteilchen weiterhin spielen? Die Verformung, insbesondere die *Ausgleichung von Unebenheiten* der Kornoberfläche, führt naturgemäß zu einer *wesentlichen Verdichtung* der Lagerungsmöglichkeiten und, was für die Sintervorgänge am wesentlichsten ist, zu einer erhöhten Möglichkeit von Adhäsionswirkungen. Deshalb ist die *Plastizität der Pulver von sehr großem Einfluß auf ihre Verwendbarkeit* in der Pulvermetallurgie. Sehr schön erkennt man dies aus einer Zahlentafel nach F. EISENKOLB[27]), der Eisenpulver in verschieden plastischem Zustand untersuchte, indem er Pulver verwendete, das nach Herstellung durch mechanische Zerkleinerung verschieden hoch geglüht worden war. Das weichste Pulver erhält unter sonst gleichen Umständen die höchste Dichte.

Welche Rolle spielt aber nun eine Verformung hinsichtlich der Kristallisation beim Sinterprozeß? Besonders muß ganz maßgeblich daran gedacht werden, daß die Deformation hauptsächlich Zacken und Kanten der Pulverteilchen betreffen wird. Nun ist aus den allgemeinen Erkenntnissen über Rekristallisation bekannt, daß eine *teilweise Deformation* von Kristalliten auch nur zu einer *teilweisen Rekristallisation* führt. VAN ARKEL und BRUGGEN[28]) zeigten, daß in einem feinkörnigen Aluminiumblech ein örtlich begrenzter Nadelstich eine Rekristallisation nur im Bereich der Deformation zur Folge hat. Es wird also bei teilweise verformten Pulverteilchen auch so sein, daß nur die *deformierten Teile sich erholen* und bei *niedrigen Erwärmungstemperaturen rekristallisieren.* Im übrigen wird also hier ähnliches bezüglich der Einwirkung der Kaltverformung zu sagen sein, wie es früher über die Kaltverfestigung aus der Herstellung der Pulverteilchen zu sagen war: Die *Adhäsionswirkungen können durch die Verformung unterstützt* werden, *ebenso die Atombewegungen bei tieferen Temperaturen, weniger die Sammelkristallisation*, wie denn auch gefunden wurde, daß diese vom angewandten Preßdruck nicht abhängt. Offenbar wegen der vorhergegangenen Erholung kann

---

[27]) „Stahl und Eisen" [*66*] (1947) S. 76.
[28]) „Zeitschrift für Physik" [*42*] (1927) S. 795.

sich meist keine Wirkung des Druckes mehr zeigen. Es ist auch aus dem Grund unwahrscheinlich, daß die Sammelkristallisation vom Preßdruck und der plastischen Deformation abhängt, weil sie im allgemeinen nicht unter Keimbildung erfolgt. Der Einfluß des Deformationsgrades auf die Rekristallisation erfolgt im allgemeinen über den Mechanismus der Keimbildung.

Wesentlich anders werden die Dinge beim *Heißpressen* liegen. Unter Heißpressen wird gewöhnlich ein Pressen bei erhöhten Temperaturen verstanden, dergestalt, daß Preß- und Sintervorgang miteinander verbunden werden. Wenn die Temperaturen nur so hoch liegen, daß die Erholungs- und Rekristallisationsgeschwindigkeiten noch gering sind, wird sich an dem eben Gesagten wenig ändern. Verpressen wir jedoch an der oberen Temperaturgrenze des Rekristallisationsbereiches, wo große Erholungs- und Rekristallisationsgeschwindigkeiten vorliegen, so wird die Kristallisationswirkung gegenüber der reinen Adhäsionswirkung sehr in den Vordergrund treten, und es wird *während der Pressung* schon zu *erheblichen Kristallisationen* kommen können. Günstig wird sich die im allgemeinen mit der Temperatur *steigende Plastizität* bei jeder Art des Heißpressens bemerkbar machen, es wird leichter eine größere Dichte zu erzielen sein.

Mit dem Heißpressen verwandt ist das *Strangpressen*[32]), bei dem aus der Matrize Profile herausgepreßt werden, was im allgemeinen nur bei erhöhter Temperatur möglich ist. Hier nehmen die Verformungen der Probeteilchen ein sehr erhebliches Ausmaß an, es dürfte auch zur Ausbildung von Faserstrukturen kommen. Für den Sintervorgang wesentlich ist die ganz erhebliche *Angleichung der Oberflächen* der Pulverteilchen. Da der Strangpreßvorgang innerhalb weniger Minuten abläuft, dürften trotz erheblicher Erleichterung von Kristallisationsvorgängen die Kristallisationen doch *kein* großes Ausmaß erreichen.

V. Der Einfluß von Gasbeladungen und Verunreinigungen auf die Sintervorgänge

Für den Ablauf der realen Sintervorgänge ist nun noch ein Faktor von wesentlicher Bedeutung, das sind *Verunreinigungen und Gasbeladungen* des Materials. Der allgemeine Einfluß des Vorkommens von zufälligen oder durch den Prozeß bedingten weiteren Komponenten im Gesamtkörper der frittenden Teilchen wird sich darauf erstrecken, daß solche Beimengungen die *Plastizität* und *Platzwechselfähigkeit* der Hauptkomponenten im allgemeinen herabsetzen werden. Von besonderer Bedeutung müssen aber Verunreinigungen und Gasbeladungen an den *Oberflächen* der Partikel sein.

Dieser Einfluß muß vor allen Dingen hinsichtlich von Gasbeladungen untersucht werden, da er der häufigste sein dürfte, es ergeben sich dabei alle auch für andere Verunreinigungen gültigen Gesichtspunkte.

Der Idealfall des Fehlens von Gasbeladungen kann offenbar bei geeigneten Verfahren beim Sintern hochreiner Stoffe im Vakuum vorliegen, und man müßte einen Unterschied beim Sintern im *Vakuum* und in einer Gasatmosphäre auffinden können, wenn letztere von wesentlicher Bedeutung ist.

In der Tat konnte C. G. GOETZEL[12]) feststellen, daß *vakuumgesinterte* Elektrolytkupferkörper eine gewisse *Überlegenheit* hinsichtlich der physikalischen Eigenschaften gegenüber in Wasserstoff geglühten hatten. BAUKLOH und HENKE[29]) stellten bei Versuchen über das Verschweißen polierter makroskopischer Oberflächen, die sonst zur Beurteilung metallkeramischer Fragen wegen der besonderen Struktur nur mit Vorsicht auszuwerten sind, ebenfalls eine Erleichterung der Bindung im Vakuum fest. Damit ist grundsätzlich die Wichtigkeit der Fragestellung nach der Gasbeladung gegeben.

Nun kann eine *Gasbeladung* in sehr verschiedener Weise erfolgen. Die schwächste Art der Bindung und die am wenigsten weitgehende ist die *physikalische Adsorption* einer monomolekularen Gasmolekülschicht an der Gitteroberfläche. Eine solche Molekülschicht braucht nicht monomolekular zu bleiben, wenn auf Grund der von den adsorbierten Molekülen ausgehenden VAN DER WAALschen Kräfte weitere Gasmolekülschichten angelagert werden. Solche Schichten können die Dicke von 100 Å erreichen. Etwas ins Chemische spielen diese Vorgänge hinüber, wenn die Gasmoleküle beim Adsorptionsvorgang in Atome zerfallen, und noch mehr ist dies der Fall, wenn etwa aus den Atomen Elektronen abgespalten werden, diese ins Metall übertreten und als Adsorbat Ionen zurückbleiben. Dies ist zum Beispiel bei dem uns besonders interessierenden Wasserstoff häufig zum Teil der Fall, wobei dann positiv geladene Wasserstoffatome, also Protonen an der Oberfläche sitzen. Wir kommen so allmählich zum Fall der *Chemiesorption*, bei der im einfachsten Fall, zum Beispiel bei Sauerstoffbeladung in monomolekularer Schicht, ein zweidimensionales Oxyd entsteht. Ein Schema eines solchen zweidimensionalen Oxyds vermittelt J. H. DE BOER[30]). Der Vorgang der *Verbindungsbildung* kann dann natürlich noch weitergehen, wenn zum Beispiel Sauerstoff und Metall zueinander diffundieren können. Es entsteht dann eine ausgesprochene *Oxydphase*, die auf dem Metall aufsitzt und beliebige Dicken annehmen kann. Häufig wird der Fall eintreten, wie zum Beispiel AUWÄRTER und RUTHARDT gezeigt haben, daß bei tiefer Temperatur physikalisch adsorbiertes Gas

[29]) „Metallwirtschaft" [*18*] (1939) S. 59.

[30]) „Elektronenemission und Adsorptionserscheinungen", Leipzig (1937), S. 103.

bei höherer Temperatur chemisch gebunden wird[31]). Dann kann das an sich im allgemeinen mit steigender Temperatur geringer werdende physikalische Adsorptionsvermögen für Gase sich in nicht günstigem Sinne für Sinterungen auswirken.

Bezüglich der Art der Beladung sind ferner noch sehr wesentliche Anmerkungen zu machen. Zunächst ist auch bei glatter und regelmäßiger Oberfläche doch eine *Unregelmäßigkeit der Gasbeladung* das wahrscheinlichere. Die Adsorptionsfähigkeit ist nämlich auf der Oberfläche keine gleichmäßige, sie alterniert im allgemeinen wahrscheinlich mit der Atombesetzung. Da die Atom- bzw. Molekülgröße von Adsorbat und Adsorbens verschieden sein werden, müssen in der Adsorptionsschicht Lücken bleiben. Bei der ja aber meist nicht glatten Oberfläche kommt hinzu, daß *Fehlstellen in der Oberfläche*, zum Beispiel nichtbesetzte Stellen, einen besonderen Anreiz für Adsorbentien bilden, so daß dadurch eine weitere Ungleichmäßigkeit in die adsorbierte Schicht hereinkommt. An Fehlstellen gebundene Fremdatome sitzen natürlich besonders fest.

Da auch vom Fall der ausgebildeten festen Oxydphasen schon gesprochen wurde, sind auch die wesentlichsten Möglichkeiten anderer Verunreinigungen mit den genannten Fällen etwa erfaßt. Besonders bezüglich des Sauerstoffes und etwa auch des Stickstoffes ist noch anzumerken, daß *Beladungen* damit besonders unter technischen Bedingungen im Gesamtprozeß der Metallkeramik auch bei den edelsten Metallen *nicht zu vermeiden* sind. Beladungen damit bilden sich in Form mehratomarer, zum mindesten physikalischer Adsorptionsschichten in *Sekundenschnelle.*

Welchen *Einfluß können nun diese Besetzungen der Oberfläche mit Fremdatomen* auf die Sintervorgänge haben? Wir wollen gleich von den praktisch wichtigsten Sinterungen nach oder bei mechanischen Druckgebungen und unter reduzierenden Schutzgasen und im Vakuum sprechen und primäre Sauerstoffbeladungen in den Vordergrund stellen. Diese Sauerstoffbeladungen aller Art werden bei den meisten in Frage kommenden Metallen durch *reduzierende* Schutzgase entfernt werden. In welchem Ausmaß dies der Fall ist, darüber unterrichten neue Versuche von Hüttig[32]). Er zeigte, daß der Sauerstoffgehalt auch in den Fe-Preßlingen bei genügend hohen Temperaturen beinahe vollständig entfernt werden kann. Ausgenommen sind nur die besonders unedlen Metalle wie zum Beispiel Aluminium und Magnesium. Es ist wohl auch anzunehmen, daß die Produkte der Reaktion aus den Preßkörpern weitgehend entweichen können. An Stelle der Oxydschichten der Oberflächen-

[31]) „Zeitschrift für Elektrochemie" [*44*] (1938) S. 579.
[32]) „Archiv für Metallkunde" [*1*] (1947) S. 359.

oxyde bleiben lockere Metalloberflächenschichten zurück, die vielfach gut zur Sinterung geeignet sein könnten[32a]). Diese Schichten weisen eine *Beladung mit dem Schutzgas,* zum Beispiel Wasserstoff, auf. Die adsorbierbare Menge wird mit steigender Temperatur geringer, und außerdem ist beim Wasserstoff wegen der Kleinheit der adsorbierbaren Teilchen nur mit verhältnismäßig *geringer Störung der metallischen Oberfläche* zu rechnen. Dies ist besonders dann der Fall, wenn der Wasserstoff als Ion adsorbiert wird. Ist der Wasserstoff im ungünstigsten Falle als Molekül in größerer Schichtdicke physikalisch adsorbiert, so muß man dieser Schicht, wie allen physikalisch adsorbierten Schichten, die *Struktur einer Flüssigkeit* zuschreiben, die also bei *mechanischem Druck* der gegeneinanderstehenden Oberflächen *seitlich ausweichen* dürfte, bis die metallischen Oberflächen einander berühren. Mechanische Drucke können als Reste der inneren Spannungen von der Druckgebung vor Beginn der Sinterung und als Schrumpfungsspannungen auftreten. Alles in allem müssen Sinterungen im Wasserstoff doch als recht wenig behindert durch die Gasatmosphäre angesehen werden.

Diesen Auffassungen entsprechen Feststellungen von H. H. HAUSNER[33]) beim Sintern von Nickel bei sehr tiefen Temperaturen. Es wurde angenommen, daß die festgestellte Abnahme des elektrischen Widerstandes auf Reduktion von Oxydresten zurückzuführen sei (abgesehen von der Erholung vor der Pressung) und daß Entwicklung von H_2O, Adsorption und Desorption von Gas keine wesentlichen Einflüsse haben.

Sind *Oxydverbindungen* auf den Oberflächen vorhanden, die nicht reduzierbar sind, dann liegen die Verhältnisse zweifellos ungünstiger bezüglich Herstellbarkeit einer metallischen Berührung. Ein *Zerreißen und Zersplittern der oxydischen Schichten* ist natürlich denkbar, es liegt wenig positives, zum Teil zweifellos einander widersprechendes Material darüber vor. Doch scheint es denkbar, daß eine ausreichende Adhäsion unter Umständen auch zwischen oxydischen Oberflächen herstellbar ist, da ja auch Sinterkörper aus Metallen und *absichtlich beigemengten Oxyden* vorgeschlagen sind[34]), ganz abgesehen von den bekannten keramischen Sintervorgängen der Oxyde. Es steht außer Frage, daß auch Magnesium und Aluminium besonders im Strangpreßverfahren nach vorheriger gewöhnlicher Sinterung gut sintern[35]). Es wurde gezeigt, daß die er-

---

[32a]) Dieser Effekt ist inzwischen aufgefunden, vgl. F. SAUERWALD und M. CLASING, Plansee Seminar in Reutte 1952, „Zeitschrift für anorganische Chemie" demnächst.

[33]) Nach freundlichst übersandtem Manuskript.

[34]) F. SKAUPY, „Archiv für Metallkunde" [*1*] (1947) S. 307. und R. KIEFFER und F. BENESOVSKY, „Zeitschrift für Metallkunde" [*42*] (1951) S. 97.

[35]) F. SAUERWALD, „Archiv für Metallkunde" [1] (1947) S. 363.

haltenen Festigkeitswerte der pulvermetallurgischen Körper denen der gewöhnlich hergestellten durchaus ebenbürtig sind. Ziemlich sicher ist, daß *Kristallisationen* zwischen oxydischen Oberflächen eine Kornvergröberung des Metallkornes *verhindern.*

Bei Sinterungen nur im *Vakuum* unter technischen Verhältnissen muß immer mit dem Vorhandensein von Sauerstoffbeladungen gerechnet werden, von denen die wenigsten bei höherer Temperatur völlig verschwinden werden. Anders können die Verhältnisse nur liegen, wenn erst reduziert worden ist und dann Vakuum hergestellt wird, dies wären zweifellos die günstigsten Bedingungen. Unter diesen Bedingungen wurden die günstigsten obengenannten Ergebnisse von Goetzel beim Vakuumsintern erhalten.

Abb. 11 Mutmaßliche Beeinflussung von Oberflächendiffusion durch adsorbierte Schichten

Mit den genannten Faktoren ist aber die *Beeinflussungsmöglichkeit* durch adsorbierte Schichten keinesfalls erschöpft. Es muß vor allen Dingen daran gedacht werden, daß die *Oberflächeneigendiffusion* der Metallatome durch die Beladung mit Fremdatomen wahrscheinlich behindert sein wird, da sie ja gewissermaßen in die zweite Schicht gerückt worden sind. Viele Fehlstellen und Leerstellen der metallischen Oberflächen, die zur Erhöhung der Oberflächendiffusion der Metallatome Anlaß waren, werden durch adsorbierte Fremdatome besetzt sein und keinen derartigen Einfluß mehr ausüben können. Infolgedessen wird der früher (Abbildung 3b) geschilderte Ausgleich der Oberflächen durch Diffusion und Vergrößerung der Adhäsion nicht in dem Maße eintreten können, wie ohne Gasbeladung (Abbildung 11).

VI. Abschließende Bemerkungen

Bei den geschilderten Vorgängen war bei Mehrkomponentensystemen keine merkbare *Affinität* zwischen den Komponenten vorausgesetzt. Ist eine solche vorhanden, wie zum Beispiel zwischen Eisen und beigemengtem Graphit, so werden die Verhältnisse je nach der Stärke der Affinität wesentlich geändert. Die Adhäsion wird beträchtlich verstärkt werden, und die Vorgänge an den Teilchenoberflächen werden wesentlich mitbestimmt werden durch die *Diffusionsvorgänge,* sei es, daß diese bei unbegrenzter Mischbarkeit beliebig weit verlaufen können, oder bei begrenzter Mischbarkeit durch Entstehen neuer Phasen ebenfalls begrenzt werden können. Hier spielen die Vorschriften der entsprechenden *Zustandsdiagramme* schon mit.

In noch höherem Maße werden die Angaben der Zustandsdiagramme von Einfluß bei *Sinterungen unter gleichzeitigem* Auftreten von Schmelzphasen. Zweifellos treten hier die Einflußgrößen, die wir als charakteristisch für die Sinterungen in festem Zustand angesehen haben, weitgehend zurück. Die Adhäsionsverstärkung wird hier einfach hervorgerufen durch das *Eindringen der leicht beweglichen Schmelzen* in die nicht ausgefüllten Räume der Preßkörper, wobei eine Benetzbarkeit der Oberflächen durch die Schmelzen von wesentlicher Bedeutung sein wird. Diese wieder ist bei einer Löslichkeit der Komponenten ineinander sicher sehr gefördert.

Ein besonderer Fall von Adhäsion, der in diesem Zusammenhange zur Abrundung angeführt sei, liegt ferner bei *organischen Stoffen* mit langen *Fadenmolekülen* vor, wo nach einer Vorstellung von F. H. MÜLLER[36]), zum Beispiel bei Polystryrolteilchen, an den Berührungsstellen durch die Wärmebewegung der Fadenmoleküle die Teilchen miteinander „vernäht“ werden.

Auf alle diese Fragen kann leider im einzelnen nicht mehr eingegangen werden. Der Hauptzweck der gemachten Ausführungen war der, zu zeigen, daß, wenn auch die *allergrundsätzlichsten* Vorstellungen, die man sich früher über die Sintervorgänge gemacht hatte, sich wohl *bewährt haben*, auch heute noch eine *große Reihe* von *sehr wichtigen Problemen* besteht, über die wir noch nicht genügend Bescheid wissen und deren Lösung in theoretischer und auch vor allem praktischer Beziehung erwünscht wäre.

Es seien u. a. zusammenfassend folgende Probleme hervorgehoben, die uns bei unseren Erörterungen entgegengetreten sind:

1. Wie sehen die Realstrukturen der Oberflächen der Pulverteilchen aus, und welches Modell muß man sich von der effektiven Berührung derselben machen?

2. Wie geschieht die Vergrößerung der Adhäsion zwischen den Oberflächen z. B. durch Oberflächendiffusion, und welches Ausmaß erreicht dieselbe?

3. Wie erfolgt und verteilt sich die plastische Deformation in den äußeren und inneren Partien von Pulverteilchen bei der Herstellung und der Anwendung eines Preßdruckes?

4. Wie wirkt eine plastische Deformation auf Oberflächen- und Volumendiffusion?

5. In welchem Verhältnis steht die Geschwindigkeit der Erholung und Rekristallisation nach einer plastischen Verformung oder auch des Ausgleiches sonstiger Strukturinstabilitäten zur Sinterungsgeschwindigkeit?

---

[36]) „Kolloid-Zeitschrift“ [*96*] (1941) S. 230.

6. Welche Wirkungen haben Gase — insbesondere O_2- und H_2-Beladungen bzw. Oberflächenverbindungen auf Adhäsion und Kristallisation, insbesondere auf Oberflächendiffusion?

Nicht ohne Bedeutung für die Förderung dieser Fragestellung ist es, daß man versucht, sich die möglichen Vorgänge *modellmäßig vorzustellen oder aufzuzeichnen*, wofür einige Beispiele gegeben wurden. Die meisten der behandelten Probleme sind im Laufe der Entwicklung schon diskutiert worden und sind nicht neu, doch häufig kommt man erst beim Versuch genauer Modellvorstellungen dazu, die weiterführenden Fragestellungen, auf die es ankommen sollte, zu entdecken.

Institut für Physikalische Chemie mit Metall- und Werkstofflabatorium der Martin-Luther-Universität Halle-Wittenberg

Reaktionen mit festen Stoffen

Von K. HAUFFE

INHALT

I. Einführung

Die für zahlreiche Festkörperreaktionen bekannte Tatsache, daß auch ein Reaktionsablauf dann stattfindet, wenn die Ausgangsstoffe durch einen festen Endstoff in Form eines Ionenkristalls räumlich voneinander getrennt sind, wie zum Beispiel für den Reaktionsablauf

$$Ni + \frac{1}{2} O_{2(gas)} = NiO \tag{1}$$

mit der Schichtenfolge

$$Ni \mid NiO \mid O_{2(gas)},$$

dürfte wohl heute kaum mehr prinzipielle gedankliche Schwierigkeiten bereiten, wenn auch der Mechanismus im einzelnen häufig noch nicht genügend geklärt ist. Während der Festkörperchemiker mit den Erscheinungen der Platzwechselvorgänge — das sind Diffusions- beziehungsweise Wanderungsvorgänge von Ionen und Elektronen im Ionenkristall zur Reaktionszone — heute genügend vertraut ist, hat es jedoch bis in die jüngste Zeit hinein nicht an Einsprüchen und Bedenken aller Art gefehlt. Von gewisser Seite ging man sogar soweit, daß man ganz allgemein einen Reaktionsablauf im festen Zustand für unmöglich hielt[1]). In Unkenntnis der Tatsache des Vorhandenseins von Störstellen im idealen Gitter, d. h. Ionen auf Zwischengitterplätzen und unbesetzten Gitterplätzen, glaubte man die örtlichen Reaktionsstellen entweder als flüssig oder als gasförmig ansehen zu müssen. Als weiteren Ausweg zur Umgehung der Schwierigkeiten führte man die Möglichkeit eines An- und Abtransportes der Ausgangsstoffe und des Reaktionsproduktes über Poren und Hohlräume an. Aber trotz Einführung dieser letzten Möglichkeiten zur Deutung des Reaktionsmechanismus, der für zahlreiche Reaktionen durchaus zutrifft, gibt es eine große Zahl von Reaktionen, die auf Grund dieser Annahme nach wie vor unverständlich blieben, wenn man die Realität der oben erwähnten Ionenfehlordnungsstellen im Kristall verneinen wollte.

Ganz allgemein sind Platzwechselvorgänge in Ionenkristallen nur dann möglich, wenn das Gitter über eine gewisse Zahl von Fehlordnungsstellen verfügt. Die Bildung von Mischkristallen zum Beispiel mit ungestörten idealen Gittern aus ebenfalls ungestörten Ionenkristallen, zum Beispiel A_1B und A_2B, wäre

---

Sechsstündige Gastvorlesung an der Humboldt-Universität Berlin im Sommersemester 1950.

[1]) Vergleiche u. a. D. Balarew, „Zeitschrift für anorganische Chemie" [*160*] 92 (1927) und frühere Arbeiten.

infolge Fehlens von unbesetzten Gitterplätzen und Ionen auf Zwischengitterplätzen durch Platzwechsel zweier benachbarter Ionen nur dadurch möglich, daß zwei Ionen im wechselseitigen Sprung ihre Plätze vertauschen, wie dies in Abbildung 1 angedeutet ist[2]). Dieser Platzwechselmechanismus, der wohl gelegentlich in metallischen Mischphasen auftreten oder zumindest nach dem heutigen Stand unseres Wissens über Mischkristallbildung an metallischen Phasen nicht abgelehnt werden kann, muß in Ionenkristallen aus energetischen Gründen als sehr unwahrscheinlich angesehen werden. Außerdem wäre durch einen solchen Platzwechselvorgang eine elektrolytische Leitung und ein Transport elektrischer Ladungen nicht möglich. Ganz im Gegenteil konnte gezeigt werden, daß innerhalb der Fehlergrenzen die Ionenbeweglichkeit aus der Diffusion und umgekehrt berechnet werden kann, so daß Diffusion und Ionenleitung auf dem gleichen Elementarvorgang basieren müssen[3]). Dies ist aber nur dann möglich, wenn wir Störstellen im Gitter haben, das heißt, wenn einzelne Gitterplätze des Kationen- bzw. des Anionengitters nicht vollständig besetzt sind, oder wenn sich Kationen bzw. Anionen zwischen den regulären Gitterplätzen, also auf sogenannten Zwischengitterplätzen befinden.

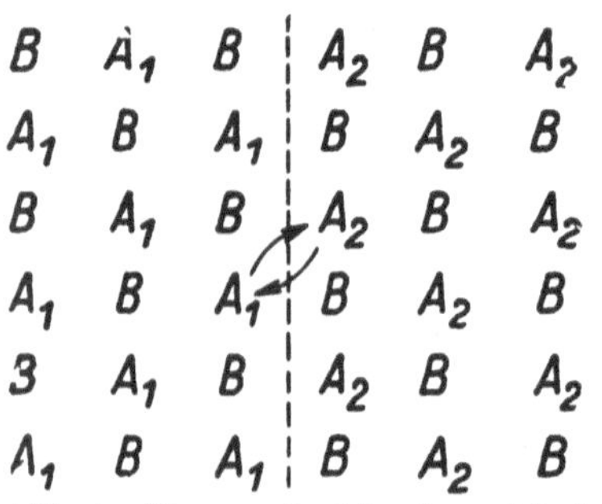

Abb. 1 Platzwechsel in einem ideal geordneten Gitter durch wechselseitigen Sprung eines A_1- und A_2-Teilchens.

Schon v. Hevesy[4]) versuchte, die Diffusionsvorgänge in Ionenkristallen und Metallen durch Annahme einer Störung im Gitter zu deuten, die er als „Auflockerung" bezeichnete. Jedoch sind diese Störstellen nicht identisch mit den nach Wagner und Schottky[5]) bezeichneten Fehlordnungsstellen, wie sie in der Theorie der Fehlordnungserscheinungen in festen Stoffen behandelt werden. Im Gegensatz zu den v. Hevesyschen Auflockerungen des Ionenkristalls, die nur eine qualitative Beschreibung erfahren haben, handelt es sich bei den Wagner-Schottkyschen Fehlordnungserscheinungen um reversible Fehl-

[2]) J. D. Bernal, „Transactins of the Faraday Society" [*34*] 837 (1938).

[3]) Vergleiche C. Wagner, „Zeitschrift für physikalische Chemie" (B) [*11*] 199 (1930); W. Jost, „Diffusion und chemische Reaktion in festen Stoffen" Dresden 1937 S. 39 ff.

[4]) G. v. Hevesy, „Zeitschrift für physikalische Chemie (A) [*101*] 337 (1922).

[5]) C. Wagner und W. Schottky, „Zeitschrift für physikalische Chemie" (B) [*11*] 163 (1930); C. Wagner, „Zeitschrift für physikalische Chemie", Bodenstein-Festband, 177 (1931); (B) [*22*] 181 (1933); W. Schottky, „Zeitschrift für physikalische Chemie" (B) [*29*] 335 (1935).

ordnungsgleichgewichte, die von den üblichen Zustandsgrößen wie Druck, Temperatur und Gaszusammensetzung der den Festkörper umgebenden Atmosphäre abhängig sind.

Aber nicht nur aus kinetischen Beobachtungen, wie der Diffusion, der elektrischen Leitfähigkeit und der Ionenbeweglichkeit, sondern auch auf Grund der Gleichgewichtsverhältnisse kann man mit der Existenz von Fehlordnungserscheinungen rechnen. Für eine Anzahl von Verbindungen, wie zum Beispiel Cu_2O, NiO, ZnO, Ag_2S und anderen, insbesondere für intermediäre Kristallarten metallischer Zweistoffsysteme ist bekannt, daß diese nicht immer eine exakt stöchiometrische Zusammensetzung besitzen, sondern in einem mehr oder weniger hohen Maße einen Kationen- oder Anionenüberschuß bzw. einen Überschuß des einen oder anderen Legierungspartners in der intermediären Kristallart aufweisen. Diese intermediären Kristallarten, die keiner exakten Formel entsprechen, sondern einem Existenzgebiet endlicher Breite, bezeichnen WAGNER und SCHOTTKY als geordnete Mischphasen. Abweichungen von der stöchiometrischen Zusammensetzung dieser Verbindungen sind aber wieder nur durch Annahme von Fehlordnungserscheinungen verständlich. Geeignete Fehlordnungsmodelle sind insbesondere von FRENKEL[6]) und SCHOTTKY[7]) beschrieben worden. WAGNERS Verdienst ist es, mittels dieser Fehlordnungsmodelle eine erweiterte Fehlordnungstheorie auf Grund theoretischer und experimenteller Arbeiten geschaffen zu haben. Ferner verdanken wir JOST[8]) eine einfache statistisch-thermodynamische Behandlung der energetischen Verhältnisse bei der Bildung von Fehlordnungsstellen, die dann von MOTT und LITTLETON verfeinert wurde[9]).

Auf Grund der hier nur angedeuteten Verhältnisse müssen wir zunächst in den folgenden Kapiteln die in Betracht kommenden Fehlordnungserscheinungen in Ionenkristallen und den Platzwechselmechanismus sowie den Mechanismus der Diffusion bzw. Wanderung von Ionen und Elektronen behandeln. Im Anschluß hieran werden dann an einigen ausgewählten Beispielen die folgenden Reaktionen mit festen Stoffen behandelt:

I. $A_{fest} + B_{gas} = AB_{fest}$

---

6) J. FRENKEL, „Zeitschrift für Physik" [*35*] 652 (1926).

7) W. SCHOTTKY, „Zeitschrift für physikalische Chemie" (B) [*29*] 335 (1935).

8) W. JOST, „Journal Chem. Phys." [*1*] 466 (1933); „Zeitschrift für physikalische Chemie" (A) [*169*] 129 (1934).

9) N. F. MOTT und M. LITTLETON, „Transactions of the Faraday Society" [*34*] 485 (1938). Vergleiche ferner E. S. RITTNER, A. HUTNER und F. K. DUPRE, „Journal of chemical Physics" [*17*] 198, 204, (1949); [*18*] 379 (1950).

In diese Reaktionsgruppe gehören die Zundervorgänge an Metallen und Metallegierungen, wie zum Beispiel

$$Ag + \frac{1}{2} Br_{2(gas)} = AgBr$$
$$Zn + \frac{1}{2} O_{2(gas)} = ZnO \text{ usw.}$$

II. $A_{fest} + B_{fest} = AB_{fest}$

In diese Reaktionsgruppe gehören alle additiven Festkörperreaktionen, wie zum Beispiel die der Doppelsalzbildung

$$2\,AgJ + HgJ_2 = Ag_2HgJ_4$$

und der Spinellbildung

$$MgO + Al_2O_3 = MgAl_2O_4$$

III. $A_{fest} + B_{fest} = C_{fest} + D_{fest}$

In dieser Reaktionsgruppe liegen die Verhältnisse etwas komplizierter, wie man sie beispielsweise bei den folgenden doppelten Umsetzungen zu erwarten haben wird:

$$Cu + AgCl = CuCl + Ag$$

oder $Co + Cu_2O = 2\,Cu + CoO$.

II. Über Fehlordnungserscheinungen in ionenleitenden Kristallen und die experimentelle Möglichkeit zu deren Ermittlung

1. DIE FEHLORDNUNGSMODELLE NACH FRENKEL UND NACH SCHOTTKY

In einem Ionenkristall der allgemeinen Form K^+A^- können grundsätzlich vier verschiedene Arten von Fehlordnungsstellen, die mit dem Kristallganzen im thermodynamischen Gleichgewicht stehen, auftreten. Diese werden nach SCHOTTKY durch die folgenden Symbole gekennzeichnet*):

1. Kationen auf Zwischengitterplätzen: K○˙
2. Leerstellen im Kationengitter: K□′
3. Anionen auf Zwischengitterplätzen: A○′
4. Leerstellen im Anionenteilgitter: A□˙

Die Möglichkeit einer Substitution von Kationen durch Anionen und umgekehrt fällt im Ionenkristall fort, da solche Vorgänge aus elektrostatisch-energetischen Gründen unwahrscheinlich sind. Des weiteren müssen wir Fehlordnungszustände in einfachen Ionenkristallen mit ganzzahliger stöchio-

*) Nach eingehenden Diskussionen des Verfassers mit Herrn Prof. SCHOTTKY hat die von ihm vorgeschlagene Symbolik, welche die Zwischengitterplatzbesetzung durch einen Kreis und die Leerstelle durch ein Kästchen kennzeichnet, wobei der beigefügte Punkt, Strich oder liegendes Kreuz den effektiven positiven, negativen oder neutralen Ladungszustand der Gesamtstörstelle angibt, gegenüber der von C. WAGNER angewandten gewisse Vorteile, wenn sie auch dem Chemiker zunächst nicht so geläufig ist. Weiterhin setzen wir für ein quasi-freies Elektron ⊖ und für eine Elektronendefektstelle ⊕.

metrischer Zusammensetzung unterscheiden von solchen in Ionenkristallen mit einem Überschuß der einen oder anderen Komponente. Da aber ein Überschuß von Kationen bzw. Anionen aus Elektroneutralitätsgründen mit dem Vorhandensein einer äquivalenten Menge an quasi-freien Elektronen ⊖ bzw. Elektronendefektstellen ⊕ gekoppelt ist und da ferner die Beweglichkeit der Elektronenstörstellen um ca. 3 bis 5 Zehnerpotenzen größer ist als die der Ionenfehlordnungsstellen, können wir ganz allgemein im Falle nichtstöchiometrisch zusammengesetzter Ionenkristalle, in denen die Ionenfehlordnungskonzentration gleich ist der Elektronenfehlordnungskonzentration, mit praktisch reiner Elektronenleitung rechnen. In diesem Kapitel, das die ionenleitenden Ionenkristalle zum Gegenstand hat, wollen wir zunächst alle nicht stöchiometrischen Ionenkristalle außer acht lassen. In der Gruppe der stöchiometrisch zusammengesetzten Kristalle gibt es sowohl solche — einige Oxyde und Sulfide —, die eine vorwiegende Elektronenfehlordnung aufweisen und demzufolge Elektronenleiter sind und die daher zunächst ebenfalls nicht behandelt werden sollen, als auch solche, die eine überwiegende Ionenfehlordnung besitzen und daher Ionenleiter sind. Aus diesen Überlegungen folgt ganz allgemein, daß das Vorhandensein einer Ionenleitung stets auf einen stöchiometrisch zusammengesetzten Ionenkristall hinweist.

In Anlehnung an SCHOTTKY[7]) wollen wir die Fehlordnungsgrenztypen für einen einfachen ganzzahlig stöchiometrisch zusammengesetzten Ionenkristall aufstellen[10]).

Diese nachfolgenden vier Grenztypen (Abbildung 2) sind von allgemeiner Gültigkeit und schließen die Fälle nichtstöchiometrischer Ionenkristalle mit ein. Der Grenztyp I wurde bereits im Jahre 1926 von FRENKEL am Beispiel des Silberbromids diskutiert. Hiernach bleibt das Anionenteilgitter ungestört, während eine gewisse Zahl von Kationen ihre Gitterplätze verlassen und auf Zwischengitterplätze wandern. Nach der WAGNER-SCHOTTKYschen Theorie steht die Zahl der Fehlordnungsstellen im thermodynamischen Gleichgewicht mit der Temperatur. Bezeichnen wir mit x die Gitterkonzentration nach dem Vorgang von SCHOTTKY, mit $Ag_{\circ}^{\cdot}$, die Silberionen auf Zwischengitterplätzen und mit $Ag_{\square}'$ die Silberionenleerstellen, dann gilt

$$x_{Ag_{\circ}^{\cdot}} = x_{Ag_{\square}'}. \tag{2}$$

Diese Tatsache ist auf Grund von Überführungsmessungen von TUBANDT[11]) wahrscheinlich, da die Stromleitung praktisch allein von Silberionen über-

---

[10]) Vergleiche auch E. KOCH und C. WAGNER „Zeitschrift für physikalische Chemie" (B) [*38*] 295 (1937).

[11]) C. TUBANDT, H. REINHOLD und W. JOST, „Zeitschrift für physikalische Chemie" (A) [*129*] 69 (1927); „Zeitschrift für anorganische Chemie" [*177*] 253 (1928).

Grenztypus I: Kationen auf Zwischengitterplätzen und Leerstellen im Kationenteilgitter (Frenkel-Typ).

Grenztypus II: Anionen auf Zwischengitterplätzen und Leerstellen im Anionenteilgitter (Anti-Frenkel-Typ).

Grenztypus III: Kationen und Anionen auf Zwischengitterplätzen (Anti-Schottky-Typ).

Grenztypus IV: Leerstellen im Anionen- und Kationenteilgitter (Schottky-Typ).

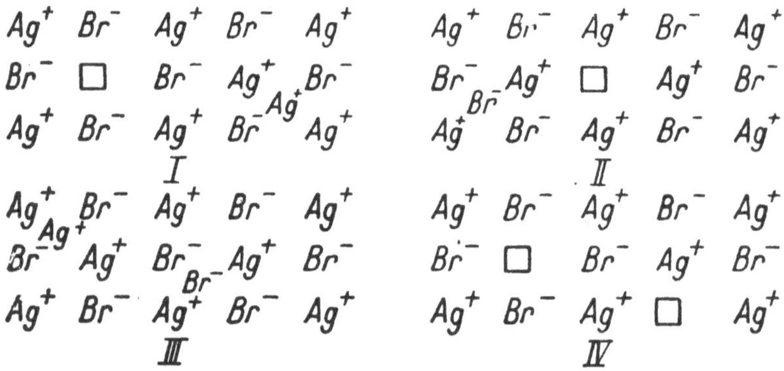

Abb. 2 Die möglichen vier Fehlordnungsgrenztypen am Beispiel des AgBr erläutert. I. Frenkel-Typ; II. Anti-Frenkel-Typ; III. Anti-Schottky-Typ; IV. Schottky-Typ.

nommen wird, was auf alleinige Ag^{+}-Ionenfehlordnung schließen läßt. Insbesondere konnten Wagner und Beyer[12]) dieses Fehlordnungsschema trotz gewisser Bedenken von Seitz[13]) durch Kombination von röntgenographischer Bestimmung der Gitterkonstanten und von makroskopischer Dichtebestimmung bestätigen. Wie aus Abbild. 3 hervorgeht, ist Ionenbewegung und Stromleitung entweder durch Sprung eines Ag-Ions von seinem Zwischengitterplatz auf den

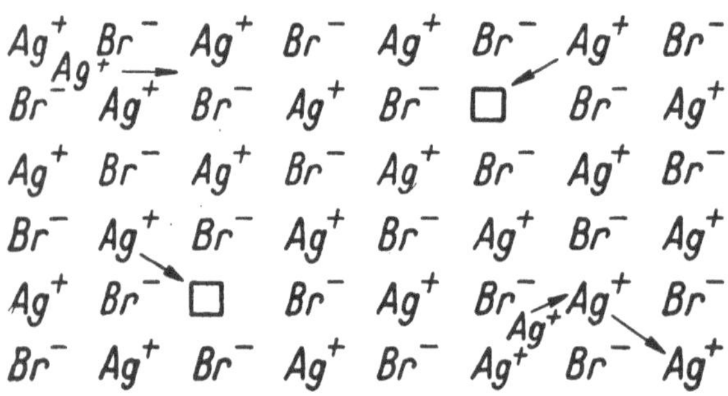

Abb. 3 Fehlordnung nach Frenkel im AgBr.

[12]) C. Wagner und J. Beyer, „Zeitschrift für physikalische Chemie" (B) [*22*] 13 (1936).

[13]) F. Seitz, „Physical Review" [*54*] 1111 (1938); [*56*] 1063 (1939).

nächstbenachbarten Zwischengitterplatz möglich, oder indem ein Ag^+-Ion auf Zwischengitterplatz ein nächst benachbartes Ag^+-Ion von seinem Gitterplatz verdrängt, so daß letzteres auf den nächsten Zwischengitterplatz springt. (Siehe Abbildung 3, rechts unten.) Ferner existiert eine gewisse Zahl unbesetzter Ag^+-Ionengitterplätze. Im Falle der „Wanderung einer Leerstelle" springt ein Ion von seinem Gitterplatz in die benachbarte Leerstelle, wobei an der Stelle des bewegten Ions eine Leerstelle neu entsteht.

WAGNER konnte nachweisen[14]), daß auch bei einem geringen Überschuß an Halogen, der das Auftreten einer äquivalenten Zahl von Elektronendefektstellen $\oplus$ im Kristall verursacht, die Ag^+-Ionen praktisch den gesamten Stromtransport übernehmen, wie aus der kaum bemerkbaren Änderung der Gesamtleitfähigkeit mit variierendem Halogenpartialdruck zu entnehmen ist. Die Aufnahme von zum Beispiel überschüssigem Brom durch AgBr kann durch folgende Gleichung beschrieben werden:

$$\frac{1}{2}\, Br_2^{(g)} + Ag\circ^{\cdot} \rightleftharpoons AgBr + \oplus \tag{3}$$

$$\text{bzw.}\ \frac{1}{2}\, Br_2^{(g)} \rightleftharpoons AgBr + Ag\square' + \oplus$$

Zur Ionenbildung übernehmen also Bromatome Elektronen von regulären Gitterplätzen unter Erzeugung von Elektronendefektstellen $\oplus$. Gleichzeitig wandern Ag-Ionen entweder über Zwischengitterplätze oder Leerstellen nach außen und bilden mit den Br-Ionen ein nach außen erweitertes AgBr-Gitter. Wegen der vom Brompartialdruck praktisch unabhängigen Ag-Ionenleitfähigkeit kann man im Massenwirkungsansatz für (3) neben den Konzentrationen der Ag^+- und Br^--Ionen und Elektronen auf Gitterplätzen auch die Konzentration der Ag^+-Ionen auf Zwischengitterplätzen und der Ag^+-Ionenleerstellen als konstant ansehen. Hieraus folgt der Massenwirkungsansatz:

$$\frac{x_{\oplus}}{\sqrt{p_{Br_2}}} = K \tag{4}$$

und weiter

$$\varkappa_{\oplus} = \text{konst} \cdot x_{\oplus} = \text{konst}^* \cdot p_{Br_2}^{1/2} \tag{5}$$

Das heißt, im Gegensatz zur Gesamtleitfähigkeit ist die Elektronenteilleitfähigkeit $\varkappa_{\oplus}$ proportional der Quadratwurzel des Brompartialdruckes. Dieser Befund steht im Einklang mit den im Kapitel 3 behandelten Bromierungsgeschwindigkeiten.

---

[14]) C. WAGNER, „Zeitschrift für physikalische Chemie" (B) [*32*] 447 (1936).

Grenztypus II (Anti-FRENKEL-Typ) wurde bisher an einfachen Ionenkristallen nicht nachgewiesen. In neuster Zeit konnten BRAUER und TIESLER[15]) den von WAGNER an CaF_2 und kristallographisch gleichartigen Kristallarten wie Mg_2Pb und Mg_2Sn erwarteten Grenztypus III experimentell realisieren.

Bei Abbildung 4 wird am Beispiel des NaCl SCHOTTKY-Fehlordnung angenommen[16]). Aus Elektroneutralitätsgründen haben entsprechend einem thermo-

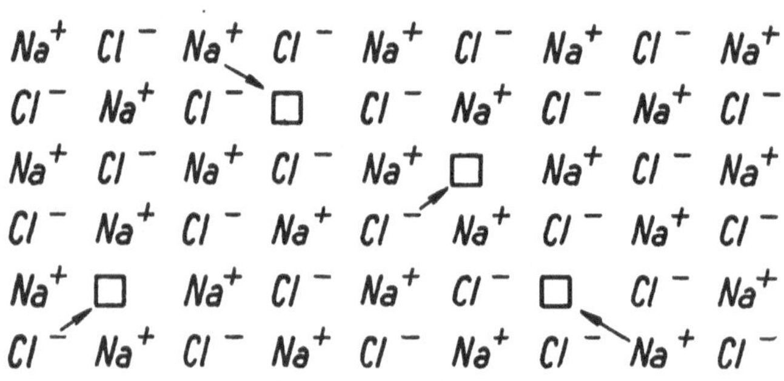

Abb. 4 Fehlordnung nach SCHOTTKY im NaCl.

dynamischen Gleichgewicht eine gleiche Zahl Na^+- und Cl^--Ionen ihre Gitterplätze verlassen und hierbei eine gleiche Zahl von Kationen- und Anionenleerstellen verursacht. Diffusion und Stromtransport finden durch Leerstellenwanderung statt. Überführungsmessungen zeigen je nach Temperaturgebiet eine mehr oder minder starke Beteiligung der Kationen und Anionen am Stromtransport. Bei Bestrahlung mit UV-Licht und Bedampfen mit Alkalimetallen verlieren die Alkalihalogenide ihre charakteristische Ionenleitung und werden praktisch reine Elektronenleiter. Diese Elektronenleitung kann man sich in folgender Weise klarmachen: Durch Bestrahlen mit UV-Licht oder Bedampfen mit Alkalimetall wird die stöchiometrische Zusammensetzung des NaCl beseitigt, indem durch abdissoziierendes Chlor bzw. zum Na abwandernde Cl^--Ionen im Kristall Cl^--Leerstellen und aus Elektroneutralitätsgründen quasi-freie Elektronen ⊖ entstehen. Diese quasi-freien Elektronen werden zu einem hohen Prozentsatz von den Anionenleerstellen, die als Elektronenfallen wirken, eingefangen und bilden die nach POHL und HILSCH bekannten F-Zentren (Farbzentren) (siehe Abbildung 5).

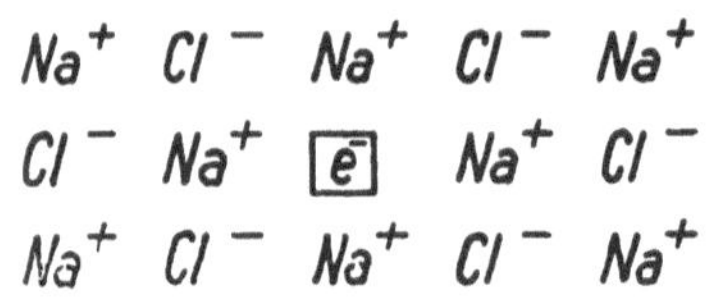

Abb. 5 Auftreten eines F-Zentrums im NaCl nach SCHOTTKY.

---

15) G. BRAUER und E. TIESLER, „Zeitschrift für anorganische Chemie" [262] 309 (1950)

16) W. SCHOTTKY, „Zeitschrift für physikalische Chemie" (B) [29] 335 (1935).

Hier übernimmt das Elektron in der Anionenleerstelle die Aufgabe des abwesenden Anions. Das entsprechende Modellbild wurde von SCHOTTKY[17]) bereits 1935 als das wahrscheinlichste bezeichnet und 1937 von DEBOER übernommen und kann wie folgt beschrieben werden:

$$\mathrm{Na_{ads}} = \mathrm{Na\ Cl} + \ominus + \mathrm{Cl}\square^{\bullet}$$

$$\ominus + \mathrm{Cl}\square^{\cdot}\ (\text{umgeben von 6 Na}^{+}) = \underbrace{\mathrm{Cl}\square^{\times}\ (\text{umgeben von 6 Na}^{+})}_{\text{F-Zentrum}} \qquad (6)$$

Das Auftreten von F-Zentren zeigt sich durch eine Blaufärbung des Alkalihalogenidkristalls an. Die gleiche Erscheinung kann auch dadurch erzeugt werden, daß ein farbloser durchsichtiger KBr-Kristall zwischen einer Platin-Kathode und -Anode auf etwa 600° C erhitzt wird, wobei nach Anlegen einer genügend hohen Spannung eine farbige Wolke von der Kathode aus in den Kristall eindringt und zur Anode wandert (Abbildung 6). Die Wanderungs-

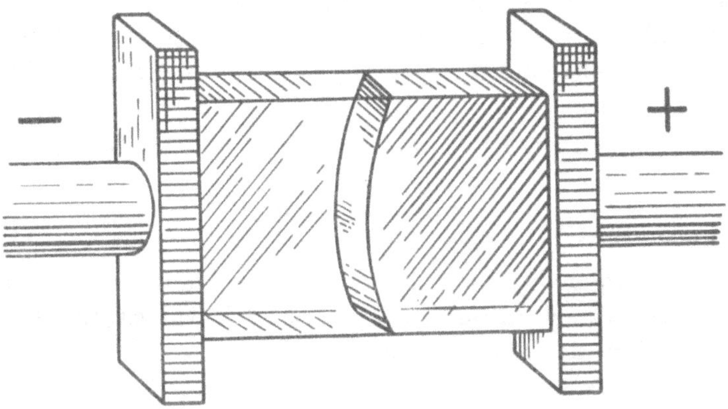

Abb. 6 Wanderung der F-Zentren in einem KBr-Kristall in Anwesenheit eines elektr. Feldes

geschwindigkeit der Wolke läßt sich hierbei in einfacher Weise mit der Stoppuhr messen. Diese Farbzentren-Beweglichkeit ist ein Maß für die Elektronenbeweglichkeit unter den speziellen Bedingungen der gewählten Temperatur und der Größe des elektrischen Feldes sowie der zur Wanderung zur Verfügung stehenden Zahl von Elektronen. Eine Vernichtung der F-Zentren ist neben Elektrolyse ganz besonders durch Behandeln des Kristalls mit Halogendampf bei höheren Temperaturen möglich.

---

17) W. SCHOTTKY, „Zeitschrift für physikalische Chemie" (B) [*29*], 335 (1935); „Wissenschaftliche Veröffentlichungen aus den Siemens-Werken" [*14*], 2. Heft (1935); J. H. DE BOER „Recueil des Travaux Chimiques des Pays-Bas" [*56*] 301 (1937).

Wenn auch eine klare Entscheidung zwischen FRENKEL- und SCHOTTKY-Fehlordnungstyp bisher nur an wenigen Beispielen möglich ist, so wird man SCHOTTKY-Fehlordnung nicht nur in den Alkalihalogeniden, sondern auch in manchen stöchiometrisch zusammengesetzten Oxyden und Sulfiden zu erwarten haben.

2. ELEKTRISCHE LEITFÄHIGKEITS- UND ÜBERFÜHRUNGSMESSUNGEN AN EINFACHEN IONENKRISTALLEN UND IONENLEITENDEN HETEROTYPEN MISCHPHASEN

An Hand von Überführungsmessungen können wir die Ionenkristalle in reine Kationen- und Anionenleiter, sowie gemischte Kationen-Anionenleiter und Elektronenleiter einteilen, ohne jedoch Aussagen über das Fehlordnungsmodell machen zu können. Die ersten quantitativen Überführungsmessungen an einer großen Zahl von Salzen durchgeführt zu haben, ist das große Verdienst von TUBANDT und seinen Mitarbeitern[18]). Wie bereits erwähnt, stehen die Stromleitungsanteile der Kationen und Anionen in unmittelbarem Zusammenhang mit ihren Fehlordnungskonzentrationen und Beweglichkeiten, deren Kenntnis für die Abschätzung und die Deutung eines Reaktionsablaufs mit festen Stoffen erforderlich ist.

Bezeichnet man mit i den Gesamtstrom und führt unter Beachtung von

$$e_{K\circ^{\cdot}} = - e_{K\square'} = | e_{K^+} | \tag{7}$$

die absoluten Wertigkeitszahlen $z_{K^+} = \frac{|e_{K^+}|}{e}$ ein, wobei e die Elementarladung des Elektrons und e die Ladung der Fehlordnungsstelle bedeuten, dann folgt das Stromverhältnis i_{K^+}/i aus dem Verhältnis der spezifischen Leitfähigkeiten $\varkappa$ bzw. der Teilströme dn/dt

$$\frac{i_{K^+}}{i} = \frac{\varkappa_{K^+}}{\varkappa_{K^+} + \varkappa_{A^-} + \varkappa_{e^-}} = \frac{z_{K^+}\,(dn_{K^+}/dt)}{z_{K^+}\,(dn_{K^+}/dt) + z_{A^-}\,(dn_{A^-}/dt) + dn_{e^-}/dt} \tag{8}$$

Ausdruck (8) bezeichnet man als „Überführungszahl" der K^+-Ionen.

$$\mathfrak{n}_{K^+} = \frac{i_{K^+}}{i} \tag{9}$$

Allgemein folgt aus (8) und (9)

$$\mathfrak{n}_{K^+} + \mathfrak{n}_{A^-} + \mathfrak{n}_{e^-} = 1 \tag{10}$$

Faßt man alle materiellen $\mathfrak{n}$-Werte als elektrolytische Überführungszahlen $\mathfrak{n}_{Ion}$ zusammen, so wird aus (10)

$$\mathfrak{n}_{Ion} + \mathfrak{n}_{e^-} = 1 \tag{11}$$

Je nachdem ob das erste oder zweite Glied in (11) überwiegt, spricht man von Ionen- oder Elektronenleitern.

---

[18]) C. TUBANDT, „Handbuch für Experimental-Physik", Band XII, Teil 1, Leipzig (1932).

Während in flüssigen Lösungen die Überführungszahlen der Ionen von annähernd gleicher Größenordnung sind und nur maximal zwischen den Grenzen 0.2 bis 0.8 schwanken, ergibt sich aus den Überführungsversuchen an festen Stoffen ein recht verschiedenartiges Bild. Hier gibt es reine Elektronenleiter und solche, die eine fast 100%ige Kationen- bzw. Anionenleitung zeigen. Eine in annähernd der gleichen Größenordnung liegende gemischte Kationen-Anionen-Leitung wurde bisher nur an wenigen Salzen wie den Alkalihalogeniden und dem PbJ_2 gefunden.

Nach TUBANDT werden die zu untersuchenden Salze zu flachen Zylindern verpreßt und mit ihren geschliffenen Flächen unter Druck in guten Kontakt aufeinandergebracht. Durch Anlegen eines definierten Potentials wird ein Stromfluß erzeugt und zur Bestimmung der effektiv hineingeschickten Strommenge ein Ag-Coulometer in den Stromkreis eingeschaltet. Nach Abschalten des Stromes kann die Beteiligung der Ionen am Stromtransport an den jeweiligen Gewichtsänderungen der Zylinder, die man durch Wägen sehr genau bestimmen kann, errechnet werden. Im allgemeinen treten an den Grenzflächen der einzelnen Pastillen keine Kristallverwachsungen auf, so daß sich die Zylinder nach dem Versuch glatt und ohne Masseverlust wieder trennen lassen.

Tabelle 1 zeigt das Ergebnis eines Überführungsversuchs an AgJ bei 150° C.

	III	II	I	
Ag — Anode	AgJ	AgJ	AgJ	Pt — Kathode

Tabelle 1 Überführungsmessungen an α-AgJ bei 150° C.

Versuchsanordnung	Gewicht in Gramm vor Stromdurchgang	Gewicht in Gramm nach Stromdurchgang	Gewichtsänderung in Gramm
Pt-Kathode	0.3161	} 6.0676	} 0.8337
AgJ-Zylinder I	4.9178		
AgJ-Zylinder II	2.1371	2.1371	0.0000
AgJ-Zylinder III	3.7753	3.7754	0.0001
Ag-Anode	1.9937	1.1599	− 0.8338
Ag im Coulometer			+ 0.8338

$$n_{Ag^+} = 1.00 \qquad n_{J^-} = 0.00$$

Treten Komplikationen bei Überführungsmessungen auf, wie sie beispielsweise beim Stromdurchgang durch Ag_2S infolge intermediärer Schwefelbildung im Kathodenraum festgestellt werden, oder treten andere experimentelle Schwierigkeiten auf, so besteht die Möglichkeit, die Überführungszahl durch EMK-Messungen zu ermitteln. Nach dieser Methode bestimmte WAGNER die Überführungszahl an Ag_2S, indem er die EMK E der folgenden Kette feststellte[19])

$$\text{Pt (Schwefel)} \mid Ag_2S \mid Ag$$

Die EMK wurde zu 0.002 bis 0.005 Volt gefunden. Auf Grund der Bildungsaffinität müßte sich ein Wert $E_0 = 0.20$ Volt ergeben. Hieraus ergibt sich die Überführungszahl der Ag-Ionen

$$n_{Ag^+} = E/E_0 \tag{12}$$

zu 0.01 bis 0.02, das heißt am Stromtransport beteiligen sich die Ag^+-Ionen nur zu 1 bis 2%, während die Elektronen praktisch den gesamten Stromtransport besorgen.

Während die Leitfähigkeit der einfachen Ionenkristalle in Abhängigkeit von der Temperatur häufig bekannt ist, jedoch zur Aufklärung des Fehlordnungsmodells allein nicht genügt, treten interessante Leitfähigkeitseffekte an heterotypen Mischphasen auf, die einen tieferen Einblick gestatten. Den Begriff der heterotypen Mischphase hat LAVES geprägt[20]). WAGNER hat ihn für Ionenmischkristallsysteme übernommen, bei denen anderswertige Ionen in einen Wirtskristall eingebaut werden, wie z. B. $CdBr_2$ bzw. Ag_2S in AgBr. Durch den Einbau anderswertiger Ionen sind die experimentellen und theoretischen Grundlagen gegeben, um die Entscheidung zwischen FRENKEL- und SCHOTTKY-Fehlordnung herbeizuführen. Dies wollen wir im folgenden an Hand des experimentellen Materials von KOCH und WAGNER[21]) sowie von TELTOW zeigen[22]).

Abb. 7 Fehlordnung der Ag^+-Jonen in einem $AgBr$-$CdBr_2$-Mischkristall nach WAGNER.

Unter der Annahme von FRENKEL-Fehlordnung gilt sowohl für den stöchiometrischen wie für den „verdünnt" fremdstoffhaltigen AgBr-Kristall das Massenwirkungsgesetz

$$x_{Ag\square'} \cdot x_{Ag\circ^{\cdot}} = K \tag{13}$$

mit der Bedingung für die reine AgBr-Phase (Index^0)

$$x^\circ_{Ag\square'} = x^\circ_{Ag\circ^{\cdot}} \tag{14}$$

---

[19]) C. WAGNER, „Zeitschrift für physikalische Chemie" (B) [*21*] 42 (1933).

[20]) F. LAVES, „Die Chemie" [*57*] 30 (1944).

[21]) E. KOCH und C. WAGNER, „Zeitschrift für physikalische Chemie" (B) [*38*] 295 (1937).

[22]) J. TELTOW, „Annalen der Physik" (6) [*5*] 71 (1949); „Zeitschrift für physikalische Chemie" [*195*] 197, 312 (1950).

Beim Einbau von $CdBr_2$ in das AgBr-Gitter wird aus Elektroneutralitätsgründen pro eingebautem Cd^{2+}-Ion im Kationenteilgitter eine Ag^+-Ionenleerstelle erzeugt, während das zweiwertige Cd-Ion an Stelle des Ag-Ions auf Gitterplatz geht. Den Einbau kann man in folgender Weise formulieren:

$$CdBr_2 = Cd^{\bullet\cdot}(Ag) + Ag\square' + 2\,AgBr$$

(siehe Abbildung 7). Aus Elektroneutralitätsgründen gilt beim Einbau von $CdBr_2$ die Elektroneutralitätsbedingung

$$x_{Ag\square'} = x_{Ag\circ^{\cdot}} + x_{Cd^{\bullet\cdot}(Ag)} \tag{15}$$

Aus (13) und (15) folgt nach Division durch $x^0_{Ag\square'}$

$$\frac{x_{Ag\square'}}{x^{\circ}_{Ag\square'}} = \frac{x_{Cd^{\bullet\cdot}(Ag)}}{2\,x^{\circ}_{Ag\square'}} + \sqrt{\left(\frac{x_{Cd^{\bullet\cdot}(Ag)}}{2\,x^{\circ}_{Ag\square'}}\right)^2 + 1} \tag{16}$$

Entsprechend gilt für

$$\frac{x_{Ag\circ^{\cdot}}}{x^{\circ}_{Ag\circ^{\cdot}}} = -\frac{x_{Cd^{\bullet\cdot}(Ag)}}{2\,x^{\circ}_{Ag\circ^{\cdot}}} + \sqrt{\left(\frac{x_{Cd^{\bullet\cdot}(Ag)}}{2\,x^{\circ}_{Ag\circ^{\cdot}}}\right)^2 + 1} \tag{17}$$

Da aber die elektrische Leitfähigkeit $\varkappa$ bzw. das Leitfähigkeitsverhältnis $\varkappa/\varkappa^{\circ}$ proportional ist dem Ausdruck

$$\frac{\varkappa}{\varkappa^{\circ}} \backsim \frac{x_{Ag\square'}}{2\,x^{\circ}_{Ag\square'}} + \frac{x_{Ag\circ^{\cdot}}}{2\,x^{\circ}_{Ag\circ^{\cdot}}} \quad \left(\begin{matrix}\text{nur gültig für}\\ B_{Ag\circ^{\cdot}} \approx B_{Ag\square'}\end{matrix}\right), \tag{18}$$

ergibt sich im Falle Vorliegens von FRENKEL-Fehlordnung unter Berücksichtigung der verschiedenen Beweglichkeiten der Ag-Ionen auf Zwischengitterplätzen $B_{Ag\circ^{\cdot}}$ und der Ag-Ionenleerstellen $B_{Ag\square'}$, also für den Fall $B_{Ag\circ^{\cdot}} \neq B_{Ag\square'}$

$$\frac{\varkappa}{\varkappa^{\circ}} = \sqrt{\left(\frac{x_{Cd^{\bullet\cdot}(Ag)}}{2\,x^{\circ}_{Ag\square'}}\right)^2 + 1} - \frac{B_{Ag\circ^{\cdot}} - B_{Ag\square'}}{B_{Ag\circ^{\cdot}} + B_{Ag\square'}} \cdot \frac{x_{Cd^{\bullet\cdot}(Ag)}}{2\,x^{\circ}_{Ag\square'}} \tag{19}$$

Beim Einbau von Ag_2S, also eines höherwertigen Anions in das AgBr-Gitter, erhalten wir für FRENKEL-Fehlordnung letzten Endes unter Beachtung der verschiedenen Beweglichkeiten der fehlgeordneten Ag-Ionen eine analoge Beziehung wie (19)[22a])

$$\frac{\varkappa}{\varkappa^{\circ}} = \sqrt{\left(\frac{x_{Ag_2S}}{2\,x^{\circ}_{Ag\circ^{\cdot}}}\right)^2 + 1} + \frac{B_{Ag\circ^{\cdot}} - B_{Ag\square'}}{B_{Ag\circ^{\cdot}} + B_{Ag\square'}} \cdot \frac{x_{Ag_2S}}{2\,x^{\circ}_{Ag\circ^{\cdot}}} \tag{20}$$

Wenn hingegen reine SCHOTTKY-Fehlordnung im AgBr-Kristall herrscht, dann muß man neben der Beweglichkeit $B_{Ag\square'}$ die Beweglichkeit der Br-

22a) Vergleiche K. HAUFFE, „Fehlordnungserscheinungen und Leitungsvorgänge in ionen- und elektronenleitenden festen Stoffen" in den Ergebnissen der exakten Naturwissenschaften [25] 193 (1951).

Leerstellen $B_{Br\square'}$ berücksichtigen und erhält für das Leitfähigkeitsverhältnis $\varkappa/\varkappa^0$ eines mit $CdBr_2$ versetzten Mischkristalls den Ausdruck

$$\frac{\varkappa}{\varkappa^0} = \sqrt{\left(\frac{x_{Cd\bullet\cdot(Ag)}}{2x^0_{Ag\square'}}\right)^2 + 1} + \frac{B_{Ag\square'} - B_{Br\square\cdot}}{B_{Ag\square'} + B_{Br\square\cdot}} \cdot \frac{x_{Cd\bullet\cdot(Ag)}}{2x^0_{Ag\square'}} \qquad (21)$$

Wie man aus (19) und (21) erkennt, erhält man sowohl bei Vorliegen von FRENKEL- wie von SCHOTTKY-Fehlordnung beim Zusatz von $CdBr_2$ zu AgBr für $x_{CdBr_2} \ll x_{Ag\square'}$

$$\frac{\varkappa}{\varkappa^0} \approx \frac{1}{2}\frac{x_{Cd\bullet\cdot(Ag)}}{x^0_{Ag\square'}} \cdot \frac{2B_{Ag\square'}}{B_{Ag\circ\cdot} + B_{Ag\square'}} \quad \text{(FRENKEL-Fehlordnung)} \qquad (22\,a)$$

$$\frac{\varkappa}{\varkappa^0} \approx \frac{1}{2}\frac{x_{Cd\bullet\cdot(Ag)}}{x^0_{Ag\square'}} \cdot \frac{2B_{Ag\square'}}{B_{Ag\square'} + B_{Br\square\cdot}} \quad \text{(SCHOTTKY-Fehlordnung)} \qquad (22\,b)$$

Da nun nach KOCH und WAGNER, wie nach TELTOW $B_{Ag_\circ\cdot}$ mehrfach größer als $B_{Ag\square\cdot}$ und $B_{Br\square\cdot} \ll B_{Ag\square'}$ ist, müßte im Falle einer SCHOTTKY-Fehlordnung das Steigungsmaß der Kurven mindestens um den Faktor 2 größer sein. Wie die Versuchsergebnisse an AgBr und an AgCl mit Zusätzen bei 300 und 350° C ergeben, sprechen sowohl die KOCH-WAGNERschen wie die TELTOWschen Meßergebnisse für eine FRENKEL-Fehlordnung (Abbildung 8). Eine noch wirksamere Entscheidung zwischen FRENKEL- und SCHOTTKY-Fehlordnung bringt hingegen der Verlauf der elektrischen Leitfähigkeit von AgBr beim Einbau von Ag_2S bzw. Ag_2Se. Hier nämlich gilt im Falle von SCHOTTKY-Fehlordnung für das Leitfähigkeitsverhältnis unter Beachtung der oben erwähnten Tatsache

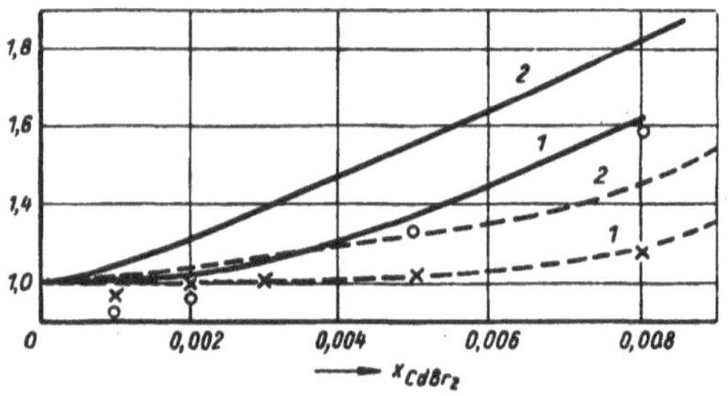

Abb. 8 Die Abhängigkeit des Leitfähigkeitsverhältnisses $\varkappa/\varkappa^0$ einiger $AgBr$-$CdBr_2$-Mischkristalle vom $CdBr_2$-Gehalt. Die Kurven 1 entsprechen FRENKEL-Fehlordnung, während die Kurven 2 einer SCHOTTKY-Fehlordnung Rechnung tragen (- - - - für das System $AgBr/CdBr_2$ bei 350° C und ——— für dasselbe System bei 300° C nach WAGNER).

$B_{Ag\square'} \gg B_{Br\square\cdot}$

$$\frac{\varkappa}{\varkappa^0} = \frac{1}{\frac{x_{Ag_2S}}{2x^0_{Ag\square'}} + \left[\left(\frac{x_{Ag_2S}}{2x^0_{Ag\square'}}\right)^2 + 1\right]^{1/2}} \qquad (23)$$

und für $x_{Ag_2S} \gg x^0_{Ag\square'}$

$$\frac{\varkappa}{\varkappa^0} \approx \frac{x^0_{Ag\square'}}{x_{Ag_2S}} \quad \text{(SCHOTTKY-Fehlordnung)} \qquad (24)$$

(24) ist aber grundsätzlich verschieden von (20) bzw. von

$$\frac{\varkappa}{\varkappa^{\circ}} \approx \frac{1}{2} \frac{x_{Ag_2S}}{x^{\circ}_{Ag\circ\cdot}} \cdot \frac{2\, B_{Ag\circ\cdot}}{B_{Ag\circ\cdot} + B_{Ag\square'}} \qquad \text{(Frenkel-Fehlordnung)} \qquad (25)$$

Teltow fand durch Einbau von Ag_2S eine Zunahme der elektrischen Leitfähigkeit, was ebenfalls auf überwiegende FRENKEL-Fehlordnung hinweist. Diese eindeutige experimentelle Entscheidung ist allerdings aus Gründen der außerordentlich geringen Löslichkeit von Ag_2S in AgBr (bei 400° C nur einige 100stel Mol%) nur begrenzt durchführbar gewesen. Da diese Ausführungen zur Ermittlung des Fehlordnungsmodells für alle kationenfehlgeordneten und nach sinngemäßer Berücksichtigung auch für alle anionenfehlgeordneten Kristalle von allgemeiner Gültigkeit und Anwendung sind, wurde die Darstellung so ausführlich gehalten.

3. THERMOKRAFTMESSUNGEN UND LUDWIG-SORET-EFFEKT AN IONENLEITENDEN KRISTALLEN

Bringt man den Mischkristall eines Salzpaares mit praktisch ausschließlicher Ionenleitung, zum Beispiel CuBr-AgBr, in ein Temperaturfeld $T_2 - T_1 = \Delta T$ ($T_2 > T_1$), dann beobachtet man nach einer gewissen Reaktionszeit, daß der anfangs homogene Mischkristall sich zu einem gewissen Grade entmischt hat. In diesem Mischkristall findet bei mehr als 50 Mol% AgBr in einem Temperaturgebiet oberhalb 200° C eine Anreicherung von AgBr in den auf tieferen Temperaturen befindlichen Teilen des ursprünglich homogenen Mischkristalls statt, während an demselben Mischkristallsystem mit weniger als 50 Mol% AgBr bzw. mehr als 50 Mol% CuBr eine Anreicherung an AgBr in den auf höheren Temperaturen befindlichen Mischkristallteilen beobachtet wird. Diesen Effekt bezeichnet man als LUDWIG-SORET-Effekt in Mischkristallen. In unmittelbarer Beziehung hiermit stehen die beobachteten thermoelektrischen Kräfte, die im stromlosen Zustand auftreten müssen, um die Diffusionsbewegungen der positiven und negativen Stör-Ionen einander anzugleichen und somit, ebenso wie die beobachteten resultierenden Diffusionseffekte („thermolytische Ionenwanderung"), aus den Einzel-Diffusionstendenzen der beteiligten Partner berechenbar werden.

Wie man schon qualitativ aus den eben erwähnten Zusammenhängen erkennt, kann eine unmittelbare Verknüpfung zwischen diesen Größen mit den bisher behandelten, wie Ionenbeweglichkeit und Überführungszahl, herbeigeführt werden. Ganz allgemein kann man schon jetzt vorhersehen, daß eine thermolytische Ionenwanderung und damit ein LUDWIG-SORET-Effekt nur dann zu erwarten ist, wenn die relative Beweglichkeit der Ionen, das heißt ihre Überführungszahlen, in dem Temperaturgebiet erstens genügend groß und zweitens merklich von der Temperatur abhängig ist. Hier bieten sich also weitere theoretische wie experimentelle Methoden an, um Platzwechselreaktionen ganz allgemein zu untersuchen und im Speziellen diese auf nichtisotherme Systeme zu erweitern.

Wir behandeln nach Reinhold[23]) zunächst den einfachen Fall eines festen homogenen Elektrolyten mit reiner Kationenleitung, zum Beispiel AgBr, in der Kette

$$\underset{T+dT}{Ag \mid AgBr} \mid \underset{T}{Ag}$$

Hier wandern die Ag^+-Ionen innerhalb des festen Elektrolyten vom heißen zum kalten Teil. Für die Thermokraft dE/dT einer Kette aus zwei Leitern I und II gilt allgemein

$$\frac{dE}{dT} = \frac{\Pi^{I/II}}{T} \tag{26}$$

$\Pi^{I/II}$ bedeutet die Peltier-Wärme, das heißt die pro Coulomb erzeugte Wärme, wenn ein positiver Strom, zum Beispiel von Kationen, vom Leiter I durch die Lötstelle I/II zum Leiter II fließt. Unter Zugrundelegung der Formulierung von Wagner[24]) können wir folgenden allgemein gültigen Ausdruck für die Peltier-Wärme hinschreiben

$$\Pi^{I/II} = -\frac{1}{F}\left\{ n_i^{I/II} \cdot T\left(s_i^{II} - s_i^{I}\right) + \mathfrak{n}_i^{II} H_i^{II} - \mathfrak{n}_i^{I} H_i^{I} \right\} \tag{27}$$

Hier bedeuten s_i^I bzw. s_i^{II} die partiellen molaren Entropien der Komponente i im Leiter I bzw. II, H_i^I bzw. H_i^{II} die Überführungswärmen der Komponente i im Leiter I bzw. II, $n_i{}^{I/II}$ die Molzahl der Komponente i, die vom Leiter I nach II als positiver Strom pro Faraday transportiert wird, und $\mathfrak{n}_i$ die jeweiligen Überführungszahlen.

Im folgenden wollen wir die Thermokraft eines homogenen AgBr-Kristalls nicht weiter betrachten, sondern diejenige eines $AgBr$-$CdBr_2$ Mischkristalls. Zu diesem Zweck wählen wir folgende Kette

$$\underset{T_1}{Ag \mid AgBr} \mid \underset{T_2}{AgBr + CdBr_2} \mid \underset{T_1}{AgBr} \mid \underset{T_1}{Ag}$$

Hier wird die Eigenfehlordnung des reinen AgBr als „Lösungsmittel" für $CdBr_2$ durch einen Zusatz von $CdBr_2$ in der Weise verändert, daß die Ag-Leerstellenkonzentration $x_{Ag\square'} = x_{Ag\circ\cdot} + x_{Cd\bullet\cdot\,(Ag)}$ wird. Da sowohl die Überführungswärmen wie die Überführungszahlen in AgBr und $AgBr$-$CdBr_2$ einander gleich sind, folgt aus (26) und (27) für einen Transport von 1 Mol Ag^+-Ionen über Leerstellen

$$\frac{dE}{dT} = -\frac{s_{Ag\square'} - s^{\circ}_{Ag\square'}}{F} \tag{28}$$

[23]) H. Reinhold, „Zeitschrift für anorganische Chemie" [*171*] 181 (1928); „Zeitschrift für physikalische Chemie" (A) [*141*] 137 (1929).

[24]) C. Wagner, „Annalen der Physik" (5) [*3*] 629 (1929); [*6*] 370 (1930) „Briefliche Mitteilungen an Autor" 1950.

Unter Annahme der Gültigkeit des idealen Massenwirkungsgesetzes können wir die partielle molare Entropie $s_{Ag\square'}$ durch die Ag-Leerstellenkonzentration $x_{Ag\square'}$, ausdrücken

$$s_{Ag\square'} - s^{\circ}_{A\square g'} = R\ln \frac{x_{Ag\square'}}{x^{\circ}_{Ag\square'}} = R\ln\left\{\frac{x_{CdBr_2}}{2\,x^{\circ}_{Ag\square'}} + \sqrt{\left(\frac{x_{CdBr_2}}{2\,x^{\circ}_{Ag\square'}}\right)^2 + 1}\right\} \tag{29}$$

Aus (28) und (29) folgt für $x_{CdBr_2} \gg x^{\circ}_{Ag\square'}$

$$\frac{dE}{dT} \approx -\frac{R}{F}\ln\frac{x_{CdBr_2}}{x^{\circ}_{Ag\square'}} \tag{30}$$

bzw., wenn man in erster Näherung $B_{Ag\square'} \approx B_{Ag\circ\cdot}$ setzt,

$$\frac{dE}{dT} = -\frac{R}{F}\ln\frac{\varkappa}{\varkappa^{\circ}} \tag{31}$$

(Bei $B_{Ag\circ\cdot} \neq B_{Ag\square'}$ würde in (31) nach (22a) bzw. (22b) noch ein konstanter Zusatzfaktor auftreten).

Diese quantitativen Zusammenhänge können in vollkommen analoger Weise auch für andere kationen- und anionenfehlgeordnete Mischphasen aufgestellt werden. Während an Mischphasen nur ganz vereinzelt Thermokraftmessungen vorliegen, sind insbesondere von REINHOLD und Mitarbeitern an zahlreichen homogenen Ionenkristallen, wie AgCl, AgBr, AgJ, Ag_2S, Ag_2Se, Ag_2Te, CuCl, $PbCl_2$ usw., die Thermokräfte bei den verschiedensten Temperaturen gemessen worden.

III. Über Fehlordnungserscheinungen in elektronenleitenden einfachen Ionenkristallen und in elektronenleitenden Mischphasen

1. FEHLORDNUNGSMODELLE UND LEITFÄHIGKEITSMESSUNGEN AN EINFACHEN IONENKRISTALLEN

Während für die Beschreibung der Ionenfehlordnungserscheinungen das Massenwirkungsgesetz in Verbindung mit den Gesetzen der statistischen Thermodynamik vollkommen ausreicht, um zu modellmäßigen quantitativen Aussagen über die herrschenden Fehlordnungs-Gleichgewichte und Beweglichkeiten der fehlgeordneten Ionen zu gelangen, ist die Beschreibung der Elektronen-Fehlordnungserscheinungen nicht immer so einheitlich durchführbar. Neben dem korpuskularen Bild, das den chemischen Standpunkt vertritt, hat die wellenmechanische Betrachtungsweise, wie sie u. a. von SCHOTTKY und GUDDEN[25]), WILSON[26]) und anderen[27]) gegeben wurde, ein anderes Bild für den Mechanismus der Elektronenleitung und -wanderung entwickelt. Der

[25]) B. GUDDEN, „Ergebnisse der exakten Naturwissenschaften“ [*11*] (1932); B. GUDDEN und W. SCHOTTKY, „Physikalische Zeitschrift“ [*36*] 717 (1935).

[26]) A. H. WILSON, „Proceedings of the Royal Society London“ [*133*] 458 (1931); [*134*] 277 (1932) „Semi-Conductors and Metals“ Cambridge (1939).

[27]) Vergleiche u. a. R. PEIERLS, „Ergebnisse der exakten Naturwissenschaften“ [*11*] 319 (1932); F. SEITZ „The Modern Theory of Solids“, New York (1940).

leitende physikalische Grundgedanke ist die Vorstellung, daß im festen Körper, ähnlich wie bei einem isolierten Atom, erlaubte und verbotene Energiebereiche miteinander abwechseln, wobei jeder Energiezustand einer anderen Bewegungsmöglichkeit eines Elektrons im ungestörten Gitter entspricht. Hierdurch kommt es zur Ausbildung von Energiebändern, worüber an anderer Stelle berichtet wurde[22a]). Ohne Zweifel haben beide Betrachtungsweisen ihre Vor- und Nachteile, auf die hier nicht eingegangen werden kann. Da wir uns im folgenden zur Hauptsache mit den kinetischen Vorgängen der Elektronenfehlstellen beschäftigen wollen, bringt die korpuskulare Beschreibungsweise nach Wagner insofern Vorteile, als zur Beschreibung der Fehlordnungserscheinungen Gesetzmäßigkeiten, wie zum Beispiel das Massenwirkungsgesetz, benutzt werden, die dem Chemiker geläufig sind.

Wie wir bereits erwähnten, existiert eine große Zahl von Ionenverbindungen, die nicht exakt stöchiometrisch aufgebaut sind, sondern die die eine oder andere sie aufbauende Komponente bis zu einem merklichen Überschuß bzw. Unterschuß aufnehmen bzw. abgeben können. Da die elektrische Leitfähigkeit

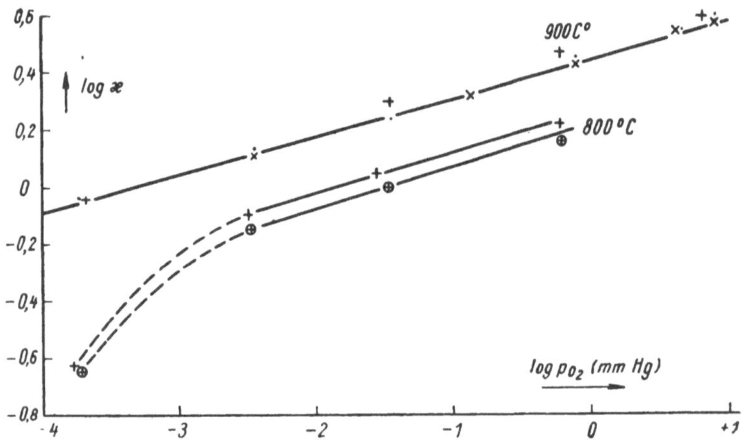

Abb. 9 Abhängigkeit der elektrischen Leitfähigkeit einer Cu_2O-Probe vom Sauerstoffdruck nach Gundermann, Hauffe und Wagner.

dem Produkt Beweglichkeit mal Konzentration der Störelektronen proportional ist, bietet sich die elektrische Leitfähigkeit als „Indikator" zur Ermittlung der Änderung der Fehlordnungskonzentration mit variierendem Gasdruck und veränderlicher Temperatur an. Aus diesem Grunde müssen wir uns im folgenden mit der Abhängigkeit der elektrischen Leitfähigkeit vom Sauerstoffpartialdruck an einigen Oxyden beschäftigen. Untersuchungen von Wagner und Mitarbeitern haben ergeben, daß die elektrische Leitfähigkeit mancher

Oxyde beispielsweise mit steigendem Sauerstoffdruck zunimmt, während an anderen eine Abnahme der elektrischen Leitfähigkeit mit steigendem Sauerstoffdruck gefunden wird. Die erste Gruppe der Oxyde bezeichnet man als Elektronendefektleiter und die andere als Elektronenüberschußleiter, wie noch im einzelnen gezeigt werden soll.

So wurde beispielsweise die elektrische Leitfähigkeit $\varkappa$ einer Cu_2O-Phase bei 800 bis 1000° C proportional der siebenten Wurzel des Sauerstoffdruckes p_{O_2} gefunden[28]). Wie Abbildung 9 zeigt, liegen die Meßpunkte in doppeltlogarithmischer Darstellung auf einer Geraden mit dem Steigungsmaß 1/7.

$$\log \varkappa = 1/7 \log p_{O_2} + \text{konst.} \tag{32}$$

Die Abhängigkeit der elektrischen Leitfähigkeit vom Sauerstoffdruck bzw. vom Sauerstoffüberschußgehalt der Cu_2O-Phase ist durch Elektronendefektleitung zu deuten, wie insbesondere noch durch HALL-Effektmessungen und Thermokraftmessungen erhärtet werden konnte[29]). WAGNER und HAMMEN[30]) bestimmten den Sauerstoffüberschußgehalt zum Beispiel bei 1000° C und einem Sauerstoffpartialdruck von 33 mm Hg zu ca. $1{,}1 \cdot 10^{-3}$ g-Atome 0 auf 1 Mol Cu_2O. Sie fanden weiter, daß der Sauerstoffüberschußgehalt bei 1000° C ungefähr proportional der fünften Wurzel aus dem Sauerstoffdruck ist.

Die Sauerstoffaufnahme kann in folgender Weise beschrieben werden. Ein Sauerstoffmolekül aus der Gasphase gibt mit 4 Elektronen aus dem Innern der Cu_2O-Phase zwei Sauerstoff-Ionen O^{2-} an der Oberfläche. Gleichzeitig wandern im Falle genügend hoher Temperaturen 4 Cu^+-Ionen aus dem Innern der Cu_2O-Phase an die Oberfläche und bilden dort mit den beiden O^{2-}-Ionen ein nach außen erweitertes Cu_2O-Gitter. Auf je ein aufgenommenes O_2-Molekül finden wir also im Innern je 4 Elektronen und je 4 Cu^+-Ionen zu wenig. Wir bezeichnen leere Stellen im Cu_2O-Gitter gegenüber dem Idealgitter mit dem Symbol $Cu\square'$. Dann lautet die symbolische Umsetzungsgleichung

$$O_2(g) \rightleftharpoons 2\, Cu_2O + 4\, Cu\square' + 4\, \oplus \tag{33}$$

oder in anderer Form

$$O_2(g) \rightleftharpoons 2\, Cu_2O + 4\, Cu\square' + 4\, Cu^{\bullet\cdot}(Cu), \tag{34}$$

---

[28]) C. WAGNER und H. DÜNWALD, „Zeitschrift für physikalische Chemie" (B) [*17*] 467 (1932); J. GUNDERMANN, K. HAUFFE und C. WAGNER, „Zeitschrift für physikalische Chemie" (B) [*37*] 148 (1937); B. GUDDEN und G. MÖNCH, „Die Naturwissenschaften" [*19*] 371 (1931); „Ergebnisse der exakten Naturwissenschaften" [*13*] 223 (1934).

[29]) Vergleiche u. a. E. ENGELHARDT, „Annalen der Physik" (5) [*17*] 501 (1933); W. SCHOTTKY und F. WAIBEL, „Physikalische Zeitschrift" [*36*] 912 (1935).

[30]) C. WAGNER und H. HAMMEN, „Zeitschrift für physikalische Chemie" (B) [*40*] 197 (1938).

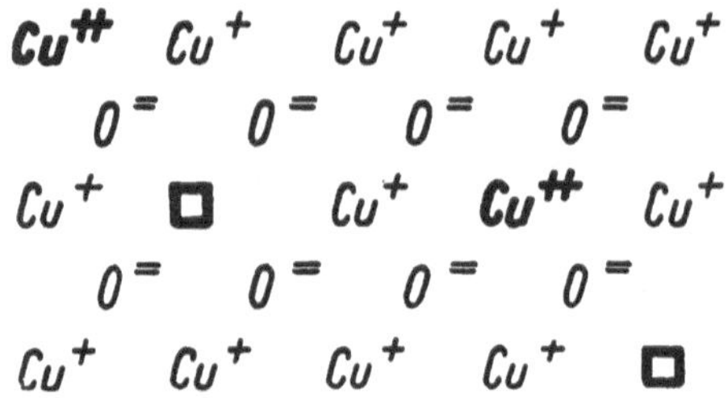

Abb. 10 Fehlordnungsmodell des Cu_2O nach Wagner.

wobei das Symbol Cu•·(Cu) ein zweiwertiges Cu-Ion auf Gitterplatz eines einwertigen Cu-Ions kennzeichnet.

Wenn sonst keine Fehlordnungsgleichgewichte mit merklichen Beiträgen vorliegen (siehe Abbildung 10), sind die Konzentrationen $x_{Cu\square'}$ und $x_{\oplus}$, repräsentiert durch zweiwertige Cu-Ionen, einander gleichzusetzen, da sie nach Umsetzungsgleichung (33) in gleichen Mengen entstehen. Durch Ansatz des idealen Massenwirkungsgesetzes folgt alsdann

$$x_{Cu\square'} = x_{\oplus} = \text{konst} \cdot p_{O_2}^{1/8} \tag{35}$$

Da die Elektronenleitfähigkeit proportional der Konzentration an $\oplus$ gesetzt werden kann, gilt

$$\varkappa = \text{konst}^* \cdot p_{O_2}^{1/8} \tag{36}$$

also in naher Übereinstimmung mit dem experimentellen Befund (Gesamtleitfähigkeit $\varkappa$ proportional $p_{O_2}^{1/7}$). Weiterhin wurde gefunden, daß das Verhältnis von Ionen- und Elektronenleitfähigkeit unabhängig vom Sauerstoff-

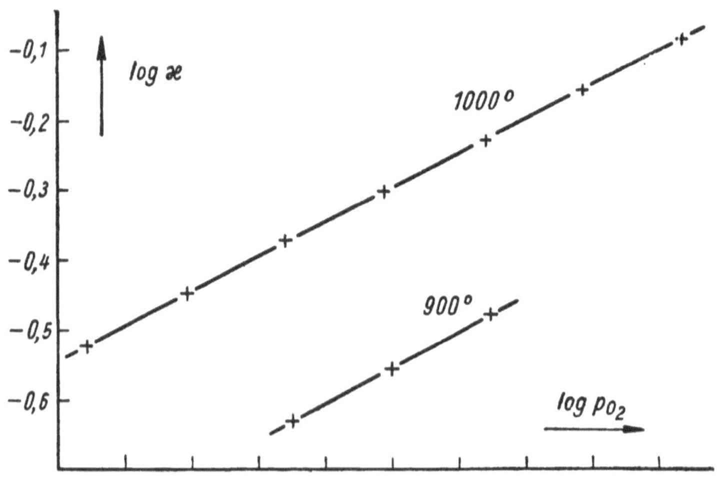

Abb. 11 Die elektrische Leitfähigkeit von NiO in Abhängigkeit vom Sauerstoffdruck nach von Baumbach und Wagner.

druck ist[31]). Durch Wiederholung der Messungen von ANGELLO[32]) und FELDMANN[33]) konnten die Ergebnisse von WAGNER und Mitarbeitern bestätigt werden.

In gleicher Weise wie beim Cu_2O fanden bereits LE BLANC und SACHSE[34]) eine Zunahme der elektrischen Leitfähigkeit am NiO mit steigendem Sauerstoffdruck. v. BAUMBACH und WAGNER brachten die quantitative Verknüpfung zwischen elektrischer Leitfähigkeit und Sauerstoffdruck[35]). Sie fanden, wie aus der doppelt-logarithmischen Darstellung hervorgeht (Abbildung 11), daß die bei 900 und 1000° C in dem gemessenen Bereich von $2 \cdot 10^{-4}$ bis 1 atm O_2 gefundene elektrische Leitfähigkeit proportional der vierten Wurzel aus dem Sauerstoffdruck ist

$$\varkappa = \text{konst} \cdot pO_2^{1/4} \tag{37}$$

Auch hier konnte im wesentlichen Elektronendefektleitung und Ni-Ionenwanderung über Leerstellen im Ni^{2+}-Ionenteilgitter sichergestellt werden. In obiger Schreibweise lautet die Umsetzungsgleichung (Abbildung 12)

Ni^{2+}	O^{2-}	Ni^{2+}	O^{2-}	Ni^{3+}	O^{2-}
O^{2-}	□	O^{2-}	Ni^{2+}	O^{2-}	Ni^{2+}
Ni^{2+}	O^{2-}	Ni^{3+}	O^{2-}	□	O^{2-}
O^{2-}	Ni^{3+}	O^{2-}	Ni^{2+}	O^{2-}	Ni^{3+}

Abb. 12
Fehlordnungsmodell des NiO nach WAGNER.

$$O_2(g) \rightleftharpoons 2\,NiO + 2\,Ni\square'' + 4\,\oplus \tag{38}$$

oder in anderer Schreibweise

$$O_2(g) \rightleftharpoons 2\,NiO + 2\,Ni\square'' + 4\,Ni\bullet^{\cdot}(Ni), \tag{39}$$

wobei das Symbol $Ni\bullet^{\cdot}(Ni)$ ein dreiwertiges Ni-Ion auf Gitterplatz eines zweiwertigen kennzeichnet.

Unter Anwendung des Massenwirkungsgesetzes

$$x^2_{Ni\square''} \cdot x^4_{\oplus} = K \cdot pO_2 \tag{40}$$

und Beachtung von

$$x_{Ni\square''} = \frac{1}{2}\, x_{\oplus} \tag{41}$$

folgt

$$x_{\oplus} = {}^1/_4\, K\, pO_2^{1/6} \tag{42}$$

---

31) J. GUNDERMANN und C. WAGNER, „Zeitschrift für physikalische Chemie" (B) [37] 155 (1937).

32) S. ANGELLO, „Physical Review" [62] 371 (1942).

33) W. FELDMANN, „ebenda" [64] 113 (1943).

34) M. LE BLANC und H. SACHSE, „Berichte der Sächsischen Akademie der Wissenschaften" [82] 133 (1930).

35) H. H. v. BAUMBACH und C. WAGNER, „Zeitschrift für physikalische Chemie" (B) [24] 59 (1934).

Hieraus ergibt sich für die elektrische Leitfähigkeit

$$\varkappa = \text{konst}\; p_{O_2}^{1/6} \tag{43}$$

Die Abweichungen des experimentellen Befundes, $\varkappa \sim p_{O_2}^{1/4}$, vom modellmäßigen Ansatz (43) dürften zu einem großen Teil auf Randschicht-Effekte[35a]) zurückzuführen sein. Folgende Oxyde, Jodide und Sulfide können mit hoher Wahrscheinlichkeit ebenfalls als Elektronendefektleiter mit Kationenleerstellen angesehen werden: CoO[36]), FeO[36]), Cr_2O_3[37]), Bi_2O_3[38]), Pr_2O_3[39]), Tl_2O[40]), CuJ[41]), SnS[42]) usw.

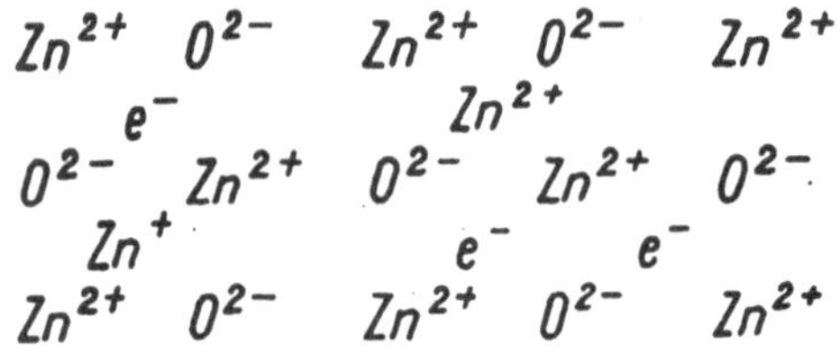

Abb. 13
Mutmaßliches Fehlordnungsmodell von ZnO.

Hingegen gibt es Oxyde, wie bereits erwähnt, wie zum Beispiel ZnO und CdO, die in Gegenwart von Sauerstoff verschiedener Partialdrucke stets einen Sauerstoffunterschuß bzw. modellmäßig korrekter einen Metallüberschuß auf-

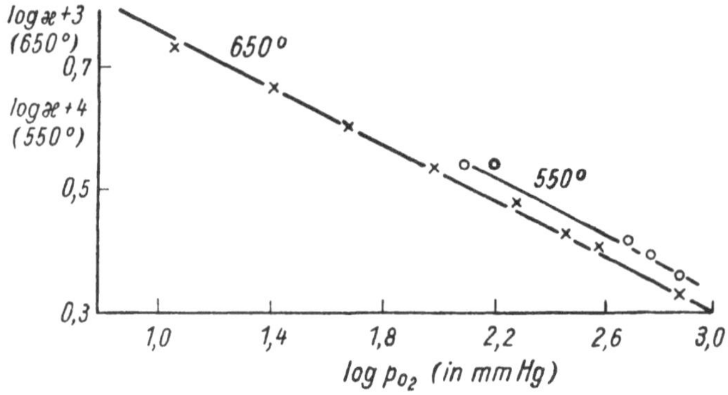

Abb. 14 Die elektrische Leitfähigkeit von ZnO in Abhängigkeit vom Sauerstoffdruck nach VON BAUMBACH und WAGNER.

35a) K. HAUFFE und H. J. ENGELL, „Zeitschrift für Elektrochemie" [*56*] 366 (1952).

36) C. WAGNER und E. KOCH, „Zeitschrift für physikalische Chemie" (B) [*32*] 439 (1936).

37) K. HAUFFE und J. BLOCK, „Zeitschrift für physikalische Chemie" [*198*] 232 (1951); W. MEYER, „Zeitschrift für Elektrochemie" [*50*] (1944); D. J. M. BEVAN, J. P. SHELTON und J. S. ANDERSON, „Journal of the Chemical Society London", 1729 (1948).

38) R. MANSFIELD, „Proc. Phys. Soc." (B) [*62*] 476 (1949); K. HAUFFE und H. PETERS, „Zeitschrift für physikalische Chemie", im Druck.

39) R. L. MARTIN, „Nature" [*165*] 202 (1950).

40) B. M. HOCHBERG und M. J. SOMINSKI, „Phys. Z. Sowjetunion" [*13*] 198 (1938).

41) K. NAGEL und C. WAGNER, „Zeitschrift für physikalische Chemie" (B) [*25*] 71 (1934); R. J. MAURER, „Journal of Chemical Physics" [*13*] 321 (1945).

42) J. S. ANDERSON und M. C. MORTON, „Proceedings of the Royal Society London." [*184*] 82 (1945).

weisen. v. BAUMBACH und WAGNER [43]) nehmen an, daß sich Zinkionen mit einer äquivalenten Zahl von Elektronen auf Zwischengitterplätzen befinden (Abbildung 13), während das Sauerstoffionen-Teilgitter ungestört ist. Im Gegensatz zu den Oxyden mit Metallunterschuß wurde gefunden, daß mit steigendem Sauerstoffdruck die elektrische Leitfähigkeit $\varkappa$ ungefähr proportional mit der vierten bis fünften Wurzel des Sauerstoffdruckes abnimmt (Abbildung 14).

$$\varkappa = \text{konst}\ p_{O_2}^{1/4} \tag{44}$$

Gemäß der Umsetzungsgleichung erhalten wir

$$\text{ZnO} \rightleftharpoons \text{Zno}^{\cdot\cdot} + 2\,\ominus + \frac{1}{2}\,O_2(g) \tag{45}$$

bzw.

$$\text{ZnO} \rightleftharpoons \text{Zno}^{\cdot} + \ominus + \frac{1}{2}\,O_2(g) \tag{46}$$

Das heißt, hier werden mit steigendem Sauerstoffpartialdruck immer mehr Zn-Ionen von ihren Zwischengitterplätzen entfernt, die mit dem Sauerstoff unter Hinzuziehung einer äquivalenten Zahl quasi-freier Elektronen ein nach außen erweitertes ZnO-Gitter ergeben. Eine Verminderung der Zahl an quasi-freien Elektronen bedeutet aber eine Abnahme der Leitfähigkeit. Zum Beispiel folgt aus (45) für das Massenwirkungsgesetz

$$x_{\text{Zno}^{\cdot\cdot}} \cdot x_{\ominus}^{2} \cdot p_{O_2}^{1/2} = K \tag{47}$$

Für die elektrische Leitfähigkeit ergibt sich dann in Abhängigkeit vom Sauerstoffdruck

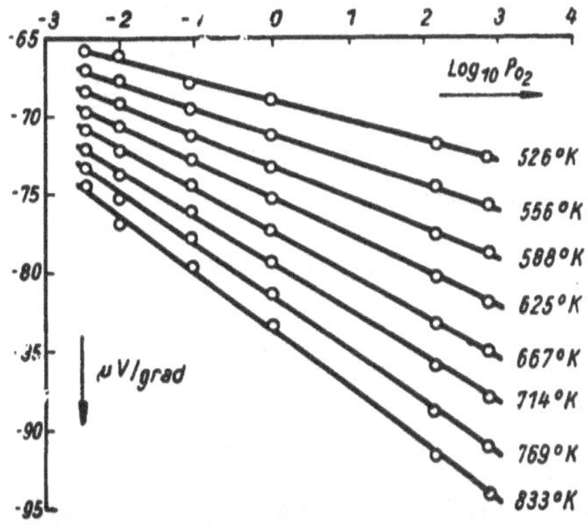

Abb. 15 Die Abhängigkeit der Thermokraft dE/dT von CdO vom Sauerstoffdruck nach HOGARTH und ANDREWS.

$$\varkappa = \text{konst} \cdot p_{O_2}^{-1/6} \tag{48}$$

Auch hier weicht der experimentelle Befund (44) von dem nach dem idealen Massenwirkungsgesetz (48) geforderten ab[35a]).

In gleicher Weise wie ZnO verhalten sich auch die folgenden Oxyde, wie zum Beispiel CdO[43]), ThO_2[44]), TiO_2[45]), Al_2O_3[46]), Ta_2O_5[46]), $PbCrO_4$[47]) usw.

[43]) H. H. v. BAUMBACH und C. WAGNER, „Zeitschrift für physikalische Chemie" (B) [*18*] 199 (1933).

[44]) M. FOEX C. R. hebd. Séances Acad. Sci. [*215*] 534 (1942).

[45]) M. D. EARLE, „Physical Review" [*61*] 56 (1942); H. K. HENISCH, „El. Comm." 163 (1948). C. A. HOGARTH und J. P. ANDREWS, „Philosophical Magazine" (7) [*11*] 273 (1949).

[46]) W. HARTMANN, „Zeitschrift für Physik" [*102*] 709 (1936).

[47]) Th. W. LASHOF, „Journal of Chemical Physics" [*11*] 196 (1943).

Als weitere experimentelle Möglichkeit zur Entscheidung zwischen Elektronendefekt- und Elektronenüberschußleiter dienen Thermokraftmessungen. Wie sich aus der Theorie nach GUDDEN[25]), WILSON[26]) und WAGNER[24])[48]) ergibt, erhalten wir an Elektronendefektleitern stets ein positives Vorzeichen der Thermokraft dE/dT gemäß der Beziehung

$$\frac{dE}{dT} - \text{konst} = + \frac{k}{e\,n} \log p_{O_2} \tag{49}$$

und an Elektronenüberschußleitern stets ein negatives Vorzeichen der Thermokraft gemäß der Beziehung

$$\frac{dE}{dT} + \text{konst} = - \frac{k}{e\,n} \log p_{O_2} \tag{50}$$

In (49) und (50) bedeuten k die BOLTZMANNsche Konstante, e die Elektronenladung und 1/n der Exponent von p_{O_2} in (36) und (48). Abbildung 15 zeigt den Verlauf der Thermokraft an CdO mit steigendem Sauerstoffpartialdruck nach HOGARTH[49]). Das negative Vorzeichen von dE/dT deutet ebenfalls auf Elektronenüberschußleitung hin. In gleicher Weise sind auch HALL-Effektmessungen heranzuziehen, die aber in diesem Zusammenhang nicht besprochen werden sollen.

2. FEHLORDNUNGSERSCHEINUNGEN IN ELEKTRONENLEITENDEN MISCHPHASEN

In neuester Zeit wurde sowohl von WAGNER und VERWEY[50]) als auch von HAUFFE und Mitarbeitern[51])[22a]) experimentell und theoretisch gezeigt, daß die Elektro-

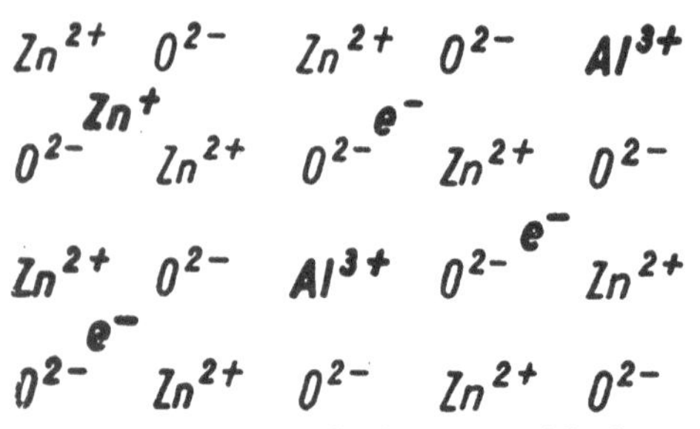

Abb. 16a Ionen- und Elektronenfehlordnung in ZnO-Al_2O_3-Mischoxyden.

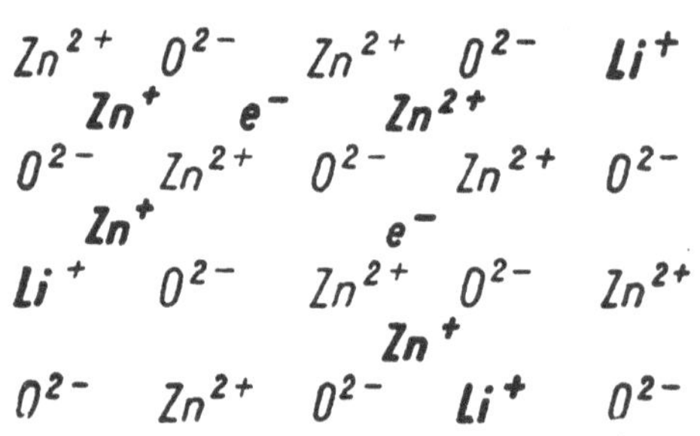

Abb. 16b Ionen- und Elektronenfehlordnung in ZnO-Li_2O-Mischoxyden.

[48]) C. WAGNER, „Zeitschrift für physikalische Chemie" (B) [*22*] 195 (1933).

[49]) C. A. HOGARTH und J. D. ANDREWS, „Philosophical Magazine" (7) [*11*] 273 (1949); C. A. HOGARTH, „ebenda" (7) [*9*] 260 (1948); „Nature" [*161*] 60 (1948).

[50]) C. WAGNER, „Journal of Chemical Physics" [*18*] 62 (1950). E. J. W. VERWEY, P. W. HAAYMAN und F. C. ROMEYN, Chemisch Weekblad [44] 705 (1948).

[51]) K. HAUFFE, „Annalen der Physik" [6] [*8*] 201 (1950); K. HAUFFE und A. L. VIERK, „Zeitschrift für physikalische Chemie" [*196*] 160 (1950).

nenstörstellenkonzentration eines Halbleiters durch Zusatz anderswertiger Kationen definiert um Zehnerpotenzen verändert werden kann. So wird ganz allgemein die elektrische Leitfähigkeit eines Elektronenüberschußleiters, zum Beispiel ZnO, durch Zusatz höherwertiger Oxyde wie Ga_2O_3, Cr_2O_3 und Al_2O_3 um ein bis drei Zehnerpotenzen erhöht, während ein Zusatz eines niederwertigen Oxyds, wie zum Beispiel Li_2O, Na_2O usw., die elektrische Leitfähigkeit des ZnO um zwei bis vier Zehnerpotenzen erniedrigt.

Durch den Einbau von zum Beispiel Al_2O_3 werden primär im ZnO-Gitter aus Elektroneutralitätsgründen Zn-Ionen auf Zwischengitterplätzen vernichtet

$$Al_2O_3 + ZnO^{\cdot} \rightleftharpoons 2Al^{\bullet\cdot}(Zn) + \ominus + 3\,ZnO \tag{51}$$

und die Zahl der quasi-freien Elektronen $\ominus$ wird erhöht. Hier bedeutet das Symbol $Al^{\bullet\cdot}(Zn)$ ein Al-Ion auf Gitterplatz eines Zn-Ions. Das hierdurch erzeugte Defizit an Zinkionen auf Zwischengitterplätzen wird gemäß (45) bzw. (46) durch Dissoziation von ZnO unter Abgabe von Sauerstoff bis zu einem gewissen Grade wieder ausgefüllt unter gleichzeitiger Erzeugung von zusätzlichen quasi-freien Elektronen (Abbildung 16a). Entsprechend der allgemeinen Gleichgewichtsbedingung (47) kommt es zu einer beachtlichen Konzentrationszunahme an quasi-freien Elektronen und damit zu einer Leitfähigkeitserhöhung und zu einer Abnahme der Konzentration von Zinkionen auf Zwischengitterplätzen.

Mit der Elektroneutralitätsbedingung

$$x_{\ominus} = x_{ZnO^{\cdot}} + x_{Al^{\bullet\cdot}(Zn)} \tag{52}$$

und dem zu (46) analogen Massenwirkungsansatz für konstanten Sauerstoffdruck ergibt sich für das Verhältnis der elektrischen Leitfähigkeit der reinen ZnO-Phase $\varkappa^{\circ}$ zu der der Mischphase $\varkappa$

$$\frac{\varkappa}{\varkappa^{\circ}} = \frac{x_{Al^{\bullet\cdot}(Zn)}}{2\,x^{\circ}_{\ominus}} + \sqrt{\left(\frac{x_{Al^{\bullet\cdot}(Zn)}}{2\,x^{\circ}_{\ominus}}\right)^2 + 1} \tag{53}$$

bzw. für $x_{Al^{3+}} = x_{Al^{\bullet\cdot}(Zn)} \gg x^{\circ}_{\ominus}$

$$\frac{\varkappa}{\varkappa^{\circ}} \approx \frac{x_{Al^{3+}}}{x^{\circ}_{\ominus}} \tag{54}$$

Entsprechend erhalten wir für einen Li_2O-Zusatz gemäß der Einbaugleichung (Abbildung 16b)

$$\frac{1}{2} O_2(g) + 2\ominus + Li_2O \rightleftharpoons Li\bullet' (Zn) + 2 ZnO \tag{55}$$

für das Leitfähigkeitsverhältnis

$$\frac{\varkappa}{\varkappa^0} \approx \frac{x^0\ominus}{x_{Li^+}} \tag{56}$$

Die Experimente brachten die Bestätigung (siehe Abbildung 17).

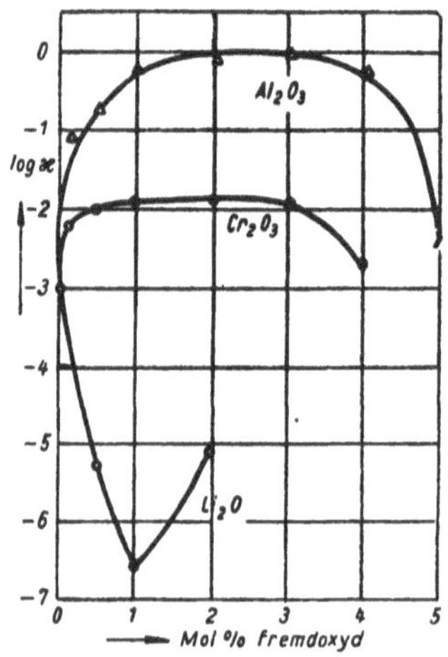

Abb. 17 Die elektrische Leitfähigkeit einiger ZnO-Mischoxyde in Abhängigkeit vom Fremdoxydgehalt nach HAUFFE und VIERK

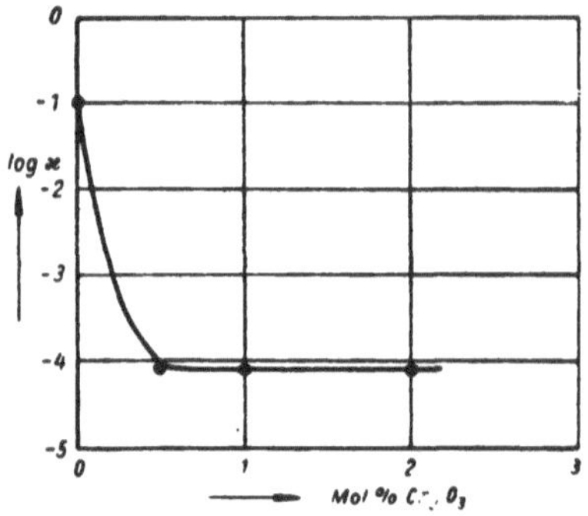

Abb. 18 Die Abnahme der elektrischen Leitfähigkeit von NiO mit steigenden Zusätzen von Cr_2O_3 nach HAUFFE.

Für Elektronendefektleiter, wie zum Beispiel NiO, treffen wir gerade umgekehrte Verhältnisse an, das heißt bei Zusatz eines höherwertigen Oxyds, wie zum Beispiel Cr_2O_3 und Al_2O_3, wird die Leitfähigkeit erniedrigt (Abbildung 18)[52a])

$$\frac{\varkappa}{\varkappa^0} = \sqrt{\frac{2\, x^0{}_{Ni\,\square''}}{x_{Cr^{3+}}}} \tag{57}$$

52a) K. HAUFFE „Annalen der Physik“ [6] [*8*] 201 (1950); K. HAUFFE und J. BLOCK, „Zeitschrift für physikalische Chemie“ [*196*] 437 (1950).

und durch Zusatz von Li_2O, wie VERWEY und Mitarbeiter zeigen konnten[52b]), wird die Leitfähigkeit um ca. drei bis vier Zehnerpotenzen erhöht (Abbildung 19).

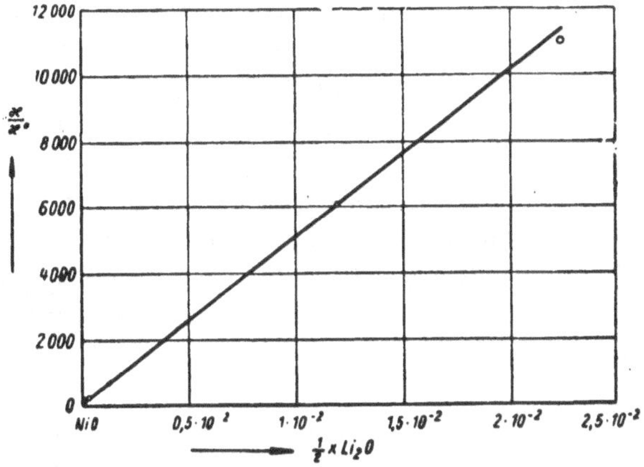

Abb. 19 Der Verlauf der elektrischen Leitfähigkeit des NiO mit steigenden Zusätzen an Li_2O (berechnet von HAUFFE und VIERK aus Versuchsdaten von VERWEY und Mitarbeitern).

Abgesehen von der Tatsache einer definierten Widerstandsänderung eines Wirts-Halbleiters durch Zusätze anderswertiger Ionen und deren Verwendung für Halb- und Heißleiter entscheidet der Verlauf der elektrischen Leitfähigkeit mit steigenden Mengen anderswertiger Ionen auf experimentell einfache und eindeutige Weise sowohl die Elektronenfehlordnung wie auch die Leitungsart des Wirts-Halbleiters, was für die im folgenden zu behandelnden Platzwechselreaktionen von Bedeutung ist.

IV. Über Zundervorgänge

1. DIE ALLGEMEINE ZUNDERTHEORIE NACH WAGNER

Unter Zunderung wollen wir ganz allgemein den Vorgang der Oxydation, Schwefelung und Halogenierung eines Metalls bzw. einer Legierung unter Ausbildung der entsprechenden Oxyd-, Sulfid- und Halogenid-Deckschicht bei höheren Temperaturen verstehen. Bringt man ein Metall oder eine Legierung in eine Atmosphäre von Sauerstoff, Halogen oder Schwefel, so beobachtet man insbesondere bei höheren Temperaturen, daß sich das betreffende Metall mit einer Deckschicht überzieht, die je nach der angewandten Atmosphäre aus Oxyd, Sulfid oder Halogenid besteht. Diese Deckschicht bezeichnet man ganz allgemein als „Anlauf- oder Zunderschicht" und den Vorgang als „Anlauf- oder Zundervorgang". Je nach der Affinität des Metalls zu der umgebenden Gasatmosphäre und dem Aufbau der Zunderschicht, der durch die

[52b]) E. J. W. VERWEY, P. W. HAAYMAN und F. C. ROMEYN, „Chemisch Weekblad" [44] 705 (1948).

Kristallstruktur und den Fehlordnungsgrad gegeben ist, verzundern die Metalle mit verschiedener Geschwindigkeit unter Ausbildung einer des öfteren kompakten Deckschicht. Das Auftreten einer kompakten Deckschicht ist im wesentlichen mit der Tatsache verknüpft, daß das Molvolumen der Zunderschicht größer ist als das Atomvolumen des Metalls oder der Legierung, während umgekehrte Volumenverhältnisse eine sehr porenreiche und lockere Zunderschicht entstehen lassen. So treten beispielsweise kompakte Deckschichten insbesondere an Kupfer, Nickel, Zink und Eisen sowie auch teilweise an diesen Legierungen in Sauerstoff, Halogen und Schwefeldampf zwischen 200 und 1000° C auf. Der andere Fall (poröse Zunderschichten) ist besonders gut bei der Einwirkung von Sauerstoff und Halogen auf die Alkali- und Erdalkalimetalle bei Zimmertemperatur beobachtet worden. Entsprechend der Umsetzungsgleichung

$$\text{Metall} + \left\{ \begin{array}{l} \text{Sauerstoff} \\ \text{Halogen} \\ \text{Schwefeldampf} \end{array} \right. = \left\{ \begin{array}{l} \text{Oxyd} \\ \text{Halogenid} \\ \text{Sulfid} \end{array} \right. \tag{58}$$

wird sich zum Beispiel bei der Oxydation oder bei der Halogenierung das Reaktionsprodukt Oxyd oder Halogenid als trennende Schicht zwischen der metallischen Phase und der Gasphase ausbilden entsprechend dem Schema

$$\begin{array}{l|l|l} \text{Metall} & \text{Oxyd} & \text{Sauerstoff} \\ \text{Metall} & \text{Halogenid} & \text{Halogen} \end{array}$$

so daß die Ausgangsstoffe durch die Zunderschicht räumlich voneinander getrennt sind. Für den weiteren Reaktionsablauf werden dann häufig Diffusionsvorgänge eines der Ausgangsstoffe durch die Reaktionsschicht maßgebend sein. Da im allgemeinen bei höheren Temperaturen und nicht zu niedrigen Partialdrucken der zundernden Atmosphäre die Phasengrenzreaktionen genügend rasch verlaufen, wird zum Beispiel die Diffusion von Sauerstoff oder auch umgekehrt der Transport von Metall durch die Zunderschicht zum Sauerstoff der langsamste und damit zeitbestimmende Vorgang.

Schon frühzeitig fand man, ohne den Mechanismus im einzelnen zu kennen, daß die Reaktionsgeschwindigkeit des Zundervorganges häufig durch den Diffusionsvorgang der Ausgangsstoffe mittels einer einfachen Gesetzmäßigkeit beschrieben werden kann. So fanden TAMMANN[53]) und etwas später PILLING und BEDWORTH[54]) unabhängig voneinander, daß die Zundergeschwindigkeit umgekehrt proportional der jeweiligen Schichtdicke $\Delta\xi$ der Zunderschicht ist.

$$\frac{d\Delta\xi}{dt} = \frac{k'}{\Delta\xi} \tag{59}$$

[53]) G. TAMMANN, „Zeitschrift für anorganische Chemie" [*111*] 78 (1920).

[54]) N. B. PILLING und R. E. BEDWORTH, „Journal of the Institute of Metals" [*29*] 529 (1923).

Während noch TAMMANN vorzugsweise eine Diffusion von Sauerstoff durch die Oxydschicht zum Metall hin für wahrscheinlich ansieht, kann man jedoch heute sowohl experimentell als auch theoretisch den Beweis führen, daß in den meisten Fällen das betreffende Metall durch die Zunderschicht hindurch an die Oberfläche wandert und sich dort mit dem Sauerstoff bzw. Halogen vereinigt. So konnte unter anderem PFEIL[55]) am System Eisen | Eisenoxyd Sauerstoff zeigen, daß das Eisen aus der Metallphase durch die Oxydphase hindurch wandert und an der äußeren Phasengrenze sich mit dem Sauerstoff zu Eisenoxyd vereinigt. Hierbei wurde ein auf die Oberfläche zu Beginn der Oxydation aufgebrachter Fremdkörper (SiO_2-Kristall) umwachsen. Desgleichen konnte unter anderem WAGNER[56]) bei der Schwefelung von Silber eindeutig die Wanderung von Silber durch die Zunderschicht Ag_2S nachweisen. In neuester Zeit konnten BIRCHENALL und Mitarbeiter[57]) bei der Oxydation an Eisen zeigen, daß in den höheren Oxyden, insbesondere in Fe_2O_3 eine überwiegende Sauerstoffionenwanderung stattfindet.

Von WAGNER wurde die Arbeitshypothese aufgestellt[58]), daß nicht neutrale Atome, sondern Ionen+Elektronen diffundieren. Diese Hypothese ist nicht trivial, wie man im ersten Augenblick glauben könnte, sondern von entscheidender Bedeutung für die quantitative Formulierung der Zundervorgänge sowohl an reinen Metallen wie Metallegierungen.

Da der wesentliche Vorgang die unabhängige Wanderung von Ionen und Elektronen ist, kann man die Gesetze der klassischen Elektrochemie für die Wanderung der Fehlordnungsstellen anwenden. Bedeutet u_i die Wanderungsgeschwindigkeit in cm/sec, B_i die Beweglichkeit der Ionenart i in $cm^2 \cdot dyn^{-1} \cdot sec^{-1}$, μ_i dessen chemisches Potential, z_i die Wertigkeit, e die Elementarladung und $d\varphi/d\xi$ das Potentialgefälle, dann gilt für die Wanderungsgeschwindigkeit

$$u_i = -B_i \left\{ \frac{1}{N} \frac{\delta \mu_i}{\delta \xi} + z_i\, e\, \frac{\delta \varphi}{\delta \xi} \right\} \tag{60}$$

Hierdurch ergibt sich der Strom der Teilchenart i durch einen Querschnitt q, wenn c_i die Konzentration der Komponente i in Äquivalente/cm^3 ist, zu

$$\frac{dn_i}{dt} = c_i \cdot q \cdot u_i = -q\, c_i\, B_i \left\{ \frac{1}{N} \frac{\delta \mu_i}{\delta \xi} + z_i\, e\, \frac{\delta \varphi}{\delta \xi} \right\} \tag{61}$$

B_i wird in bekannter Weise aus der elektrolytischen Leitfähigkeit abgeleitet und ergibt sich, da während der Elektrolyse das chemische Potential gleich 0

---

55) L. B. PFEIL, „Journal Iron Steel Inst." [*119*] 501 (1929); vergleiche auch K. FISCHBECK, „Zeitschrift für Metallkunde" [*24*] 313 (1929).

56) C. WAGNER, „Zeitschrift für physikalische Chemie" (B) [*21*] 25 (1933).

57) M. H. DAVIES, M. T. SIMNAD und C. E. BIRCHENALL, „Journal of Metals", 889 (1951); vergleiche auch J. BENARD, „Bulletin de la Société Chimique de France" (1946), 511.

58) C. WAGNER, Zeitschrift für physikalische Chemie (B) [*21*] 25 (1933, [*32*] 447 (1936).

ist, zu

$$\frac{dn_i}{dt} = + q\, c_i\, B_i \mid z_i \mid e \left| \frac{\delta \varphi}{\delta \xi} \right| \tag{62}$$

Unter Anwendung des Ohmschen Gesetzes kann man das Potentialgefälle $d\varphi/d\xi$ durch die Leitfähigkeit ausdrücken und erhält

$$B_i = \frac{300}{96500} \cdot \frac{\varkappa \cdot n_i}{c_i\, e \mid z_i \mid} \tag{63}$$

Durch Kombination von (63) mit (61) ergibt sich

$$\frac{dn_i}{dt} = q \cdot \frac{300}{96500} \cdot \frac{n_i \cdot \varkappa}{\mid z_i \mid e N} \left\{ - \frac{\delta \mu_i}{\delta \xi} - z_i\, N\, e\, \frac{\delta \varphi}{\delta \xi} \right\} \tag{64}$$

Durch weitere Umformung erhält man schließlich die nach Wagner ganz allgemein gültigen Zunderformeln

$$\frac{dn}{dt} = \frac{q}{\Delta \xi} \, \frac{300}{96500\, e\, N} \int_{\mu_{Me}^{(a)}}^{\mu_{Me}^{(i)}} (n_1 + n_2)\, n_3\, \varkappa\, \frac{d\mu_{Me}}{\mid z_1 \mid} \tag{65a}$$

$$= \frac{q}{\Delta \xi} \, \frac{300}{96500\, e\, N} \int_{\mu_{X}^{(i)}}^{\mu_{X}^{(a)}} (n_1 + n_2)\, n_3\, \varkappa\, \frac{d\mu_{X}}{\mid z_2 \mid} \tag{65b}$$

Hier bezeichnen n_1, n_2 und n_3 die Überführungszahlen der Kationen, Anionen und Elektronen.

Im folgenden wollen wir am Beispiel der Oxydation des Kupfers zu Kupferoxydul die Formel (65) anwenden und deren Brauchbarkeit zur quantitativen Beschreibung der Oxydation zeigen. Entsprechend dem Fehlordnungsmodell von Cu_2O ist infolge Ausbildung von Cu^+-Ionenleerstellen und Elektronendefektstellen eine Wanderung von Cu^+-Ionen über Leerstellen und von Elektronen über Elektronendefektstellen möglich. Da der Kupferunterschuß proportional der fünften Wurzel des Sauerstoffdruckes ist, wird es infolge des Sauerstoffpartialdruckgefälles innerhalb der Cu_2O-Phase ($p_{O_2\, Cu/Cu_2O} = 6.3 \cdot 10^{-7}$ für 1000^0 C und $p_{O_2 Cu_2O/O_2} = 100$ mm Hg vorge-

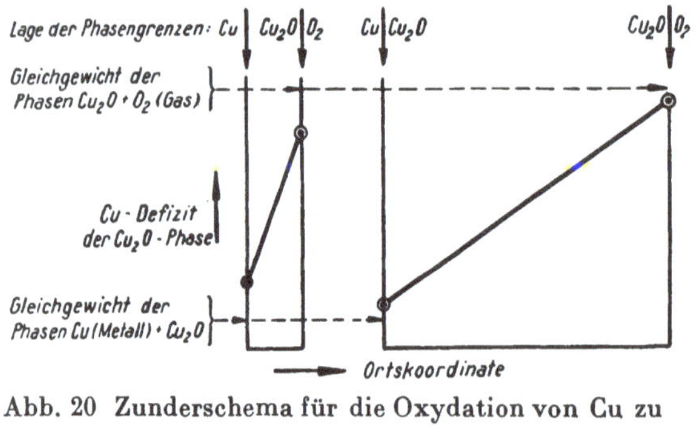

Abb. 20 Zunderschema für die Oxydation von Cu zu Cu_2O nach Wagner. (Während die Konzentration Cu^+-Leerstellen $Cu\square'$ an der Phasengrenze Cu/Cu_2O zu vernachlässigen ist, nimmt sie an der Phasengrenze Cu_2O/O_2 hohe Werte an. Entsprechend ist der Konzentrationsverlauf der Elektronendefektstellen in der Cu_2O-Schicht).

geben) zu einem starken Konzentrationsgefälle der Cu^+-Leerstellen kommen. (Siehe Abbildung 20.) Unter Anwendung von (65b) führen wir an Stelle des chemischen Potentials den Sauerstoffgleichgewichtsdruck ein.

$$d\mu_x = \frac{1}{2} d\mu_{O_2} = \frac{1}{2} RT d\ln p_{O_2} \quad (66)$$

Unter Beachtung der Leitfähigkeitsformel

$$\varkappa = \varkappa_{(p_{O_2}=1)} \cdot p_{O_2}{}^{1/7} \quad (67)$$

ergibt sich aus (65b) und (66) die Schlußgleichung für die Oxydationsgeschwindigkeit des Kupfers zu Cu_2O

$$\frac{dn_{Cu_2O}}{dt} = \frac{q}{\Delta\xi} \cdot \frac{300}{96500} \cdot \varkappa_{(p_{O_2}=1)} \, n_{Cu^+} \frac{7}{4} \frac{RT}{Ne} \left(\sqrt[7]{p_{O_2}^{(a)}} - \sqrt[7]{p_{O_2}^{(i)}} \right) \quad (68)$$

wenn man die Überführungszahl $n_{e-} = n_3$ der Elektronen gleich 1 und die der Anionen n_2 gleich 0 setzt. Die Überführungszahl der Cu-Ionen $n_{Cu^+} = n_1$ wurde von GUNDERMANN und WAGNER zu $5 \cdot 10^{-4}$ gefunden[59]).

Tabelle 2 Oxydation von Kupfer zu Kupferoxydul bei 1000° C nach WAGNER und GRÜNEWALD

p_{O_2} atm	Kupferunterschuß der Cu_2O-Phase in g-Atom auf ½ Mol. Cu_2O.		Rationelle Zunderkonstante k (Äqui.·cm^{-1}·sec^{-1})	
	y_1 (Cu_2O im Gleichgewicht mit Cu)	y_2 (Cu_2O im Gleichgewicht mit O_2)	gemessen	berechnet
1	2	3	4	5
$3.0 \cdot 10^{-4}$	$1.2 \cdot 10^{-4}$	$4.0 \cdot 10^{-4}$	$2.0 \cdot 10^{-9}$	$2.1 \cdot 10^{-9}$
$2.25 \cdot 10^{-3}$	$1.2 \cdot 10^{-4}$	$6.2 \cdot 10^{-4}$	$3.1 \cdot 10^{-9}$	$3.4 \cdot 10^{-9}$
$1.45 \cdot 10^{-2}$	$1.2 \cdot 10^{-4}$	$9.1 \cdot 10^{-4}$	$4.5 \cdot 10^{-9}$	$4.8 \cdot 10^{-9}$
$8.3 \cdot 10^{-2}$	$1.2 \cdot 10^{-4}$	$12.9 \cdot 10^{-4}$	$6.2 \cdot 10^{-9}$	$6.6 \cdot 10^{-9}$

Aus (68) folgt, daß die Oxydationsgeschwindigkeit proportional der siebenten Wurzel aus dem Sauerstoffdruck sein muß. Wie Tabelle 2 erkennen läßt, stimmen die nach der Formel (65) berechneten mit den experimentell ermittelten Zunderkonstanten gut überein.

In gleicher Weise wurde von WAGNER und GRÜNEWALD[60]) die Oxydationsgeschwindigkeit von Nickel und Zink untersucht. Da in allen diesen Fällen die

[59]) J. GUNDERMANN und C. WAGNER, „Zeitschrift für physikalische Chemie" (B) [*37*] 155 (1937).

[60]) C. WAGNER und K. GRÜNEWALD, „Zeitschrift für physikalische Chemie" (B) [*40*] 455 (1938).

Zunderschichten gute Elektronenleiter sind und da aus Elektroneutralitätsgründen in jedem Volumenelement die gleiche Zahl an Cu-Ionenleerstellen und Elektronendefektstellen vorhanden sein müssen, werden die langsamer wandernden Cu^+-Ionen den zeitlichen Verlauf der Diffusion und damit des Bruttovorganges der Oxydation bestimmen. Unter Verwendung von radioaktivem Kupfer auf der Oberfläche einer Kupferprobe konnte in neuester Zeit von Castellan und Moore[61]) die Wanderung der Cu^+-Ionen als geschwindigkeitsbestimmender Schritt nachgewiesen werden und damit die Wagnersche Annahme, Diffusion von Cu^+-Ionen + Elektronen durch Cu_2O, bestätigt werden.

Als nächstes Beispiel betrachten wir einen Zundervorgang, bei dem sich eine ionenleitende Zunderschicht ausbildet, wie dies bei der Bromierung von Silber der Fall ist. Wie wir bereits auf Seite 143 erwähnten, ist hier die Silberionenfehlordnung um Zehnerpotenzen größer als die Elektronenfehlordnung, so daß trotz der großen Beweglichkeit der Elektronen die Elektronenteilleitfähigkeit sehr klein ist, und der Stromtransport praktisch ausschließlich von den Silberionen besorgt wird. Das heißt, hier muß der langsame und damit für die Bromierung zeitbestimmende Vorgang die Diffusion der Elektronen sein. Unter Beachtung von (5) und (65) folgt, daß die Bromierungsgeschwindigkeit proportional der zweiten Wurzel aus dem Bromdampfdruck ist. Dies konnte von Wagner experimentell bestätigt werden.

$$\frac{dn_{AgBr}}{dt} = \text{konst} \cdot p_{Br_2}{}^{1/2} \tag{69}$$

In allen bisher näher untersuchten Systemen war eine mehr oder minder starke Ionenbeteiligung nur durch Kationen festzustellen. Dieser Befund ist insofern verständlich, als die Kationen einen kleineren Ionenradius als die Anionen haben. In einigen Systemen konnte jedoch auch eine Anionenwanderung beobachtet werden, wie zum Beispiel bei der Chlorierung und Bromierung von Blei. Hier wurde an Hand von Überführungsmessungen von Tubandt und Mitarbeitern der Nachweis erbracht[62]), daß nur die Halogenionen beweglich sind. Der Mechanismus der Anionenbeweglichkeit ist noch nicht geklärt. Wagner glaubt eine Chlorionenwanderung in den Bleihalogeniden dadurch verursacht, daß im Falle der Bleihalogenide durch die unvermeidliche Gegenwart von Verunreinigungen, wie insbesondere PbO, Anionenleerstellen erzeugt werden. In Mischoxyden, wie $CeO_2 + La_2O_3$[63]), $Bi_2O_3 + PbO$, Bi_2O_3

---

[61]) G. W. Castellan und W. J. Moore, „Journal of Chemical Physics" [*17*] 41 (1949).

[62]) C. Tubandt, H. Reinhold und G. Liebhold, „Zeitschrift für anorganische Chemie" [*197*] 225 (1928).

[63]) E. Zintl und U. Croatto, „Zeitschrift für anorganische Chemie" [*242*] 79 (1939); vergleiche ferner U. Croatto und A. Mayer, „Gazzetta Chimica Italiana" [*78*] 199 (1943).

$+SrO$ und Bi_2O_3+CdO[64]), konnte aus Röntgenaufnahmen die Existenz von Sauerstoffionenleerstellen nachgewiesen werden. Auf Grund dieser Tatsache schließt WAGNER[65]), daß im Nernststift, der zur Hauptsache aus $ZrO_2+Y_2O_3$ besteht, im wesentlichen die Sauerstoffionen den Stromtransport übernehmen. Ferner konnten CROATTO und BRUNO[65a]) im SrF_2 eine Anionenleitung nachweisen, die bei steigenden Zusätzen von LaF_3 infolge Vermehrung der F-Ionen auf Zwischengitterplätzen zunahm.

An Hand der grundlegenden WAGNERschen Arbeiten über Zundervorgänge an reinen Metallen bietet sich unmittelbar die Möglichkeit der Entwicklung zunderfester Legierungen bzw. der Herabsetzung der Zundergeschwindigkeit von Metallen durch Zusätze von Fremdmetallen mit noch näher zu kennzeichnenden Eigenschaften an. Mit der letzten Fragestellung wollen wir uns hier etwas näher beschäftigen, nachdem die zum Verständnis erforderlichen Gesetzmäßigkeiten im wesentlichen besprochen sind. Der einfachen Verhältnisse wegen beschränken wir uns in dieser Arbeit zunächst auf binäre Legierungssysteme. Ferner wollen wir von vornherein die Zunderung von Metallegierungen mit einer Edelmetallkomponente, wie zum Beispiel Au, Ag, Pt, Pd usw. außer Acht lassen, da sie erstens, wie neuere Messungen gezeigt haben[66]), keine nennenswerte Verbesserung der Zunderfestigkeit ergeben haben und zum anderen eine technische Verwendung aus merkantilen Gründen zweifelhaft wäre. So haben beispielsweise WAGNER und GRÜNEWALD gefunden, daß bei der Oxydation von Nickel-Goldlegierungen die äußere Zunderzone aus NiO besteht, während weiter innen ein Phasengemenge von NiO und Gold vorliegt. Qualitativ gleichartige Ergebnisse haben neuerdings KUBASCHEWSKI und v. GOLDBECK[66]) bei der Oxydation von Nickel-Platinlegierungen bei 850 bis 1100° C erhalten. Im gleichen Sinne, aber scheinbar noch komplizierter, verlaufen die von RAUB und ENGEL[67]) ausgeführten Zunderversuche an Cu/Au-, Cu/Pd-, Ag/Au/Cu-, Au/Cu/Pd- und Ag/Cu/Pd-Legierungen, ohne eine nennenswerte Herabsetzung der Oxydationsgeschwindigkeit zu ergeben.

Eine besondere Erscheinung tritt beim Zundern auf, wenn man eine Legierungskomponente im Überschuß wählt, die eine Löslichkeit für Sauerstoff

[64]) L. G. SILLEN u. B. AURIVILLIUS, „Zeitschrift für Kristallographie etc." [*101*] 483 (1939) etc.

[65]) C. WAGNER, „Die Naturwissenschaften" [*31*] 265 (1942); W. NERNST, „Zeitschrift für Elektrochemie" [*6*] 41 (1900); W. NERNST und W. WILD, „Zeitschrift für Elektrochemie". [*7*] 373 (1901).

[65a]) U. CROATTO und M. BRUNO, „Gazzetta Chimica Italiana" [*78*] 95 (1948).

[66]) O. KUBASCHEWSKI und O. v. GOLDBECK, „Journal of the Institute of Metals") [*76*] 255 (1949).

[67]) E. RAUB und M. ENGEL, „Vorträge der Hauptversammlung 1938 der deutschen Gesellschaft für Metallkunde".

zeigt, wie zum Beispiel Kupfer oder Silber. Hier können die Versuchsverhältnisse so gewählt werden, daß keine äußere Zunderschicht entstehen kann, obwohl im Innern der Legierung das unedle Legierungsmetall schon vollständig oxydiert ist. Diese Erscheinung, die man als „innere Oxydation" bezeichnet, wurde von Rhines und Mitarbeiter[68]) eingehend untersucht und geklärt. Abbildung 21 stellt das Fortschreiten der inneren Oxydationszone an verschiedenen Silberlegierungen dar. Das Auftreten der inneren Oxydation, die gewisse Ähnlichkeit mit der interkristallinen Korrosion besitzt, schränkt

Abb. 21 Das Fortschreiten der inneren Oxydationszone einer Kupfer-Silizium-Legierung mit 0.103% Si nach Rhines.

die Möglichkeit der Entwicklung zunderfester Legierungen auf Basis von Kupfer und Silber und von anderen sauerstofflöslichen Metallen stark ein. Unter Beachtung des eben Mitgeteilten und des Verlaufes der elektrischen Leitfähigkeit an oxydischen und salzartigen heterotypen Mischphasen können wir nach der Wagnerschen Zundertheorie die Legierungspartner zum Grundmetall so wählen, daß wir einmal eine Erhöhung und zum anderen eine Erniedrigung der Zundergeschwindigkeit erhalten. Im Falle der Entwicklung

[68]) F. N. Rhins, „Transactions of American Institute of Mining and Metallurgical Engineers [*137*] 246 (1940); F. N. Rhines und A. H. Grobe, „Transactions of American Institute of Mining and Metallurgical Engineers" Publ. Nr. 1439, S. 1—13 (1942).

einer zunderfesten Legierung ist die Zusatzkomponente eines binären Legierungssystems so zu wählen, daß die Störstellenkonzentration der für den zeitlichen Ablauf der Zunderung maßgebenden Ionen- bzw. Elektronenfehlordnungsstellen herabgesetzt wird. Das heißt, im Falle eines Zundersystems mit einer praktisch elektronenleitenden Deckschicht muß die Konzentration der fehlgeordneten Ionen und im anderen Fall mit einer praktisch ionenleitenden Deckschicht die Konzentration der fehlgeordneten Elektronen vermindert werden. Aus diesem Grunde erscheint es zweckmäßig, die Zundersysteme nicht nach chemischen Gesichtspunkten wie Oxydation, Schwefelung, Halogenierung, Arsenierung usw. von Metallen und Legierungen zu unterteilen, sondern vielmehr die Einteilung der Zundersysteme nach dem sich aus den WAGNERschen Fehlordnungsmodell-Bildern ergebenden maßgebenden Teilvorgängen vorzunehmen. Dies sind aber die Diffusionsvorgänge durch die jeweilige Zunderschicht, die einmal eine bevorzugte Ionen- und zum anderen eine bevorzugte Elektronenwanderung aufweisen können. Unter den noch weiter unten genauer zu formulierenden Voraussetzungen schlagen wir daher vor, in einer allgemeineren und umfassenderen Einteilung der Zundervorgänge stets von Zundersystemen mit Deckschichten zu sprechen, bei denen entweder für den zeitlichen Verlauf der Zunderung Elektronenstörstellen oder Ionenfehlordnungsstellen verantwortlich zu machen sind.

Als allgemeine Voraussetzung muß angenommen werden, daß es nicht nur zu einer Mischkristallbildung in der Legierungsphase, sondern auch in der Oxyd- bzw. Sulfid- und Halogenidphase kommt. Weiterhin wollen wir in erster Näherung annehmen, daß die Zusammensetzung in der Zunderschicht gleich der in der Legierungsphase sein soll und daß annähernd ideale thermodynamische Mischungseigenschaften herrschen (Partialdruck bzw. Aktivität des einzelnen Bestandteils proportional dem Molenbruch). Es sollen ferner nur Diffusionsvorgänge in der Zunderschicht zeitbestimmend sein, nicht aber die chemische Reaktion an der Phasengrenze (zum Beispiel Übertritt des Sauerstoffs oder Halogens aus der Gasphase in die Oxyd- oder Halogenidphase; Übertritt der beteiligten Metalle aus der Legierungsphase in die Oxyd- oder Halogenidphase). Ferner sollen Phasenumwandlungen der Zunderschichtphase und verwandte Vorgänge, die für das exponentielle Anlaufgesetz nach TAMMANN und KÖSTER[69]) maßgebend mitbestimmend sind, hier nicht behandelt werden. Diese Voraussetzungen können in hinreichender Näherung besonders bei höheren Temperaturen und nicht zu niedrigen Drucken der zundernden Atmosphäre häufig als erfüllt betrachtet werden.

---

[69]) G. TAMMANN und W. KÖSTER, „Zeitschrift für anorganische Chemie" [*123*] 196 (1923).

2. ZUNDERVERSUCHE AN BINÄREN LEGIERUNGSSYSTEMEN MIT IONENLEITENDER DECKSCHICHT

Als Beispiel einer Zunderung einer Legierung mit ionenleitender Zunderschicht wollen wir die von HAUFFE und GENSCH untersuchte Bromierung von Silber-Cadmium-Legierungen betrachten[70]). Ein ähnliches Verhalten zeigen auch Silber-Blei- und Silber-Zink-Legierungen[71]). Nehmen wir mit WAGNER an[72]), daß eine Elektronendefektstelle durch ein zweiwertiges Ag-Ion repräsentiert wird, so erhalten wir gemäß Gleichung (3) den Massenwirkungsansatz.

$$x_{Ag^{2+}} \cdot x_{Ag\square'} = K \; (p_{Br_2} = \text{konst}) \tag{70}$$

Da die Bromiddeckschicht den gleichen Cadmiumgehalt besitzt wie in der Legierungsphase, wird hierdurch die Ag^+ Ionenleerstellenkonzentration er-

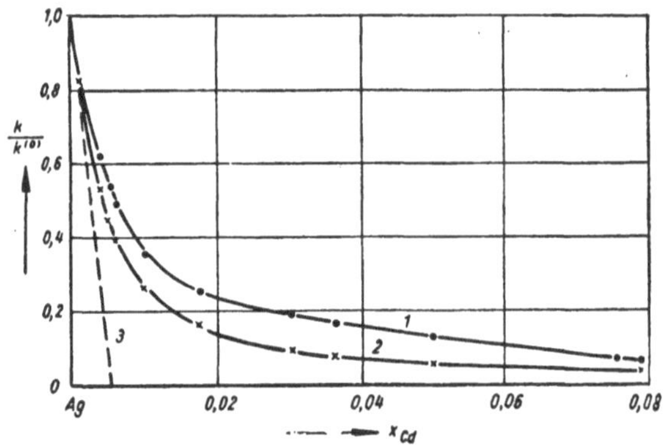

Abb. 22 Abnahme der Bromierungsgeschwindigkeitskonstanten k einiger Ag-Cd-Legierungen mit steigendem Cadmiumgehalt nach HAUFFE und GENSCH (T = 330° C und p_{Br_2} = 170 mm Hg. Der Schnittpunkt der angelegten Tangente mit der x-Achse gibt $x°_{Ag\square'} = 2.9 \cdot 10^{-3}$).

heblich erhöht. Nach (70) muß demzufolge die Elektronendefektkonzentration $x_\oplus$ bzw. die Konzentration der zweiwertigen Ag-Ionen $x_{Ag^{2+}}$ abnehmen. Aus der allgemeinen Zunderformel nach WAGNER folgt für die Bromierungsgeschwindigkeit von reinem Silber

[70]) K. HAUFFE und Ch. GENSCH, „Zeitschrift für physikalische Chemie" [*195*] 116 (1950); vergleiche auch W. HIMMLER, „Zeitschrift für physikalische Chemie" [*195*] 129 (1950); J. SCHATZ, „Werkstoffe und Korrosion" [*1*] 248 (1950).

[71]) Ch. GENSCH und K. HAUFFE, Zeitschrift für physikalische Chemie" [*195*] 386 (1950).

[72]) C. WAGNER, „Journal Corrosion und Material Protection" [*5*] Nr. 5 (1948).

$$k = \frac{300}{96\,500} \varkappa_{e-} (p_{Br_2} = 1) \frac{2\,RT}{N\,e} \sqrt{p_{Br_2}} \tag{71}$$

Führt man die Messungen an reinem Silber und an den Silber-Cadmium-Legierungen bei konstantem Brompartialdruck durch, so folgt in Analogie zu den Gleichungen (22) bis (26) für das Verhältnis der Bromierungsgeschwindigkeitskonstante der Legierung k zu der der reinen Silberphase $k^{(0)}$, wenn man $x_{Cd} = x_{Cd^\bullet \cdot (Ag)}$ setzt, (x_{Cd} = Atombruch an Cd in der Ag/Cd-Legierung).

$$\frac{k}{k^0} = \frac{x^0_{Ag\square'}}{x_{Ag\square'}} = \frac{1}{\frac{x_{Cd}}{2\,x^0_{Ag\square'}} + \left[\left(\frac{x_{Cd}}{2\,x^0_{Ag\square'}}\right)^2 + 1\right]^{1/2}} \tag{72}$$

Wie man aus (72) erkennt, muß es zu einer Abnahme der Bromierungsgeschwindigkeit der Legierung mit steigendem Cadmiumgehalt kommen. Die Versuchsergebnisse brachten die Bestätigung. Die Übereinstimmung der experimentellen Daten (Kurve 1) mit dem theoretischen Verlauf (Kurve 2) ist befriedigend und bestätigt die volle Gültigkeit unserer Annahmen (Abbildung 22). Ein völlig gleiches Verhalten gegenüber Brom zeigen Ag-Pb- und Ag-Zn-Legierungen (Abbildung 23). Die stärkeren Abweichungen lassen sich auf Grund der geringeren Löslichkeit von $PbBr_2$ bzw. $ZnBr_2$ in AgBr deuten[71]).

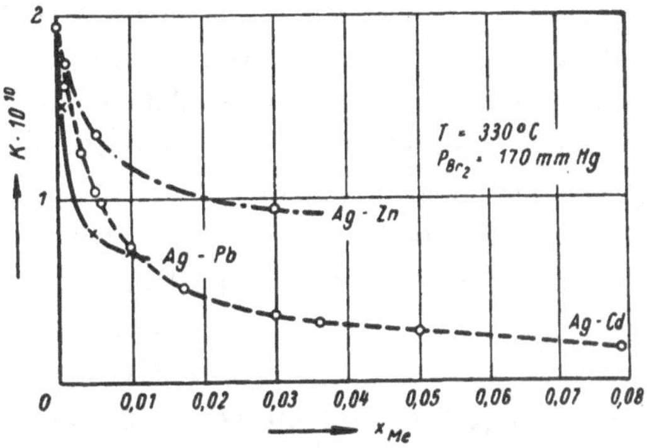

Abb. 23 Verlauf der Zunderkonstanten einiger Silberlegierungen mit steigenden Fremdmetallzusätzen nach GENSCH und HAUFFE (T = 330° C und p_{Br_2} = 170 mm Hg).

3.a) ZUNDERVERSUCHE AN BINÄREN LEGIERUNGEN MIT ELEKTRONENÜBERSCHUSSLEITENDER DECKSCHICHT

Gemäß der allgemeinen Zunderformel (65) wird die Oxydationsgeschwindigkeit mit elektronenüberschußleitenden Oxydschichten bei konstanter Temperatur allein durch die Ionenteilleitfähigkeit $\varkappa_{Ion}$ bestimmt, die proportional der Beweglichkeit und der Fehlordnungskonzentration der Metallionen ist. Wenn man in erster Näherung die Beweglichkeit der Metallionen als konstant und unabhängig vom Fremdionengehalt annehmen darf, dann ist die Oxydationsgeschwindigkeit eine unmittelbare Funktion der Fehlordnungskonzentration der Metallionen[73b]).

Als Beispiel eines Zundersystems mit Kationen auf Zwischengitterplätzen und quasi-freien Elektronen wählen wir die Oxydation von Zinklegierungen. Im Falle einer Zink-Aluminium-Legierung wird in der Zunderschicht neben ZnO auch eine der Legierungszusammensetzung entsprechende Al_2O_3-Menge auftreten. Durch die Gegenwart von Al^{3+}-Ionen im ZnO-Gitter kommt es aber aus Elektroneutralitätsgründen zu einer Abnahme der Konzentration der Zn-Ionen auf Zwischengitterplätzen. (Siehe Gleichung 52.) Zur Aufrechterhaltung der Gleichgewichtsbedingung bei konstantem Sauerstoffdruck

$$x_{Zn_O^{\cdot}} \cdot x_{\ominus} = K \;(p_{O_2} = \text{konst}) \tag{73}$$

wird es zur Nachlieferung neuer Zinkionen auf Zwischengitterplätzen in der Weise kommen, daß eine äquivalente Menge gemäß (46) dissoziiert unter Bildung einer gleichen Menge von Zn-Ionen und Elektronen. Hierdurch kommt es mit steigendem Gehalt an Al_2O_3 im ZnO bzw. Al im Zn zu einer Zunahme der Konzentration an quasi-freien Elektronen und zu einer Abnahme der Konzentration der Zn-Ionen auf Zwischengitterplätzen (Abbildung 16a).

Durch Kombination der Elektroneutralitätsgleichung (53) mit (73) ergibt sich für das Verhältnis der Zinkionen auf Zwischengitterplätzen der Mischphase $x_{Zn_O^{\cdot}}$ zu der der reinen ZnO-Phase $x^{\circ}_{Zn_O^{\cdot}}$

$$\frac{x_{Zn_O^{\cdot}}}{x^{\circ}_{Zn_O^{\cdot}}} = \frac{k}{k^{\circ}}$$

bzw. für das Verhältnis der Zunderkonstanten der Legierung k zum Zink k°, wenn man $x_{Al^{\bullet\cdot}(Zn)} = x_{Al}$ setzt, der Ausdruck

$$\frac{k}{k^{\circ}} = \frac{1}{\dfrac{x_{Al}}{2\,x^{\circ}_{Zn_O^{\cdot}}} + \left[\left(\dfrac{x_{Al}}{2\,x^{\circ}_{Zn_O^{\cdot}}}\right)^2 + 1\right]^{1/2}} \tag{74}$$

Da aber, wie sich aus elektrischen Leitfähigkeitsmessungen bei 400° C an ZnO-Mischoxyden von HAUFFE und VIERK[51]) abschätzen ließ, die Konzentration der quasi-freien Elektronen bzw. der Zinkionen auf Zwischengitterplätzen mit $x^{\circ}_{\ominus} = x^{\circ}_{Zn_O^{\cdot}} \approx 4 \cdot 10^{-5}$ außerordentlich klein ist, sind wir schon bei kleinen Zusätzen an Al von 0.10 Atom% berechtigt, $x_{Al} \gg x^{\circ}_{Zn_O^{\cdot}}$ zu setzen. Dadurch erhalten wir für (74)

$$\frac{k}{k^{\circ}} \approx \frac{x^{\circ}_{Zn_O^{\cdot}}}{x_{Al}} \tag{75}$$

[73b]) K. HAUFFE, „Metalloberfläche" (A) [3] 213 (1949); [5] 1 (1951); „Werkstoffe und Korrosion" [1] 131, 221, 243 (1951).

Gerade umgekehrt liegen die Verhältnisse, wenn man zu Zink ein einwertiges Metall, wie zum Beispiel Lithium, zulegiert, das sich während der Oxydation einer Zink-Lithium-Legierung in Form einwertiger Kationen ins ZnO-Gitter einbaut. Wie man leicht einsieht, wird durch den Einbau von Li_2O in ZnO aus Elektroneutralitätsgründen die Zahl der Zn-Ionen auf Zwischengitterplätzen erhöht (Abbildung 16b). Entsprechend erhalten wir mit der Elektroneutralitätsgleichung

$$x_{\mathrm{Zn}_{\circ}^{\cdot}} = x_{\ominus} + x_{\mathrm{Li}^{\bullet\prime}(\mathrm{Zn})} \tag{76}$$

aus (73) für $x_{\mathrm{Li}} = x_{\mathrm{Li}^{\bullet\prime}(\mathrm{Zn})} \gg x^{\circ}_{\mathrm{Zn}_{\circ}^{\cdot}}$ in analoger Weise wie oben

$$\frac{k}{k^{\circ}} \approx \frac{x_{\mathrm{Li}}}{x^{\circ}_{\mathrm{Zn}_{\circ}^{\cdot}}}. \tag{77}$$

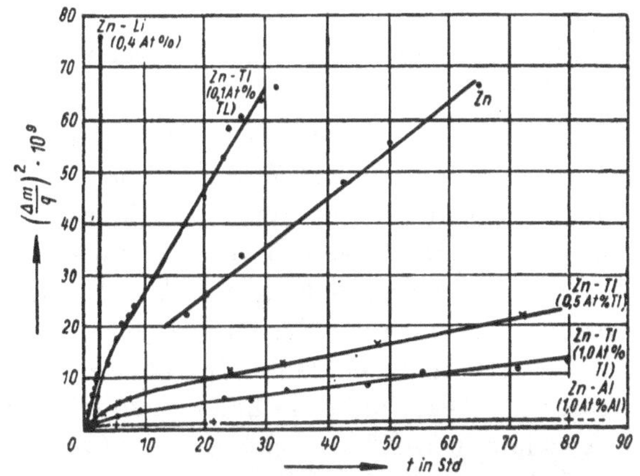

Abb. 24 Abhängigkeit der Oxydationsgeschwindigkeit einiger Zinklegierungen vom Fremdmetallgehalt nach GENSCH und HAUFFE. (T = 390° C und p_{Luft} = 1 atm.)

Wie man aus Abbildung 24 erkennt, wird entsprechend (75) durch Al-Zusatz die Oxydationsgeschwindigkeit der Legierung herabgesetzt und durch Li-Zusatz gemäß (77) erhöht. Die ebenfalls eingetragenen Oxydationskurven für Zn-Tl-Legierungen weisen auf eine gleichzeitige Bildung von Tl_2O und Tl_2O_3 in der Oxydschicht hin[74]. (Bei 390°C beträgt k (in $g^2 \cdot cm^{-4} \cdot Std.^{-1}$) für reines Zn $0.8 \cdot 10^{-9}$, für eine Zn-Al-Legierung mit 0.1 Atom% Al $< 1 \cdot 10^{-11}$ und für eine Zn-Li-Legierung mit 0.4 Atom% Li $2.0 \cdot 10^{-7}$.)

3. b) ZUNDERVERSUCHE AN BINÄREN LEGIERUNGEN MIT ELEKTRONENDEFEKTLEITENDER DECKSCHICHT

Wie bereits auf Seite 157 diskutiert, ist NiO ein Elektronendefektleiter mit Ni^{2+}-Leerstellen und Elektronendefektstellen im Gitter. Das heißt, auch hier werden Metallionen und Elektronen über Leerstellen und Elektronendefektstellen vom Metall zur Phasengrenze Metalloxyd/Sauerstoff wandern. Im Falle der Oxydation einer Ni-Cr-Legierung wird es zu einem Einbau von

[74]) CH. GENSCH und K. HAUFFE, „Zeitschrift für physikalische Chemie" [*196*] 427 (1950).

Cr^{3+}-Ionen im NiO-Gitter kommen, was aus Elektroneutralitätsgründen eine Erhöhung der Zahl der Ni^{2+}-Leerstellen und damit der Oxydationsgeschwindigkeit zur Folge hat. Unter Beachtung der Elektroneutralitätsbedingung

$$x_{Ni\square''} = \frac{1}{2} x_{\oplus} + \frac{1}{2} x_{Cr\bullet^{\cdot}(Ni)} \tag{78}$$

und der Näherung

$$x_{Ni\square''} \approx \frac{1}{2} x_{Cr\bullet^{\cdot}(Ni)} \tag{79}$$

folgt für das Verhältnis der Zundergeschwindigkeiten einer Ni-Cr-Legierung k und von reinem Nickel k°

$$\frac{k}{k^{\circ}} \approx \frac{x_{Cr}}{2\, x^{\circ}_{Ni\square''}} \left(\text{für } x_{Cr} = x_{Cr\bullet^{\cdot}(Ni)} \gg x^{\circ}_{Ni\square''}\right). \tag{80}$$

(80) gilt nur dann, wenn man die Beweglichkeiten der Ni- und Cr-Ionen gleichsetzen kann. Im anderen Falle erhält man nach WAGNER und ZIMENS komplizierte Ausdrücke.

Oxydationsversuche von WAGNER und ZIMENS[75]) an Nickel-Chrom-Legierungen brachten bei kleinen Zusätzen von Cr eine Erhöhung der Oxydationsgeschwindigkeit. Das spätere Abnehmen der Zundergeschwindigkeit bei höheren Chromzusätzen (>6 Atom% Cr) hängt offenbar mit der immer stärker auftretenden Spinellbildung an den Korngrenzen der NiO-Cr_2O_3-Mischkristalle zusammen[76]). Bei Zusatz höherer Cr-Gehalte konnte elektronenoptisch wie röntgenographisch eine deutliche Spinellbildung beobachtet werden[77]), die für die hohe Zunderbeständigkeit der Heizleiter (Ni-Cr-Legierungen mit 10 bis 20 Gewichtsprozente Cr) verantwortlich zu machen sind. Oxydationsversuche an Ni-Legierungen mit einwertigen Metallen, wie zum Beispiel Silber, ergaben nur eine geringe Abnahme der Oxydationsgeschwindigkeit[77a]).

V. Der Mechanismus der Bildung von Ionenverbindungen höherer Ordnung im festen Zustand

Die allgemeinen Gesichtspunkte für die Deutung der Einzelvorgänge bei der Metalloxydation bewähren sich weiterhin auch für die Deutung der Bildungsreaktionen von Ionenverbindungen höherer Ordnung. Als besonders günstiges

---

[75]) C. WAGNER und K. E. ZIMENS, „Acta Chemica Scandinavica" [*1*] 547 (1947).

[76]) K. HAUFFE, „Metalloberfläche" [*5*] 1 (1951); K. HAUFFE und K. PSCHERA, „Zeitschrift für anorganische Chemie" [*262*] 147 (1950).

[77]) Vergleiche u. a. S. MIYAKI, „Scientific Papers of Institute of Physical Chemistry Research Tôhoku" [*31*] 161 (1937).

[77a]) K. HAUFFE und H. PFEIFFER, unveröffentlichte Meßergebnisse.

Beispiel haben KOCH und WAGNER[78]) die Umsetzung $2\ AgJ + HgJ_2 = \alpha - Ag_2HgJ_4$ untersucht.

Nach dem Muster der TUBANDTschen Pastillenversuche wurden je vier Preßzylinder von 1 mm Dicke und einem Querschnitt von 0,28 cm² 66 Tage bei 65° C getempert.

AgJ	Ag_2HgJ_4	Ag_2HgJ_4	HgJ_2
1	2	3	4

Unter Berücksichtigung eines störenden Verdampfungseffektes von HgJ_2, das bei 65° C einen Sättigungsdruck von 10^{-2} mm Hg[79]) aufweist, konnte die rationelle Reaktionskonstante aus dem analytisch bestimmten Umsatz zu $k = 2.1 \cdot 10^{-11}$ Äqui. $\cdot$ cm^{-1} sec^{-1} gefunden werden. Zur Berechnung dieser Konstanten aus anderen Meßdaten verwandten KOCH und WAGNER die von WAGNER[80]) entwickelte Formel, die hier in spezieller Formulierung lautet:

$$k = \frac{300}{96500} \cdot \frac{n_{Ag^+} \cdot n_{Hg^{2+}}}{n_{Ag^+} + n_{Hg^{2+}}} \cdot \varkappa \frac{\bar{c}_{Ag^+} + \bar{c}_{Hg^{2+}}}{\bar{c}_{Hg^{2+}}} \cdot \frac{\mu''_{AgJ} - \mu'_{AgJ}}{F} \tag{81}$$

Hier bedeuten n die Überführungszahlen, $\bar{c}$ die mittleren Konzentrationen der entsprechenden Ionen und μ''_{AgJ} das chemische Potential von AgJ im Phasengemenge'' und μ'_{AgJ} dasjenige im Phasengemenge'.

Die Gesamtleitfähigkeit $\varkappa$ von Ag_2HgJ_4 wurde von KETELAAR[81]) bei 65° C zu $1.44 \cdot 10^{-3}$ Ohm^{-1} cm^{-1} und die Überführungszahlen von n_{Ag^+} bzw. $n_{Hg^{2+}}$ zu 0.94 bzw. 0.06 gefunden. Zwecks Bestimmung der Differenz der chemischen Potentiale μ_{AgJ} wurde von KOCH und WAGNER die EMK der folgenden Kette gemessen

Pt (J_2)	Gemenge der Phasen '' $AgJ + Ag_2HgJ_4$	Ag_2HgJ_4	Gemenge der Phasen' $AgJ + Ag_2HgJ_4$	Pt (J_2)

Entsprechend einem Potential von 0.011 bis 0.012 Volt erhält man für $\mu''_{AgJ} - \mu'_{AgJ} = 0.011 \cdot 96500 \cdot 10^7$ erg. Unter Verwendung dieser Daten ergibt sich in Übereinstimmung mit dem Experiment für die rationelle Reaktionskonstante $k = 1.9 \cdot 10^{-11}$.

Auf Grund dieses Befundes kann die Gesamtreaktion durch eine gegenseitige Wanderung von Ag^+- und Hg^{2+}-Ionen in äquivalenten Mengen durch die

[78]) E. KOCH u. C. WAGNER, „Zeitschrift für physikalische Chemie" (B) [*34*] 317 (1936).

[79]) J. RINSE, „Recueil des Travaux chimiques des Pays-Bas" [*47*] 33 (1938).

[80]) C. WAGNER, „Zeitschrift für physikalische Chemie" (B) [*34*] 309 (1936).

[81]) J. A. KETELAAR, „Zeitschrift für Kristallographie etc." [*87*] 436 (1934); „Zeitschrift für physikalische Chemie" (B) [*26*] 327 (1934); [*30*] 53 (1935).

Ag_2HgJ_4-Phase mit den entsprechenden Phasengrenzreaktionen beschrieben werden.

	AgJ	Ag_2HgJ_4	HgJ_2
Ionendiffusion		$\longrightarrow$ 2 Ag^+ $\longrightarrow$ $\longleftarrow$ Hg^{2+} $\longleftarrow$	
Phasengrenzreaktionen	$4\,AgJ - 2\,Ag^+ + Hg^{2+} = Ag_2HgJ_4$		$2\,HgJ_2 - Hg^{2+} + 2\,Ag^+ = Ag_2HgJ_4$

Ziemen und Mitarbeiter[82]) konnten durch Verwendung von radioaktiven ^{111}Ag- und ^{203}Hg-Isotopen die Selbstdiffusionskonstante von Ag und Hg in Ag_2HgJ_4 bei 50^0 C zu $2 \cdot 10^{-7}$ und $5 \cdot 10^{-10}$ $cm^2\,sec^{-1}$ ermitteln und damit eine Diffusion von Ag^+- und Hg^{2+}-Ionen sicherstellen.

In ähnlicher Weise wurde von Wagner der Bildungsmechanismus der Spinelle angenommen[80]). Auch hier wandern im Falle der Spinellreaktion

$$MgO + Al_2O_3 = MgAl_2O_4$$

die Mg^{2+}- und Al^{3+}-Ionen gegeneinander. Aus diesem Zusammenhang heraus versuchten Hauffe und Pschera[76]) die Bildungsgeschwindigkeit von $NiCr_2O_4$, $ZnAl_2O_4$ und $ZnCr_2O_4$ unter der Wagnerschen Versuchsanordnung zu ermitteln. Wegen zu kleiner Reaktionseffekte und zu großer Störungen infolge erheblicher Verdampfung der Oxyde wurden keine quantitativen Ergebnisse erhalten.

Durch Aufgeben der Wagnerschen Versuchsanordnung konnten Bengton und Jagitsch[83]) unter Anwendung des Verfahrens der „markierten Grenzflächen“ den Mechanismus der $ZnAl_2O_4$-Bildung deuten. Die rationelle Reaktionskonstante konnte zu

$$k = 3.2 \cdot 10^8 \exp\left(-98000/RT\right) \text{ in } g^2 \cdot cm^{-4} \cdot h^{-1}$$

ermittelt werden. Auf Grund der verschiedenen Gewichtszunahmen der mit Pt markierten ZnO- und Al_2O_3-Pastille konnte auf eine bevorzugte Diffusion von Zn- und O-Ionen durch die Spinellschicht geschlossen werden.

Alle Untersuchungen über die Bildungsgeschwindigkeit der Spinelle an Pulvergemischen der Ausgangsoxyde gestatten keinen Einblick in den Bildungsmechanismus. Weiterhin ist in vielen Fällen sogar die Trennung zwischen Phasengrenzreaktion und Diffusion nicht möglich. Aus diesem Grunde haben auch die Untersuchungen über die Brutto-Bildungsgeschwindigkeit von $ZnO + Fe_2O_3$ von Hopkins[84]), sowie die Additionsreaktionen von SiO_2, TiO_2, ZrO_2, WO_3,

[82]) K. E. Zimen, G. Johansson und M. Hillert, „Journal of the Chemical Society London“ 392 (1949).

[83]) B. Bengton und R. Jagitsch, „Arkiv för Kemi, Mineralogi och Geologi“ (A) Nr. 18 (1947).

[84]) D. W. Hopkins, „Journal of the Elektrochemical Society“ [*96*] 195 (1949).

MoO_3, V_2O_5, Sb_2O_3, As_2O_3 mit BaO, BeO, CaO, CdO, CuO, FeO, MgO, NiO, PbO, SrO und ZnO[85]) nur technische Bedeutung.

Noch erheblich verwickelter wird der Reaktionsmechanismus, wenn unter den Reaktionsprodukten ein gasförmiger Bestandteil auftritt, wie beispielsweise bei

$$BaCO_3 + WO_3 = BaWO_4 + CO_2$$
$$BaCO_3 + SiO_2 = BaSiO_3 + CO_2 \text{ usw.}^{86)}$$

Besonders eingehend wurde von HEDVALL und Mitarbeitern[87]) das Auftreten aktiver Zustände und ihr Einfluß auf den Reaktionsablauf untersucht. Über den aktiven Zustand von Oxyden liegen ebenfalls eine große Zahl von Arbeiten sowohl von HÜTTIG wie von JANDER und Mitarbeitern vor[88]).

VI. Der Mechanismus von doppelten Umsetzungen durch Reaktion im festen Zustand

WAGNER[89]) konnte im Falle doppelter Umsetzungen durch Reaktion im festen Zustand eine Ionen- und Elektronenwanderung wahrscheinlich machen, wobei er annimmt, daß die Reaktionsprodukte nicht hintereinander angeordnet sind[90]), sondern in nebeneinander liegenden Schichten entstehen. Dies wollen wir am Beispiel der Reaktion

$$Cu + AgCl = Ag + CuCl$$

besprechen. Gegeben sei ein Stück Kupfer mit darauf gepreßtem AgCl. Nach Erhitzen auf 230° C möge sich zunächst ein Keim beispielsweise von CuCl an einer Stelle auf dem Kupfer bilden, wodurch es in der AgCl-Phase zu einem

---

[85]) G. TAMMANN, „Zeitschrift für anorganische Chemie" [*149*] 21 (1925); G. TAMMANN und W. ROSENTHAL, „Zeitschrift für anorganische Chemie" [*156*] 20 (1926).

[86]) B. SERIN und R. T. ELLICKSON, „Journal of Chemical Physics" [*9*] 742 (1941); vergleiche auch G. COHN, „Chemical Review" [*42*] 527 (1947).

[87]) Vergleiche u. a. J. A. HEDVALL, „Bulletin de la Société Chimique de France", 209 (1949); „Suomen Kemisti Lethi" (A) [*20*] 119 (1947); J. A. HEDVALL und T. GÜNTHER, „Arkiv för Kemi, Mineralogi och Geologi" (A) [*17*] Nr. 1 (1943); J. A. HEDVALL, P. WALLGREN und S. MANSSON, „Transactions of the Faraday Society" [*36*] 230 (1940); J. A. HEDVALL und E. GUSTAFSON, „Zeitschrift für anorganische Chemie" [*170*] 80 (1928); J. A. HEDVALL und H. HELANDER, „Arkiv för Kemi, Mineralogi och Geologi" (A) [*17*] Nr. 22 (1943). Vergleiche ferner Literatur bei G. COHN, „Chemical Review" [*42*] 527 (1947).

[88]) G. F. HÜTTIG, H. KITTEL und H. RADLER, „Zeitschrift für Elektrochemie" [*38*] 442 (1932); G. F. HÜTTIG, H. E. TSCHAKERT und H. KITTEL, „Zeitschrift für anorganische Chemie" [*223*] 421 (1935); G. F. HÜTTIG im Handbuch d. Katalyse, Bd. 6, S. 318, Wien 1943. Vergleiche auch W. JANDER, „Zeitschrift für angewandte Chemie" [*47*] 235 (1934); „Zeitschrift für Elektrochemie" [*41*] 435 (1935); W. JANDER und K. BUNDE, „Zeitschrift für anorganische Chemie" [*231*] 345 (1937); W. JANDER und H. PFISTER, ebenda [239] 95 (1938); W. JANDER und G. LEUTHNER, ebenda [*241*] 57 (1939); W. JANDER, ebenda [*241*] 225 (1939).

[89]) C. WAGNER, „Zeitschrift für anorganische Chemie" [*236*] 320 (1938); „Zeitschrift für Elektrochemie" [*47*] 696 (1941).

[90]) W. JOST, „Diffusion und chemische Reaktion im festen Zustand", Dresden 1937, S. 180.

Überschuß an Ag^+-Ionen und Elektronen kommt. Dadurch sind aber günstige Voraussetzungen geschaffen, um an einer anderen Stelle der Phasengrenzfläche Cu/AgCl einen Keim von Ag-Metall zu bilden. Mikroskopische Untersuchungen ergaben, daß sich nach einer Reaktionsdauer von 2 Tagen Ag und CuCl als Reaktionsprodukte in Form eines Konglomerates von zahlreichen Silberadern in einer AgCl-Umgebung gebildet hatten. In weitgehender Idealisierung schlägt WAGNER das in Abbildung 25 dargestellte Reaktionsschema vor und führt als wesentliche Teilvorgänge die Wanderung von Cu^+- und Ag^+-Ionen im CuCl bzw. AgCl und der Elektronen in den metallischen Phasen ein.

Die Wanderung der Ladungsträger entspricht einer kurz geschlossenen galvanischen Kette Ag / AgCl / CuCl / Cu. Dies entspricht unmittelbar einem arbeitenden Lokalelement während der Korrosion in wäßrigen Lösungen. Die Art der wandernden Ionen ist aus Überführungsmessungen oder aus Selbstdiffusionsmessungen mittels radioaktiver Isotope zu erhalten. Die Frage nach den treibenden Kräften für die Ionenwanderung in den einzelnen Phasen sowie die Berechnung der Umsetzungsgeschwindigkeit kann mit Hilfe der μ-Thermodynamik nach dem Vorbild der oben besprochenen Oxydationsreaktionen und der Ag_2HgJ_4-Bildung behandelt werden.

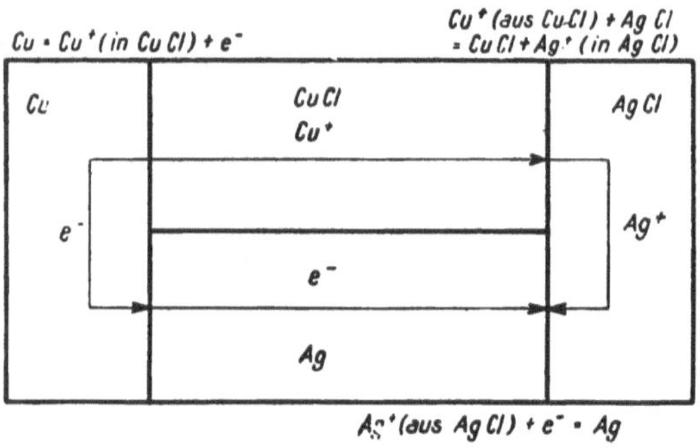

Abb. 25 Idealisiertes Reaktionsbild einer doppelten Umsetzung Cu + AgCl = Ag + CuCl mit nebeneinander liegenden Schichten der Reaktionsprodukte nach WAGNER.

Falls die Phasengrenzreaktionen ohne wesentliche Hemmung ablaufen, ergibt sich aus der Kurzschlußstromstärke i der Umsatz dn/dt in Äquivalenten pro Zeiteinheit zu

$$\frac{dn}{dt} = \frac{i}{F} = \frac{E}{F} \cdot \frac{1}{W} \tag{82}$$

wobei W den elektrischen Widerstand (in Ohm) bedeutet.

Bezeichnen wir die nebeneinander liegenden Schichten der Reaktionsprodukte entsprechend der Reaktion A + B = C + D mit C und D und die dazugehörigen Querschnitte mit q_C und q_D sowie die entsprechenden Äquivalentvolumina mit v_C und v_D, dann ergibt sich mit den entsprechenden spezifischen Leitfähigkeiten $\varkappa_C$ und $\varkappa_D$ aus (82) für das Schichtdickenwachstum $d(\Delta\xi)/dt$

$$\frac{d\,(\Delta\xi)}{dt} = \frac{1}{\Delta\xi}\left\{\frac{E}{F}\cdot\frac{1}{\frac{1}{\varkappa_C v_C}+\frac{1}{\varkappa_D v_D}}\right\} \tag{83}$$

Der Ausdruck zwischen den Klammern ist identisch mit der TAMMANschen Anlaufkonstanten k'. Zu einem weitgehend analogen Ansatz kommt man zum Beispiel für die Bromierung von Silber $Ag + 1/2\ Br_2 = AgBr$

$$\frac{d\,(\Delta\xi)}{dt} = \frac{1}{\Delta\xi}\left\{\frac{E}{F}\cdot\frac{1}{\frac{1}{\varkappa_{Ag^+}}+\frac{1}{\varkappa_{e^-}}}\right\} \tag{84}$$

Hier bedeutet E die EMK, die der Reaktionsarbeit der AgBr-Bildung entspricht. Im Gegensatz zu (83) tritt hier nur ein Reaktionsprodukt auf, so daß wir hier eine Ag^+-Ionen- und Elektronenwanderung in einer einheitlichen Phase haben.

Vorstehende Gleichungen gestatten allerdings nur eine rohe Abschätzung der Reaktionsgeschwindigkeit, da erstens die Annahme praktisch ungehemmter Phasengrenzreaktionen häufig nicht berechtigt ist und zum andern eine ideale Nebeneinanderschichtung der Reaktionsprodukte infolge der verschiedenen Äquivalentvolumina häufig nicht erfüllt ist. Ferner ist der Widerstand der Ausgangsstoffe A und B nicht in Rechnung gesetzt. Da diese Faktoren sämtlich eine Verringerung der Reaktionsgeschwindigkeit verursachen, können die angeführten Formeln nur obere Grenzwerte geben.

WAGNER errechnete nach (83) für die Reaktion AgCl + Cu bei 230° C k' zu $1.3 \cdot 10^{-8}\ cm^2 \cdot sec^{-1}$ in befriedigender Übereinstimmung mit dem experimentellen Befund. In gleicher Weise ergab sich für die Umsetzung

$$2\ AgCl + Pb = 2\ Ag + PCl_2$$

bei 230° C k' zu $1.2 \cdot 10^{-8}$ bis $5 \cdot 10^{-8}\ cm^2 \cdot sec^{-1}$.

In der zusammenfassenden Darstellung von COHN[86]) über Reaktionen im festen Zustand findet man eine Zusammenstellung der Reaktionen mit doppelten Umsetzungen. Diese lassen keine Aussagen über den Reaktionsmechanismus zu. Hier sei insbesondere auf Untersuchungen von JANDER[91]) über Austausch von Wolfram gegen Molybdän zwischen Wolframat gegen Molybdat sowie über Reaktionen vom Typus $MgO + ZnWO_4 = ZnO + MgWO_4$ hingewiesen. Soweit die Meßergebnisse eine größenordnungsmäßige Berechnung gestatten, erfolgt hier vermutlich die Reaktion wesentlich rascher, als der Beweglichkeit der vorhandenen Ionen entspricht. Die von JANDER vorgeschlagene Wanderung ganzer Säurereste, wie zum Beispiel WO_3 und MoO_3, kann im Falle einer Oberflächendiffusion möglich sein, ist aber als Annahme zur Deutung des Reaktionsmechanismus nicht haltbar.

---

[91]) W. JANDER, „Zeitschrift für anorganische Chemie" [*190*] 397 (1930); [*191*] 171 (1930); [*192*] 295 (1930).

SCIENTIA CHIMICA

**MONOGRAPHIEN,
FORTSCHRITTSBERICHTE, LEHRBÜCHER
AUS DEM GESAMTBEREICH DER CHEMIE**

HERAUSGEGEBEN VON

PROF. DR. ERICH THILO
PROF. DR. ARTHUR LÜTTRINGHAUS
PROF. DR. OTTO NEUNHOEFFER
PROF. DR. MAXIMILIAN PFLÜCKE

Diese Schriftenreihe beabsichtigt, in Gestalt von Monographien, Fortschrittsberichten und Lehrbüchern Forschern und Praktikern einen Überblick über den Stand der chemischen Wissenschaft in ihrem gesamten Umfange zu geben. Aktuelle Forschungsthemen des In- und Auslandes werden mit möglichst vollständiger Zusammenstellung der in Frage kommenden Originalliteratur, insbesondere des ausländischen und schwer zugänglichen deutschen Schrifttums behandelt.

Auch den jungen Studierenden werden in dieser Reihe Lehrbücher zur Einführung in die chemische Wissenschaft gegeben.

AKADEMIE-VERLAG / BERLIN NW 7

50/885 Q V 7 7 17 852 R 682

FSC
www.fsc.org
MIX
Papier | Fördert gute Waldnutzung
FSC® C083411

Zeitfracht Medien GmbH
Ferdinand-Jühlke-Straße 7
99095 Erfurt, Deutschland
produktsicherheit@kolibri360.de